合成燃料生产气化法的原理、工艺及应用

Gasification for Synthetic Fuel Production
Fundamentals, Processes and Applications

［西］拉斐尔·卢克（Rafael Luque）

［美］詹姆斯·G·斯贝特（James G. Speight） 编

焦阳 译

中国石化出版社

著作权合同登记　图字 01-2017-7932

This edition of Gasification for Synthetic Fuel Production by JR Luque, J Speight is published by arrangement with ELSEVIER LIMITED of The Boulevard, Langford Lane, Kidlington, Oxford, OX5 1GB, UK.

图书在版编目（CIP）数据

合成燃料生产气化法的原理、工艺及应用／（西）拉斐尔·卢克（Rafael Luque），（美）詹姆斯·G. 斯贝特（James G. Speight）编：焦阳译 .—北京：中国石化出版社，2018.6
　ISBN 978-7-5114-4904-7

　Ⅰ．①合… Ⅱ．①拉… ②詹… ③焦… Ⅲ．①合成燃料-生产工艺 Ⅳ．①TQ517.2

中国版本图书馆 CIP 数据核字（2018）第 123586 号

中国石化出版社出版发行
地址:北京市朝阳区吉市口路 9 号
邮编:100020　电话:(010)59964500
发行部电话:(010)59964526
http://www.sinopec-press.com
E-mail:press@ sinopec.com
北京科信印刷有限公司印刷
全国各地新华书店经销
*
710×1000 毫米 16 开本 18.75 印张 331 千字
2018 年 10 月第 1 版　2018 年 10 月第 1 次印刷
定价:95.00 元

译者序

《合成燃料生产气化法的原理、工艺及应用》原书由知名学者 Rafael Luque 与 James G. Speight 编写，汇集了煤或煤的衍生物（如煤制成的煤焦）气化的相关研究和实践成果，系统介绍了液体燃料生产气化法的发展历程、基本原理及工程实践等方面的内容。

按照本文的叙述，气化工艺根据反应床的类型分为不同类别，在接受（和使用）黏结煤的能力方面有所不同。通常气化工艺可按照反应器（床）的结构分为固定床、流化床、液流床及熔盐四类。气化工艺所用原料可分为两大类。化石原料包括煤和炼制残油。可再生原料有木质纤维生物质、城市废弃物、生物固体以及黑液。

随着石油资源供应的减少，尤其是发生天然气短缺的领域，利用其他含碳原料产气的需要随之增加。天然气的成本预计将继续增长，煤气化技术因此具备了经济可行的竞争力。相关研究在小试和中试规模的进展，推动世纪末新工艺技术的发展，从而加速了煤气化的工业化。气化法生产合成液体燃料的经济、环境、政策可持续性评估的结论是一代生物燃料在减少温室气体排放方面的局限性、粮食与能源作物用地之间日益加剧的争地问题以及当前的经济危机压低了媒体期望，这一切伴随着一种紧迫感，迫使人们寻找新的解决方案和新的投资机会继续可持续发展路线。新方案是更多使用二代生物燃料，其对土地和能源输入要求没有一代生物燃料高，更有利于温室气体减排。

在气化法合成液体燃料生产方面。随着能源需求的不断增加，对传统燃料的未来可持续性也越来越关注。人们越来越需要找到可替代燃料，例如合成燃料。传统交通运输燃料是由原油精炼加工而成，但是合成燃料的生产可以使用各种各样化石燃料和生物质材料，预计在未来几年不断增加供应。此外，许多国家可能会使用煤、天然气、油页岩、生产合成燃料的非食品农作物以及含碳废料

I

作为替代材料，不再需要原油。合成燃料易于配合交通运输体系，它可以直接应用于汽车引擎，几乎等同于原油精炼的燃料产品。这使其有别于乙醇等现行市场上的生物燃料，它们必须与气体相混合，或要求特殊的引擎才能使用。

在合成燃料生产的重烃气化技术，炼油工业的未来将主要取决于生产高质量产品的工艺。因此，未来的炼油厂将有一个专门用于将煤和生物质转化为费-托烃的气化部分，甚至可以将富含油页岩添加到气化器原料中。许多炼油厂已经拥有气化能力，但在后续的二三十年间，这一趋势将会上升，几乎所有的炼油厂都认识到需要建造一个气化段来处理残渣和其他各种原料。生物质、煤中的液体和油页岩中的液体将变得越来越重要，这些原料很可能被送到炼油厂或在遥远的地方加工，然后与炼油厂原料混合，但最重要的是这种原料必须与炼油原料相容且不造成污染。

生物质气化用于合成液体燃料的生产。分阶段生物质气化是生物质气化具有高焦炭转化率和低焦油含量的最佳选择，并且三级生物质气化器具有接近98%的碳转化效率。另一方面，吸附增强蒸汽气化是为生物质生产高浓度 H_2 而开发的新型一步转化技术。随着 CaO 或 CaO 基催化剂的添加，H_2 浓度可以从40%增加到约75%或更高。生物质气化已显示出独特的优势。与合成气相比，气体产品中的微粒、碳氢化合物和碱性化合物等问题仍然存在一些挑战。关于气化过程需要进行大量的研究，学术界和工业界必须不断开发和展示新技术，以创造大规模的现实应用。

纵观全书，最大的特点是理论结合实际，系统性强，作为一本适于从事煤或煤的衍生物(如煤制成的煤焦)气化的科技人员、装置管理与操作人员阅读的"小百科全书"，必将受到广大读者的欢迎。

2018 年 8 月 20 日

目　录

第一部分　原　理

第二部分 气化法液态燃料合成工艺

第三部分　应　用

第一部分
原　理

第1章 液体燃料生产气化法概述

R. Luque[1], **J. G. Speight**[2]

(1. University of Co′rdoba, Co′rdoba, Spain;

2. CD&W Inc., Laramie, WY, USA)

1.1 前言

气化法是有机(含碳)原料在高温(>700℃)条件下与定量氧气和/或蒸气发生非燃烧反应转化为一氧化碳、二氧化碳以及氢气的工艺过程(Lee, Speight, &Loyalka, 2007; Speight, 2008, 2013)。反应得到的气体混合物(合成气)本身就是一种燃料。生物质等非化石能源类含碳原料经过气化工艺过程生成气体产物,然后通过燃烧进行发电,被认为是可再生能源(Speight, 2008)。

气化法的优势在于,使用合成气(syngas)比直接燃烧原燃料的效率要高,因为合成气可以:①在更高的温度下燃烧;②以燃料电池的形式使用;③生成甲醇和氢气;④通过费托(FT)工艺过程转化为一系列合成液体燃料,适用于汽油或柴油发动机。气化工艺可以使用那些在其他情况下会废弃的含碳原料(比如生物可降解垃圾)。

此外,气化法的高温工艺过程中金属氯化物和钾盐等腐蚀性灰分元素的生成,避免了问题燃料的产生,保证了清洁气体的生产。

多年来,煤炭一直是气化装置的主要原料。但由于对环境污染物的关注以及一些地区的煤炭短缺问题(美国除外),人们开始推动在气化工艺中使用非煤原料。尽管如此,目前乃至今后几十年、甚至到22世纪,煤炭都仍将是气化工艺的主要原料来源(Speight, 2013)。

相比于使用标准粉煤燃烧的设施,煤气化企业更为清洁,更少产生会导致雾霾和酸雨的硫和氮化物。由于这一原因,气化工艺在使用相对价格低廉、来源更为广泛的煤炭资源时更具吸引力,同时还可以降低对环境的影响。实际上,市场对煤气化技术的关注快速增长,反映出该技术集发电市场上的两大革新于一身:①成熟的气化技术;②与其他煤基体系相比,整体煤气化联合循环(IGCC)发电厂具备超低排放量,尤其是气体排放量,对温室气体的控制费用也更低。煤发电的主要竞争对手——天然气发电的成本波动问题,也在一定程度上推动了煤气化的发展。

另外,气化工艺可最大限度地利用各种原料(煤、生物质、石油渣、其他含碳废弃物)。因此,明智的发电企业会考虑使用气化工艺将煤转化为气体。

液体燃料包括汽油、柴油、石脑油、航空燃油,一般都是通过原油炼制所生产的(Speight, 2014)。由于直馏工艺的应用,原油是生产液体燃料的最佳原料。不过随着石油价格的波动和上涨,煤制油和生物制油工艺开始成为生产液体燃料的替代路线。两种工艺的原料都可转化为合成气(一氧化碳和氢气的混合物),然后通过费托工艺再转化为液体产物的混合物。经过费托合成工艺后生成的液体燃料,采用现有石油炼制技术进行质量升级,生成汽油、石脑油、柴油和航空燃油(Chadeesingh, 2011; Dry, 1976; Speight, 2014)。

1.2 气化工艺

根据反应床的类型,气化工艺可分为不同类别,而在接受(和使用)黏结煤的能力方面有所不同。通常,气化工艺可按照反应器(床)的结构分为四类:固定床、流化床、液流床、熔盐体系。

在固定床工艺中,煤通过格栅支撑进行反应。燃烧气(蒸汽、空气、氧气等)穿过煤,生成高温气体产物,然后从反应器顶部排出。反应热量来自于内部或外部热源,但黏结煤在未改进过的固定床反应器中无法使用。

流化床中使用的是细颗粒煤,当气体自下向上流经反应床时,床层呈现类似液体的特征。气体流经煤产生湍流,提升分离煤颗粒,床层膨胀,煤层表面积扩大,从而促进反应。但这类反应床处理黏结煤的能力有限。

在液流床中,在进入反应器前将煤的微细颗粒吹入蒸气中,然后悬浮在气相中的煤颗粒发生燃烧反应。黏结煤和非黏结煤均可适用于液流床。

气化工艺的第四种类别是熔盐体系。该反应体系采用熔盐槽用于煤转化(Cover, Schreiner, &Skaperdas, 1973; Howard-Smith & Werner, 1976; Speight, 2013)。

煤地下(或原位)气化的目标是在空气和氧气(或氧气和蒸汽)作用下煤层燃烧生成可燃气体。这样一来,一度被认为是无法接触、无法作业、无开采经济价值的煤层就具备了开采性。此外,还可以减少和消除因条带开采以及其带来的环境问题,包括弃土堆、矿山酸性排水以及使用高灰煤所带来的问题。

地下气化工艺的原理与地上煤气化工艺基本相同。工艺包括开采以及之后的两个钻孔连接，以便于气体在两钻孔之间的输送(King & Magee, 1979)。在其中一个钻孔(注入井)底部点燃，然后通过不断注入空气保持燃烧。在初始反应区(燃烧区)，氧气(空气)与煤发生反应生成二氧化碳：

$$[C]_{煤} + O_2 \longrightarrow CO_2$$

二氧化碳与煤(部分脱挥)沿着煤层(还原区)进一步反应生成一氧化碳：

$$[C]_{煤} + CO_2 \longrightarrow 2CO$$

此外，在频繁产生的高温条件下，随氧气注入的湿气或煤层内的水分也可与煤发生反应，生成一氧化碳和氢气：

$$[C]_{煤} + H_2O \longrightarrow CO + H_2$$

反应的气体产物的特性和组成各不相同，但一般都属于低热(低热值)能源，其热值为 $125 \sim 175 Btu/ft^3$ 不等(King & Magee, 1979)。

1.3 气化工艺原料

气化工艺所使用的原料范围很广，但反应器必须根据原料性质和反应中的特性进行选择。

1.3.1 煤

煤是一种在沼泽生态系统中形成的化石燃料，在该生态系统中，植物遗骸逃脱了氧化作用以及水和污泥的生物降解作用得以保存下来。煤是一种由古代植物形成的可燃有机沉积岩(主要组成包括碳、氢、氧，以及其他微量元素如硫)，在其他岩石地层间发生固化形成煤层。硬煤层由于成熟度更高，可认为是有机变质岩(如无烟煤)。

煤是全球发电行业最大的单一燃料来源，同时也是二氧化碳排放的最大来源，而二氧化碳一直被认为是全球变暖的主要元凶。煤是以连续地层(或称积煤层)的形式存在，被砂岩和页岩层夹在中间，以采煤的方式从地下开采出来——包括地下煤层(地下开采)和露天开采。

煤的供应很充足；以目前开采和消费的速度，全球煤炭的总储量估计至少有 155 年的储量/开采比。然而，与所有对资源寿命的预测一样，这一煤炭的使用年限是建立在假定剩余的煤炭以目前的消耗速度使用的基础上的。而且，决定煤炭开采速度的技术发展也会影响煤炭的使用年限。而最重要的是，煤是一种化石燃料，也是一种会加速全球变暖的非清洁能源。实际上，如果认为电力是一种清洁能源，则要考虑到主要的发电方式是什么——美国几乎

50%的电力是来自煤电（美国环保署 EIA，2007；Speight，2013）。

煤的形式或类型多种多样（Speight，2013）。源材料的特性差异以及煤化作用过程中的局地或地区差异导致植物发生不同进化。因此，存在不同的分类体系对各种煤进行定义。煤前驱体随着时间（地质过程随着时间发展作用增强）转化分为以下类型：

① 褐煤：是等级最低的煤，仅用于蒸汽发电的燃料。自从铁器时代以来，煤玉是褐煤的一种致密形式，可抛光后作为装饰使用。

② 次烟煤：其特性与褐煤和烟煤的性质相同，主要用于蒸汽发电。

③ 烟煤：属致密煤，通常为黑色，偶为深褐色，通常带有轮廓分明的易碎暗色物质，主要用于蒸汽发电，还大量用于生产制造焦炭。

④ 无烟煤：硬度高，有光泽，呈黑色，主要用于民用和商业取暖，是等级最高的煤。

从化学性质来看，煤是一种贫氢类碳氢化合物，其氢/碳原子比约为0.8，而相应的，石油类碳氢化合物的氢/碳原子比接近2，而甲烷（CH_4）的氢/碳原子比为4。由于这一原因，任何将煤转化为替代燃料的工艺都必须要加氢或对原煤中的氢进行重新分配，生成富氢产物和焦炭（Speight，2013）。

煤的化学组成根据其近似和最终（元素）分析而定（Speight，2013）。近似分析的参数包括水分、挥发物质、灰分以及固定碳。元素或最终分析包括对煤中的碳、氢、氮、硫、氧的定量测定。此外还确定了煤的特定物理和机械特性以及炭化特性。

通过煤的气化反应产生气体混合物，得到一氧化碳和氢气。除了一氧化碳和氢气之外，根据反应条件的不同，还可以生成甲烷和其他碳氢化合物。可在原位或加工装置中实现气化反应。在地下煤床的可控不完全燃烧条件下，加入空气和蒸汽实现原位气化反应。气体被抽出然后燃烧，以用于制热和发电，或者在间接气化反应中作为合成气或用于化学品生产。

通过将煤转化为一氧化碳、氢气、二氧化碳、甲烷的合成气，可实现从煤制柴油或其他燃料。合成气再通过费托合成工艺发生反应，生成碳氢化合物，然后通过炼制生成液体燃料。该工艺中通过提高煤制高品质燃料的产量（同时降低生产成本），可有助于降低对日益昂贵和匮乏的石油资源的依赖。

煤是一种储量丰富的自然资源，其燃烧或气化产品均为造成温室效应的有毒污染气体。科学家正致力于通过研发捕获污染物（汞、硫、砷以及其他有害气体）的吸附剂，在减少排放气体的同时，尽可能提高净化工艺的热效率。

因此气化工艺是最为清洁和多样的方法，可将煤中的能量转变为电力、氢气以及其他能源。实际上，将煤转化为合成气并非是个新概念，其基本技术可回溯到二战时期。

1.3.2 生物质

生物质可被视为任何一种具备碳平衡原则的可再生原料（在植物生长过程中，植物利用太阳能从空气中吸收的碳与释放到空气中的碳相等）。

在生活中很容易找到可用于生产生物质衍生燃料的原材料，其来源十分广泛，形式多样（Rajvanshi，1986）。生物质的基本来源包括：①木材，包括树皮、原木、锯木屑、木片、木质颗粒、型煤；②高产的能量作物，如小麦，专门培育用于能源应用；③农作物及残渣（如稻草）；④工业废弃物，如木浆和纸浆。从加工角度来说，生物质的一个简单形式，如未被处理和未完全使用的木材，可以转化为木质颗粒和木片等多种物理形式，用于生物质锅炉和火炉。

生物质材料来源广泛，可根据其特点生产多种产品（Balat，2011；Demirbas，2011；Ramroop Singh，2011；Speight，2011a）。此外，不同种类生物质的热值变化很大，在进行转化工艺设计时必须考虑这一点（Jenkins & Ebeling，1985）。

热转化工艺将生物质转化为其他化学形式的主要机理是使用热量。燃烧工艺的基本替代方法有烘烤、热裂解和气化，从原理上根据工艺过程中发生的化学反应的反应深度进行分类（反应深度主要通过氧气量和转化温度进行控制）（Speight，2011a）。

通过生物质燃烧产生的能量（称为放热能）的方法，尤其适合薪材生长快速的国家（如热带国家）使用。包括水热提质和加氢处理等其他应用较少、实验性更强或有专利的热工艺也有一定优势。其中一些工艺经过研发，可将高含水量的生物质（如含水污泥）转化为更有利于人们实际应用的形式。

在热转换的一些应用中，综合利用了热电联产和混燃。在一座典型的生物质专用发电厂中，其能效值在 7%～27% 之间。而生物质与煤混燃的效率则接近煤燃烧器的能效（30%～40%）（Baxter，2005；Liu，Larson，Williams，Kreutz，&Guo，2011）。

多种形式的生物质中均含有大量的水（或碳水化合物和糖类）和矿物质，二者都影响气化工艺的经济性和可行性。生物质含水量高会降低气化炉的温度，从而降低气化炉的效率。许多生物质气化技术因此需要干燥生物质，在原料进入气化炉之前需要降低生物质的含水量。此外，生物质的大小尺寸不一，在许多生物质气化系统中，生物质必须以相同的尺寸或形状进行处理，才能以相同的进料速度进入气化炉，从而增加气化效率。

木质颗粒、煤矸石、农作物秸秆等生物质，以及高能量作物，包括柳枝稷和纸浆等废弃物，也可用作生产生物乙醇和合成柴油。生物质首先被气化生成合成气，然后通过催化工艺转化为前面提到的生物乙醇等下游产品。生物质也可与传统原料煤混合或单独作为原料发电。

绝大多数生物质气化工艺使用空气而不是氧气用于气化反应(氧气主要应用于大型工业和电力气化企业)。采用氧气的气化炉需要气体分离系统(ASU)提供气态/液态氧气，因此，如果生物质气化企业的规模较小，其性价比会较低。而空气气化炉则采用空气中的氧气用于气化过程。

总的来说，与发电、化工、化肥、炼制行业中的煤或石油焦气化企业相比，生物质气化企业规模相对较小。因此，生物质气化企业的成本较低，环保压力更小。一家大的工业气化企业可能占地150英亩(0.6平方公里)，日处理率为2500~15000t煤或石油焦，而小型生物质气化企业的日处理量为25~200t，占地小于10英亩(0.04平方公里)。

最后，尽管生物质可解决全球气化变化问题，但必须要仔细考虑生物质作为能源原料存在的优势和劣势：

优势：①理论上是永远不会枯竭的燃料来源；②植物不直接燃烧用于发电(而用于发酵、热解等)对环境影响最小；③由生物质制成的酒精等燃料高效、可行，燃烧相对清洁；④在世界各地均可获得。

劣势：①对全球气候变化影响巨大，直接燃烧污染严重；②从生物质生产和转化为酒精等燃料的技术角度来看，成本较高；③对生物质生产的生命周期的评估需考虑到能源输入和输出，但在小规模运行时更有可能是能源净损失(种植植物必须输入能源)。

同样，在考虑全球气候变化问题时，必须认识到当前地球处于间冰期，会发生气候变暖现象。变暖的程度未知，毕竟没有上次间冰期时的气温变化记录，基于此，人类对全球气候变化的影响不可能进行精确测算。

1.3.3　石油渣

气化法在炼厂中是唯一一种产生零残渣的技术。所有其他的转化技术(包括热裂化、催化裂化、焦化、脱沥青、加氢等)都只能减少残渣量，随着转化程度的增加，石油渣更加劣质化、复杂化。

气化法可处理任何一种炼油残留，包括石油焦、罐底残油和炼油污泥；气化法还可生产一系列高附加值产品，包括电、蒸汽、氢气和各种合成气生产的化学品，如甲醇、氨、MTBE、TAME、乙酸、甲醛(Speight，2008；第7章)。气化法的环保性无与伦比，其他处理低价值炼油残渣技术的排放水平均远高于气化法(Speight，2014)。

气化法还可将石油焦和其他炼油非挥发性废弃物 [通常指炼油残渣（refinery residuals）]，包括但不限于常压渣油、减压渣油、减黏焦油、脱油沥青可转化为电力、蒸汽、氢气，用于清洁交通燃料的生产。对气化原料的主要指标（包括煤和生物质）是要同时含有氢和碳（表 1.1）。

表 1.1　可用于现场气化工艺的炼厂原料种类

最终分析	单位	减压渣油	减黏焦油	沥青	石油焦
碳	%（质量分数）	84.9	86.1	85.1	88.6
氢	%（质量分数）	10.4	10.4	9.1	2.8%
氮[①]	%（质量分数）	0.5	0.6	0.7	1.1%
硫[①]	%（质量分数）	4.2	2.4	5.1	7.3%
氧	%（质量分数）		0.5		0.0
灰分	%（质量分数）	0.0		0.1	0.2
总计	%（质量分数）	100.0	100.0	100.0	100.0
氢/碳比	物质的量比	0.727	0.720	0.640	0.188
相对密度（60°/60°）		1.028	1.008	1.070	0.863
美国石油协会比重指数（°API）		6.2	8.88	0.8	—
热值					
高热值（干）	MBtu/lb	17.72	18.6	17.28	14.85
低热值（干）	MBtu/lb	16.77	17.6	16.45	14.48

注：http://www.netl.doe.gov/technologies/coalpower/gasification/gasifipedia/7-advantages/7-3-4_refinery.html.

① 氮和硫含量变化幅度较大。

数据来源：美国华盛顿特区美国能源部国家能源技术图书馆。

炼厂的典型气化系统由数个处理单元组成，包括配料单元、气化炉、气体分离单元、合成气清洁单元、硫回收单元（SRU）以及根据目标产品所设的下游处理装置。图 1.1 是这些处理单元再加上选择性通过联产、氢气、费托或甲醇合成发电的下游工艺的典型布局。

在炼厂中增设气化系统处理石油焦和其他残余物的优势包括：①可发电、可生产蒸汽、氧气、氮气供炼厂自用或外销；②提供合成气的原料，用于生产炼厂自用氢气以及用于费托合成法生产轻质炼油产品；③提高发电效率、改善空气排放、减少废弃物以及石油焦或渣油的焚烧；④无需向装置外运输或存储石油焦或渣油；⑤可处理包括有毒物质在内的废弃物。

气化法可提供高纯度的氢气供炼厂自用（Speight，2014）。在炼厂中氢气可用在生产成品油过程中从中间产品中脱硫、脱氮、去除杂质，在加氢裂解过程中将重馏分和油转化为轻质产物、石脑油、煤油、柴油。加氢裂解和加氢精制要求氢气纯度不小于99%(体积分数),而加氢处理的条件没那么严苛,工作气流中氢气纯度为90%(体积分数)就可以。

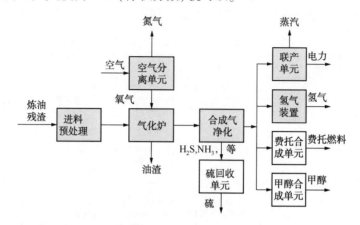

图1.1　可用于炼厂现场应用的气化法工艺

(美国华盛顿特区美国能源部国家能源技术图书馆,http：//www.netl.doe.gov/technologies/coalpower/gasification/gasifipedia/7-advantages/7-3-4_refinery.html)

通过对石油焦和渣油进行气化,可发电、产生高压蒸汽,驱动压缩机、鼓风机、泵等小型和间歇载荷。在分馏系统中,蒸汽还可用于工艺加热、蒸汽伴热、降低分压以及低沸点组分汽提,保持工艺稳定。

气化过程中会产生炭黑,进入冷却水进行冷却,炭黑与一起排出的冷却水和石脑油、石脑油-炭黑油泥和一部分进料依次接触,可将炭黑变成原料。将炭黑与进料混合,然后进入气化炉循环,碳制气的转化率可达到100%。

1.3.4　黑液

黑液是Kraft工艺中产生的待生液,在该工艺过程中,通过脱除木材中所含的木质素、半纤维素以及其他可萃取物质,得到纤维,从而将木浆转化为纸浆。同样,在亚硫酸盐工艺中的待生蒸煮液被称为褐液,也称为红液、重液、亚硫酸液。每生产一个计量单位的纸浆,会产生七个计量单位的黑液(Biermann,1993)。

黑液的组成包括木质素残渣、半纤维素、工艺中所用的无机化学品、15%(质量分数)的固体[其中10%(质量分数)是无机物,5%(质量分数)是有机物]。黑液的有机组分通常为40%~45%(质量分数)的皂类、35%~45%(质量分数)的木质素、10%~15%(质量分数)的其他混合有机物。

黑液中的有机组分为木材中的水/碱性可溶降解物质。木质素可部分降解

10

为更短的片段，其中，硫含量为 1%~2%（质量分数），钠含量约为 6%（质量分数）。纤维素和半纤维素降解为脂族不饱羧酸皂以及半纤维素片段。可萃取生成浮油皂和粗松节油。浮油皂中可含有高达 20%（质量分数）的钠。木质素残留组分目前用于水解或热解转化或燃烧，半纤维素也可用于发酵工艺。

与传统回收锅炉相比，黑液气化工艺有可能获得更高的总能效，同时产出高能量的合成气。合成气可在燃气轮机联合循环系统[黑液气化联合循环（BLGCC）与整体煤气化联合循环（IGCC）类似]中燃烧进行发电，合成气也可通过催化工艺转化为化学品或燃料，如甲醇、二甲醚、费托烃类、柴油。

1.4 发电用气化工艺

1.4.1 概述

煤、生物质、石油或任何含碳残渣气化的目标都是将原料转化为气态产物。气化法可将含碳原料转化为电、氢气以及其他有价值的能源产品，是最通用的方法之一（从燃烧角度看环境影响较小）。

根据之前描述的气化炉的种类（如空气型、富氧型）和操作条件，气化法可用于生产适用于多个用途的燃料气。

采用气化工艺发电，可增加现代燃气发电厂的常用技术（联合循环）中燃料燃烧所释放的能量回收率。在联合循环系统中使用的两种气轮机包括燃气轮机和蒸汽轮机。与传统燃煤电厂相比，联合循环的发电效率增加使得二氧化碳排放减少了 50%（体积分数）。通过升级气化装置，可进一步减少其对环境的影响，因为生成的大部分二氧化碳在燃烧前可与其他产品气体分离。举例来说，通过使用吸收剂（如金属有机框架材料），可从气体副产物中分离或隔离出二氧化碳，防止其泄漏到大气中。

气化法多年来还被视为固体或液体燃料的替代品。与固体或高黏度液体燃料相比，气态混合物成分更简单，更易于清洁。清洁气体可用作内部燃料电厂发电，避免燃烧固体或低品质液体燃料所产生的严重污垢或腐蚀问题。

含碳原料气化生成的热合成气体燃料进入涡轮发电机发电前，可以经过处理脱除硫化物、汞以及特殊组分。燃气轮机排出的废气中的热量可回收用于发生补汽，补汽和气化过程生成的蒸汽一起驱动蒸汽轮机增发电量。过去十年中，由于效率和环保的影响，气化工艺越来越多地用在发电领域。

气化系统内生成的气体质量受原料性质和气化炉结构以及空气、氧气或加入系统的蒸汽量的影响。生成的气体量及质量由氧化（燃烧）热与蒸发和挥发热再加上废气的感觉热(温度上升)进行平衡时建立的平衡所决定。氢气、一氧化碳、蒸汽、二氧化碳、甲烷等可挥发气体在气流中的比例决定了出口气体的质量。在气化过程初期，一些原料产生的可挥发气体量越高，产品气体的热值越高。在某些情况下，在较低温度下可能产生质量最好的气体。但是碳氧化反应在温度过低的情况下会受到压制，产品气体的总热值减少。

气化剂通常为空气、富氧空气或氧气。可引入蒸汽或利用外部热量(间接气化)调整温度、提高热值。发生的主要化学反应破坏和氧化烃类物质，生成含有一氧化碳、二氧化碳、氢气和水蒸气的气体产物。气体产物中的其他主要组分还包括硫化氢、硫碳化合物、氨、轻烃以及重烃(焦油)。

根据所用的气化技术和操作条件不同，产品气体中可含有水蒸气、二氧化碳、甲烷以及各种微量和痕量组分。在气化炉的还原条件下，绝大多数原料转化为硫化氢(H_2S)，还有 3%~10% 原料转化为硫化羰。原料煤中的有机氮通常转化为氮气，还形成氨(NH_3)和少量氰化氢(HCN)。煤中的氯转化为氯化氢(HCl)，在特定物质(飞灰)中也有氯存在。痕量组分如汞和砷，在气化过程中释放出来，被分隔在不同相态(如飞灰、底灰、熔渣、产品气体)中。

1.4.2 煤与生物质以及废弃物的共气化反应

化石燃料、生物质、废弃物的热解和气化反应早已被用于将有机物固体和液体转化为有用气体、液体以及清洁固体燃料(Brar，Singh，Wang，& Kumar，2012；Speight，2011a)。

1.4.2.1 生物质

目前煤的气化工艺技术已经很成熟(Hotchkiss，2003；Ishi，1982；Speight，2013)。而近年来生物质的气化则成为研究热点，其目标是测算不同种类的生物质的气化工艺效率和性能，如甘蔗渣(Gabra，Pettersson，Backman，&Kjellström，2001)、稻壳(Boateng，Walawender，Fan，& Chee，1992)、松木屑(Lv et al.，2004)、杏壳(Rapagnà，Kiennemann，&Foscolo，2000；Rapagnà&Latif，1997)、麦草(Ergudenler&Ghaly，1993)、食物残渣(Ko，Lee，Kim，Lee，& Chun，2001)以及木质生物质(Bhattacharya，Siddique，& Pham，1999；Chen，Sjöström，&Bjornbom，1992；Hanaoka，Inoue，Uno，Ogi，&Minowa，2005；Pakdel& Roy，1991)。近年来，各种生物质与煤的混合物的共气化已引起科研人员的极大兴趣。已有研究记录的可用于气化工艺的原料组合，包括日本柏木和煤组合(Kumabe，Hanaoka，Fujimoto，Minowa，&Sakanishi，2007)、煤和锯木屑组合(Ve′lez，Chejne，Valdés，Emery，&Londoňo，2009)、煤和松木片组合(Pan，Velo，Roca，Manyà，&Puigjaner，

2000)、煤和银桦木组合（Collot, Zhuo, Dugwell, &Kandiyoti, 1999）以及煤和白桦木组合（Brage, Yu, Chen, &Sjöström, 2000）。煤与生物质的共气化具有一定协同作用，该过程产生的碳不仅对环境影响低，而且还提高了气体产物中的氢气/一氧化碳比，有利于液体燃料的合成（Kumabe et al., 2007；Sjöström, Chen, Yu, Brage, &Rose′n, 1999）。此外，生物质中的无机物质对煤气化反应起到催化作用。但共气化工艺需要根据煤和地区特有的木质残渣定制设备，并进行工艺优化。

尽管煤与生物质的共气化从化学角度看具有优势，但在其上游工艺、气化过程和下游工艺中仍存在一些实际问题。在上游工艺中，为达到最佳气化效果，需要煤和生物质的颗粒大小保持一致。此外，水含量和预处理（烘焙）对上游处理过程影响很大。

从材料加工的角度看，上游处理过程非常重要，气化炉操作参数（温度、气化剂、催化剂）的选择决定了产品气体的组成和品质。生物质比煤的分解温度更低，因此需要根据原料混合物选择使用不同的反应器（Brar et al., 2012）。此外，原料和气化炉类型以及操作参数，不仅决定了产品气体组成，还确定了下游工艺需要处理的杂质量。

如果煤与生物质进行共气化，则需要对下游工艺进行改进。煤中的硫、汞等重金属及杂质会导致合成气难以应用，并对环境造成污染。生物质中的碱也可能造成腐蚀问题和下游管线温度过高。可通过对煤进行预处理，在进入气化炉前脱除汞和硫，从而替代对下游气体进行净化的操作。

在进入气化炉前，煤和生物质首先需要进行干燥和粉碎。粉碎的目的是使得煤和生物质颗粒大小适合工艺要求，干燥的目的则是使其含水量满足气化操作条件。此外，可对生物质进行稠化制备成颗粒，提高进料器区域的进料密度和流量。

在进行气化前，生物质的含水量不应该低于15%（体积分数）。含水量高会降低气化区的温度，从而导致气化反应不充分。林木废弃物或木材的纤维饱和点的含水量为30%~31%（干基）（Brar et al., 2012）。木材的压缩和剪切强度在其含水量低于纤维饱和点以下时开始增加，在这种情况下，木材细胞壁中的水分脱除造成细胞壁收缩。细胞壁的长链分子组分互相靠近，连接更为紧密。通常采用注入蒸汽的方式提高气化区的湿度，有利于水-汽转移反应的发生，提高气体产物中的氢气浓度。

烘焙过程是在250~300℃的无氧条件下对生物质进行热处理，去除水分，完全分解半木质素，部分分解木质素（Speight, 2011a）。烘焙后的生物质含有氢键断裂的活性不稳定纤维素分子。与原有生物质相比，烘焙后的生物质不仅保留了原料79%~95%的能量，作为气化反应原料，其活性更高，其氢/碳原子比和氧/碳原子比更低。生物质经过烘焙处理，在气化反应中得到更高的氢气和一氧化碳收率。

如果煤–生物质原料中存在矿物质，不宜采用流化床气化工艺。木质生物质中灰分的低熔点会导致结块，从而出现灰分反流态化、烧结、沉积以及气化炉金属床结构的腐蚀（Ve'lez et al.，2009）。含有碱金属氧化物和盐的生物质在灰分形成时可能会出现熔结和渣化问题（McKendry，2002），因此，必须意识到生物质灰分融化问题的严重性，即其在气化床（无反应床、硅/沙或钙反应床）内的化学特性，以及采用流化床气化炉时碱金属的状况。

大多数中小型生物质/废弃物用气化炉都是采用空气鼓风，在常压下进行操作，温度范围在800~1000℃。与大型气化装置面临的挑战完全不同，应用于大型装置的一些措施，如用于氧气气化的小型空气分离装置或进行加压操作降低气体清洁的难度，可能并不适用于中小型装置。

生物质燃料生产企业、煤企以及废弃物处理企业很乐意为共气化发电厂提供燃料，实现使用替代燃料的目标（Lee & Shah，2013；Speight，2008，2011a，2013）。采用煤和生物质共气化的好处在于：煤供应可靠，废弃物和生物质无门槛，比仅使用废弃物和生物质作原料的大型装置更具有经济效益。此外，该技术将来还可应用于炼油厂，用于生产氢气和燃油。特别当氢气价格较高时，在炼油厂和石化企业中适于建立气化装置（Speight，2011b，2014）。

1.4.2.2 废弃物

废弃物中的城市固体垃圾很少需要进行预分类，而从废弃物中提取燃料则需要进行机械筛选和切碎等大量预处理工作。其他废弃物（不包括有毒废弃物）和石油焦等则适宜共同应用机械筛选和切碎等。

传统的废弃物再利用企业，一般是建立在斜置炉排上的质量燃烧工艺基础上的，过去十年，随着现代烟气清洁设备的应用，已达到极低排放，但公众接受度依然很低。这导致再建设新的废弃物回收工厂很难拿到规划许可。在经过大量争论后，各国政府已经允许采用先进的废弃物转化技术（气化、热解、厌氧消化），但仅限于采用非化石燃料进行发电的部分企业。

废弃物和生物质与煤的共用使得规模使用更为经济，有利于在可负担的成本范围内实现确认的政策目标。在一些国家，政府建议发展适用于社区规模的共气化工艺，这表明废弃物应在城镇的小型企业中进行处理，而不是转移到大型中心工厂，因此满足了临近原则。

目前还无法在现场产生或通过自然聚集到足够生物质或废弃物作为现代

大型高效发电厂的燃料。材料损坏、运输问题、燃料使用、公众意见都导致无法在单一场所收集几百兆瓦（MW）的电量。生物质或废弃物做燃料的发电厂因此在规模上受到一定限制，效率（生产每单位电量的劳动力成本）和其他规模效益也因此受限。在每几年的时间周期内，城市废弃物的产生速度遵循理性可预测的形式。近年来，非常有限的生物质能开发经验显示，在潮湿天气下广大地区会出现长期零产出的状况，因此其开发能力存在不可预测的变量。

煤的应用状况则完全不同。煤通常通过开采或进口，因此可以从单一来源或多个相邻来源获得足够用量，其供应量因此得以保证。尽管如此，新建煤电的技术和规模经济性已不足以支持任何新的煤电进入产气市场。

生物质来源的潜在不可靠性、垃圾再利用的长周期性、仅采用废弃物和/或生物质的发电厂的规模限制，这些问题可通过将生物质、垃圾和煤联合应用得以解决。用户可获得生物质发电带来的补贴电价以及废弃物倾倒费。如果发电厂采用气化工艺，而非直接燃烧工艺，将会获得更多收益。其中包括废弃物发电的补贴电价、气化发电工艺部分的相关技术、在燃烧前而非燃烧后进行气体清洁以及公共形象的提升，都是目前气化技术的优势所在，这些都推动了当前对废弃物/生物质与煤共气化技术的研究（Speight，2008）。

对于大型发电厂（大于50MW）而言，气化技术的主要应用领域是化石燃料的加压氧气液流或固定床气化。迄今为止，液流气化炉的操作经验主要来自短期的实验工作，在低共气化比的情况下，应采用受控良好的燃料原料进行。

废弃物作为共气化的原料，需要大量处置资金的投入。更为清洁的生物质作为可再生燃料用于发电可带来补贴电价。一家可盈利的电厂，其规模大小、当地是否有足够燃料供应和原料供应可靠性是保证正常运行的主要因素。采用可保证来源的煤以及其他燃料，则可克服这些困难和危机。在可产生更高收益的燃料发生短缺时，煤可作为保证工厂正常运行的"调速轮"。

煤的特性与生物质和废弃物等年代较短的烃类燃料完全不同。后者的氢/碳比更高，氧含量也更高。这意味着在气化条件下，这两类燃料的反应活性完全不同。由于煤气化过程中硫是主要问题，而氯化物和焦油则主要影响废弃物和生物质气化，因此两类工艺中的气体清洁问题也存在差异。对气化炉和气体清洁系统相邻而建，目前还没有什么改进建议，由其中一个负责处理生物质或废弃物，另一个处理煤，两者相邻，为同一发电设备提供原料。不过，与在同一气化炉和气体清洁系统中使用混合燃料相比，这样的设计也存在一些优势。

发电或热电联产，是气化或共气化工艺的最有发展的领域。现有大型电厂每单位发电量的最低投资成本是采用气体发电。在数个大型电厂，锅炉已采用气体与主要燃料一起燃烧。在锅炉中采用这种方式与在大型高效蒸汽轮机做燃料的效率相同，而气体热产出相对较小。将生物质或木材气化产生的气体加入天然气原料进入燃气轮机在技术上可行，但仍存在大型电厂的商业风险和采用气化炉生成气体燃料的效益之间的平衡问题。气化炉使用燃料电池是热点话题，但目前燃料电池的成本太高，因此用其发电是不经济的。

另外，由于人们越来越难以接受传统的填埋处理方式，城市和工业废弃物的处理已成为严峻问题。由于这些处理方式面临日益严苛的法规，使得垃圾处理再利用的经济性变得更为重要。

一种处理废弃物的方法是将可燃烧废弃物的能量值转为燃料。可从废弃物中提取的燃料是一种低热值的气体，通常为 100 ~ 150Btu/scf（1scf = 0.0283168m³），可用来生产工艺蒸汽或用来发电（Gay，Barclay，Grantham，&Yosim，1980）。将废弃物与煤联合处理也是一种选择（Speight，2008）。

总之，出于环保、技术或商业原因，煤与废弃物或生物质进行共气化是可行的。可不用再限定在一定运输距离内的使用生物质或垃圾的小规模电厂，而是建立更大规模、更高效的发电厂；运行成本可以更低，燃料供应可得到保障。

根据厂址的特点和原料采用不同的共气化技术，超大规模的电厂采用固定床和液流气化工艺；在规模较小的电厂中，重点放在可商业运行的技术上。采用现场生产原料的发电工艺包括热解和其他先进热传递技术，但还需要考虑以下要求：①核心燃料控制和气化/热解技术；②燃料气清洁；③燃料气转化为电力（Ricketts，Hotchkiss，Livingston，& Hall，2002）。

1.5　用于合成燃料生产的气化工艺

煤或煤的衍生物（如煤制成的煤焦）的气化是将煤（采用多种工艺中的一种）转化为可燃气体产物以及一系列化工产物（图 1.2）。自从 15 世纪以来，煤的用量快速增长（Nef，1957；Taylor & Singer，1957），用煤，尤其是用水和热煤生产可燃气体（Van Heek&Muhlen，1991）的概念已变得很常见（Elton，1958）。

煤制气技术在煤化学技术领域发展迅速，引领大量研究和发展项目。因此，煤的等级特性、矿物质、颗粒大小以及反应条件都对工艺的产出包括气体收率和气体性质有影响（Massey，1974；Van Heek&Muhlen，1991）。煤气化

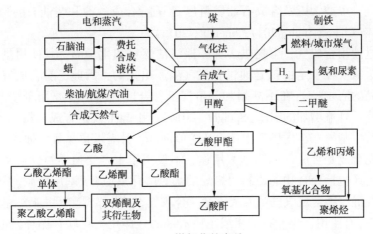

图 1.2　煤气化的产品

[气化技术的推动力. Lynn Schloesser, L. (2006).

摘自：气化技术工场，6 月 28～29 日。Ramkota, Bismarck, North Dakota.]

的产物根据工艺以及气体的最终用途(表 1.2)不同，可具有低、中、高热值 (Anderson & Tillman, 1979；Argonne National Laboratory, 1990；Baker & Ro-driguez, 1990；Bodle&Huebler, 1981；Cavagnaro, 1980；Fryer & Speight, 1976；Lahaye&Ehrburger, 1991；Mahajan & Walker, 1978；Matsukata, Kikuchi, & Mori-ta, 1992；Probstein& Hicks, 1990；Speight, 2013，见参考文献)。

1.5.1　气体产物

由于所采用的气化系统导致的气体组分发生变化，气化工艺的产物也因此各不相同(Speight, 2013)。需要重点关注的是，在进一步使用前，尤其是需要进行水-气转移或甲烷化前，气体产物必须首先脱除颗粒物和硫化物等污染物(Cusumano, DallaBetta, & Levy, 1978；Probstein& Hicks, 1990)。

1.5.1.1　合成气

合成气(syngas)主要是氢气和一氧化碳的混合物，其燃烧效率等同天然气 (Speight, 2008；第 7 章)。这减少了硫、氮化物、汞的排放，是极为清洁的燃料(Lee et al. , 2007；Nordstrand, Duong, & Miller, 2008；Sondreal, Benson, &Pavlish, 2006；Sondreal, Benson, Pavlish, & Ralston, 2004；Wang et al. , 2008；Yang, Xua, Fan, Bland, &Judkins, 2007)。生成的氢气可用于发电或作为交通燃料。气化工艺还有助于捕集燃烧产生的二氧化碳排放(有关碳捕集和存储详见后文)。

尽管合成气可独立地用作燃料，其能量密度大约是天然气的一半，因此多适合用于生产交通燃料和其他化工产品。合成气主要用做各种燃料，如合成天然气、甲醇、以及合成石油燃料(二甲醚－合成汽油和柴油)生产(合成)的中间体(Chadeesingh, 2011; Speight, 2013)。

通过使用合成气,可提供多种环保清洁燃料和化学品,其使用量一直稳步增长。氢气几乎全部都是通过合成气生产出来的,因此,对合成气这种基础化学品的需求一直在不断增加。事实上,合成气目前主要用于生产氢气,以满足炼厂日益增加的需求(Speight, 2014)。甲醇不仅是合成气第二大用途,而且随着甲基醚在车用燃料中作为辛烷值助剂,其需求也显著增加。

费托合成是合成气的第三大用途,不仅用于生产交通燃料,还用于制造化学品生产包括聚合物的原料。烯烃的烯烃醛化反应(氧基反应),是一氧化碳和氢气混合物合成气的第四大用途。合成气直接作为燃料(并最终也用于化学品生产)有望用在煤、石油焦或重质渣油的一体化气化联合循环发电(也生产化学品)装置。最后,合成气是一氧化碳的主要来源,在羰基化反应中的应用越来越多,其工业发展前景巨大。

1.5.1.2 低热值气体

采用空气对煤气进行氧化的过程中,氧气并未从空气中分离出来,因此,气体产物的热值较低(150~300Btu/ft^3)。煤的原位气化反应通常也会产生低热值气体(Speight, 2013),因此在没必要对煤进行开采,尤其是煤无法开采或开采无价值的时候,该反应被用于获得煤能量。

在高温条件下生产低热值气体的过程涉及数个重要化学反应和一系列副反应(Balat, 2011; Speight, 2013)。低热值气体包含多个组分,其中四种主要组分占比至少7%,第五种组分甲烷则不是主要成分。

低热值气体的氮含量从小于33%(体积分数)到略大于50%(体积分数)不等,且尚无任何有效脱除方法;氮含量高是导致产品气体低热值的根源,氮的存在还大大限制了低热值气体在化学合成中的应用。其他两种不燃组分——水(H_2O)和二氧化碳(CO_2)进一步降低了气体的热值,可通过冷凝方法脱水,通过直接化学方法除去二氧化碳。

低热值气体中的可燃组分为氢气和一氧化碳;H_2/CO 比从 2:3 到 3:2 不等。甲烷含量也对低热值气体的热值有很大影响。在微量组分中,硫化氢作用最大;其产量与原料煤中的硫含量相对应。必须通过一个或数个工艺步骤脱除硫化氢(Mokhatab, Poe, & Speight, 2006; Speight, 2007)。

低热值气体在工业上可作为燃料气或作为合成氨、甲醇等的原料。

1.5.1.3 中热值气体

中热值气体的热值在 300~550Btu/ft^3 之间,其组成与低热值气体相似,但没有氮存在。中热值气体中的主要可燃气体包括氢气和一氧化碳(Kasen,

1979)。中热值气体比低热值气体种类要多，和低热值气体一样，中热值气体可直接用作燃料发汽，或通过联合发电循环系统驱动气轮机，应用热废气发汽。不过中热值气体主要是用来合成甲烷(通过甲烷化反应)、大分子烃类(通过费托合成反应)、甲醇以及一系列合成化学品。

生产中热值气体的反应与合成低热值气体的反应相同。两种反应主要的不同点在于氮屏障的应用(如使用纯氧气)，保证稀释氮气被排放出系统。

在中热值气体中，H_2/CO 比在 $2:3$ 到 $3:1$ 之间，其所增加的热值与高甲烷和氢含量以及低二氧化碳含量有关。此外，生产中热值气体所用的气化工艺特征对随后的加工过程有明显影响。例如，CO_2 受体产物很适宜用于生产甲烷，是因为该受体具有：①反应要求的 H_2/CO 比，正好高于 $3:1$；②初始甲烷含量高；③相对较低的水和二氧化碳含量。其他气体可能需要进行转移反应，在甲烷化反应前需要脱除大量水分和二氧化碳。

1.5.1.4 高热值气体

高热值气体本质上就是纯甲烷，通常指合成天然气或煤制天然气(SNG) (Kasem，1979；c. f. Speight，1990，2013)。但煤制天然气产品必须含有至少 95% 的甲烷，使得合成天然气的内能(热值)在 $980 \sim 1080 Btu/ft^3$。

氢气和一氧化碳的催化反应是合成高热值气体的一种常见方法：

$$3H_2 + CO \longrightarrow CH_4 + H_2O$$

为避免催化剂中毒，该反应的原料气必须非常纯净，因此产品中的杂质很少。生成的大量水经过冷凝被回收，作为高纯度水在气化系统中循环使用。氢气一般稍微过量，以确保有毒一氧化碳能够完全反应；多出来的这小部分氢气因此导致热值小幅降低。

由于一氧化碳/氢气反应释放了大量热量，因此生成甲烷的效率较低。此外，甲烷化反应的催化剂使用问题很多，容易被硫化物污染中毒，金属分解也会破坏催化剂。因此可采用临氢气化法减少甲烷化反应的应用：

$$[C]_{煤} + 2H_2 \longrightarrow CH_4$$

临氢气化的甲烷产物纯度较低，因此需要在脱除硫化氢和其他杂质后再另外进行甲烷化反应。

1.5.2 液体燃料

煤气化生产液体燃料通常是指煤的间接气化(Speight，2013)。在该类工艺中，煤并不直接转化为液体产品，而是通过两级转化操作过程完成，在这一过程中，煤首先(通过与蒸汽和氧气的反应)被转化产生一氧化碳和氢气为主要成分的气体混合物(合成气)；然后气流进行净化(脱除硫、氮和所有颗粒物），经过催化转化为液态烃混合物。

从一氧化碳和氢气合成烃类（费托合成）是煤和其他含碳原料的间接液化过程（Anderson，1984；Batchelder，1962；Dry，1976；Speight，2011a，b；Storch，Golumbic，& Anderson，1951）。在这一工艺领域，目前只有煤液化技术具备工业化规模，目前，在南非萨索尔石化总厂（Sasolcomplex）的费托工艺已实现工业化。

因此，在高于 800℃（1470℉）温度和常压条件下煤转化为气体产物，生成合成气：

$$[C]_{煤}+H_2O \longrightarrow CO+H_2$$

可通过任意一种煤气化工艺甚至地下或原位煤气化来实现气化反应。

在实际操作中，发生费托反应的温度范围为 200～350℃，压力为 75～4000psi（0.525～28MPa）。氢气/一氧化碳比通常为 2/2∶1 或 2/5∶1。液体燃料生产进入下一阶段，氢气体积比需要达到 3 以上，必须通过水-气转移反应将合成气转化到所需氢气量：

$$CO+H_2O \longrightarrow CO_2+H_2$$

然后气体混合物经过净化转化为各种烃：

$$nCO+(2n+1)H_2 \longrightarrow C_nH_{2n+2}+nH_2O$$

这一系列反应主要生成低、中沸点脂肪族化合物，用于生产汽油和柴油。

1.6 未来发展趋势

煤气化工艺未来的发展取决于其对周围环境的影响。环境效应问题将会指明气化技术的成功方向。

清洁煤技术（CCTs）是新一代先进的煤应用技术，可同时提高煤开采、制造、和使用的效率和环境接受度。这些技术的使用降低了煤的排放量，减少了废弃物，提高了从煤获取的能源量。清洁煤项目的目标是推动最有前景的清洁煤技术，包括煤清洗改进技术、流化床燃烧、整体煤气化联合循环、燃烧炉炉内喷钙以及烟气脱硫技术的发展。

事实上，在可预见的将来，气化工艺很有可能会在炼油行业蓬勃发展，一些炼厂甚至会专门采用气化工艺（Speight，2011b）。南非的萨索尔炼厂（Sasol refinery in South Africa）作为一家气化炼厂（Couvaras，1997），将采用含碳原料生产合成气，然后采用费托合成技术生产液体燃料。

包括生物质在内的任何一种含碳原料都可通过气化工艺生产合成气。原料中的无机成分，如金属和矿物质，以惰性环保的炭形式被捕获，可用作肥料。因此，从技术和经济角度考虑，碳中和经济最有可能采用生物质气化技术。

近一个世纪以来，一氧化碳和氢气气体混合物的生产已经成为化工技术的一个重要组成部分。起初是通过蒸汽与白炽焦炭反应得到该混合物，即水煤气；现在则广泛使用蒸汽重整工艺，在该工艺中，蒸汽与天然气(甲烷)或石脑油在镍催化剂作用下反应生产合成气。

蒸汽重整的升级版即所谓的自热重整，结合了靠近反应器入口的部分氧化与反应器内的传统蒸汽重整，提升了反应器的整体效率，增加了工艺的灵活性。部分氧化工艺采用氧气而不是蒸汽，也广泛用于合成气生产，可采用廉价原料，如重质渣油。近年来，催化部分氧化采用较短反应时间(ms级)，并在高温下(850~1000℃)进行，提供了另外一种生产合成气的方法(Hickman & Schmidt，1993)。

在气化炉中，含碳原料会经历几个不同工艺过程：①含碳燃料的热解；②燃烧；③残炭的气化。整个工艺受含碳原料的性质影响很大，决定了参加随后气化反应的炭的结构和组成。

随着石油资源供应的减少，尤其是发生天然气短缺的领域，利用其他含碳原料产气的需求随之增加。天然气的成本预计将继续增长，煤气化技术因此具备了经济可行的竞争力。相关研究在小试和中试规模的进展，推动新工艺技术的发展，从而加速了煤气化的工业化。

气化工艺生产的气体产物转化为合成气——氢气(H_2)和一氧化碳(CO)混合物，其组成比根据应用情况有所不同，因此，需要在净化后进一步调整。气体产物(一氧化碳、二氧化碳、氢气、甲烷、氮)可用作燃料或作为化工或化肥生产的原料。

参 考 文 献

Anderson, R. B. (1984). In S. Kaliaguine & A. Mahay (Eds.), Catalysis on the energy scene(p. 457). Amsterdam, The Netherlands：Elsevier.

Anderson, L. L., & Tillman, D. A. (1979). Synthetic fuels from coal：Overview and assessment. New York：John Wiley and Sons Inc. 33.

Argonne National Laboratory. (1990). Environmental consequences of, and control processes for energy technologies. Pollution Technology Review No. 181, Park Ridge, New Jersey：Noyes Data Corp. Chapter 6.

Baker, R. T. K.,&Rodriguez, N. M. (1990). Fuel science and technology handbook. New York：Marcel Dekker Inc. Chapter 22.

Balat, M. (2011). Fuels from biomass—An overview. In J. G. Speight (Ed.), The biofuels handbook.London, United Kingdom：Royal Society of Chemistry, Part 1, Chapter 3.

Batchelder, H. R. (1962). In J. J. McKetta, Jr., (Ed.), Advances in petroleum chemistry and refining: Vol. V. New York: Interscience Publishers Inc. Chapter 1.

Baxter, L. (2005). Biomass-coal co-combustion: Opportunity for affordable renewable energy. Fuel, 84(10), 1295-1302.

Bhattacharya, S., Siddique, A. H. Md. M. R., & Pham, H.-L. (1999). A study on wood gasification for low-tar gas production. Energy, 24, 285-296.

Biermann, C. J. (1993). Essentials of pulping and papermaking. New York: Academic Press Inc.

Boateng, A. A., Walawender, W. P., Fan, L. T., & Chee, C. S. (1992). Fluidized-bed steam gasification of rice hull. Bioresource Technology, 40(3), 235-239.

Bodle, W. W., & Huebler, J. (1981). In R. A. Meyers (Ed.), Coal handbook. New York: Marcel Dekker Inc. Chapter 10.

Brage, C., Yu, Q., Chen, G., & Sjöström, K. (2000). Tar evolution profiles obtained from gasification of biomass and coal. Biomass and Bioenergy, 18(1), 87-91.

Brar, J. S., Singh, K., Wang, J., & Kumar, S. (2012). Cogasification of coal and biomass: A review. International Journal of Forestry Research, 2012, 1-10.

Cavagnaro, D. M. (1980). Coal gasification technology. Springfield, Virginia: National Technical Information Service.

Chadeesingh, R. (2011). The Fischer-Tropsch process. In J. G. Speight (Ed.), The biofuels handbook (pp. 476-517). London, United Kingdom: The Royal Society of Chemistry, Part 3, Chapter 5.

Chen, G., Sjöström, K., & Bjornbom, E. (1992). Pyrolysis/gasification of wood in a pressurized fluidized bed reactor. Industrial and Engineering Chemistry Research, 31(12), 2764-2768.

Collot, A. G., Zhuo, Y., Dugwell, D. R., & Kandiyoti, R. (1999). Co-pyrolysis and cogasification of coal and biomass in bench-scale fixed-bed and fluidized bed reactors. Fuel, 78, 667-679.

Couvaras, G. (1997). Sasol's slurry phase distillate process and future applications. In: Proceedings: Monetizing Stranded Gas Reserves Conference, Houston.

Cover, A. E., Schreiner, W. C., & Skaperdas, G. T. (1973). Kellogg's coal gasification process. Chemical Engineering Progress, 69(3), 31.

Cusumano, J. A., Dalla Betta, R. A., & Levy, R. B. (1978). Catalysis in coal conversion. New York: Academic Press Inc.

Demirbas 8 13 (8 63(2011). Production of fuels from crops. In J. G. Speight (Ed.), The biofuels handbook. London, United Kingdom: Royal Society of Chemistry, Part 2, Chapter 1.

Dry, M. E. (1976). Advances in Fischer-Tropsch chemistry. Industrial and Engineering Chemistry Product Research and Development, 15(4), 282-286.

EIA. (2007). Net generation by energy source by type of producer. Washington, DC: Energy Information Administration, United States Department of Energy. http://www.eia.doe.gov/cneaf/electricity/epm/table1_1.html.

Elton, A. (1958). In C. Singer, E. J. Holmyard, A. R. Hall, & T. I. Williams (Eds.), A history of technology: Vol. IV. Oxford, United Kingdom: Clarendon Press, Chapter 9.

Ergudenler, A., & Ghaly, A. E. (1993). Agglomeration of alumina sand in a fluidized bed straw gasifier at elevated temperatures. Bioresource Technology, 43(3), 259-268.

Fryer, J. F., & Speight, J. G. (1976). Coal gasification: Selected abstract and titles. Information Series No. 74, Edmonton, Canada: Alberta Research Council.

Gabra, M., Pettersson, E., Backman, R., & Kjellström, B. (2001). Evaluation of cyclone gasifier performance for gasification of sugar cane residue—Part 1: Gasification of bagasse. Biomass and Bioenergy, 21(5), 351-369.

Gay, R. L., Barclay, K. M., Grantham, L. F., & Yosim, S. J. (1980). Fuel production from solid waste. In: Symposium on Thermal Conversion of Solid Waste and Biomass, Symposium Series No. 130 (pp. 227-236).Washington, DC: American Chemcial Society, Chapter 17.

Hanaoka, T., Inoue, S., Uno, S., Ogi, T., & Minowa, T. (2005). Effect of woody biomass components on air-steam gasification. Biomass and Bioenergy, 28(1), 69-76.

Hickman, D. A., & Schmidt, L. D. (1993). Syngas formation by direct catalytic oxidation of methane. Science, 259, 343-346.

Hotchkiss, R. (2003). Coal gasification technologies. Proceedings of the Institution of Mechanical Engineers Part A, 217(1), 27-33.

Howard-Smith, I., & Werner, G. J. (1976). Coal conversion technology. Park Ridge, New Jersey: Noyes Data Corp. Page 71.Ishi, S. (1982). Coal gasification technology. Energy, 15 (7), 40-48.

Jenkins, B. M., & Ebeling, J. M. (1985). Thermochemical properties of biomass fuels.California Agriculture (May-June), pp. 14-18.

Kasem, A. (1979). Three clean fuels from coal: Technology and economics. New York: Marcel Dekker Inc.

King, R. B., & Magee, R. A. (1979). In C. Karr, Jr., (Ed.), Analytical methods for coal and coal products: Vol. III. New York: Academic Press Inc. Chapter 41.

Ko, M. K., Lee, W. Y., Kim, S. B., Lee, K. W., & Chun, H. S. (2001). Gasification of food waste with steam in fluidized bed. Korean Journal of Chemical Engineering, 18(6), 961-964.

Kumabe, K., Hanaoka, T., Fujimoto, S., Minowa, T., & Sakanishi, K. (2007). Cogasification of woody biomass and coal with air and steam. Fuel, 86, 684-689.

Lahaye, J., & Ehrburger, P. (Eds.), (1991). Fundamental issues in control of carbon gasification reactivity. Dordrecht, The Netherlands: Kluwer Academic Publishers.

Lee, S., & Shah, Y. T. (2013). Biofuels and bioenergy. Boca Raton, Florida: CRC Press, Taylor & Francis Group.

Lee, S., Speight, J. G., & Loyalka, S. (2007). Handbook of alternative fuel technologies. Boca Raton, Florida: CRC-Taylor and Francis Group.

Liu, G., Larson, E. D., Williams, R. H., Kreutz, T. G., & Guo, X. (2011). Making Fischer-Tropsch fuels and electricity from coal and biomass: Performance and cost analysis.Energy & Fuels, 25, 415-437.

Lv, P. M., Xiong, Z. H., Chang, J.,Wu,C. Z.,Chen, Y.,&Zhu, J. X. (2004).Anexperimental study on biomass air-steamgasification in a fluidized bed. Bioresource Technology, 95(1), 95-101.

Mahajan, O. P., & Walker, P. L., Jr., (1978). In C. Karr, Jr., (Ed.), Analytical methods for coal and coal products: Vol. II. New York: Academic Press Inc. Chapter 32.

Massey, L. G. (Ed.), (1974). Coal gasification. Advances in Chemistry Series No. 131. Washington, DC: American Chemical Society. Matsukata, M., Kikuchi, E., & Morita, Y. (1992). A new classification of alkali and alkaline earth catalysts for gasification of carbon. Fuel, 71, 819-823.

McKendry, P. (2002). Energy production from biomass part 3: Gasification technologies. Bioresource Technology, 83(1), 55-63.

Mokhatab, S., Poe, W. A., & Speight, J. G. (2006). Handbook of natural gas transmission and processing. Amsterdam, The Netherlands: Elsevier.

Nef, J. U. (1957). In C. Singer, E. J. Holmyard, A. R. Hall, & T. I. Williams (Eds.), A history of technology: Vol. III. Oxford, United Kingdom: Clarendon Press, Chapter 3.

Nordstrand, D., Duong, D. N. B., & Miller, B. G. (2008). Post-combustion emissions control. Chapter 9, In B. G. Miller & D. Tillman (Eds.), Combustion engineering issues for solid fuel systems. London, United Kingdom: Elsevier.

Pakdel, H.,&Roy, C. (1991). Hydrocarbon content of liquid products and tar from pyrolysis and gasification of wood. Energy & Fuels, 5, 427-436.

Pan, Y. G., Velo, E., Roca, X., Manya', J. J., & Puigjaner, L. (2000). Fluidized-bed cogasification of residual biomass/poor coal blends for fuel gas production. Fuel, 79, 1317-1326.

Probstein, R. F., & Hicks, R. E. (1990). Synthetic fuels. Cambridge, Massachusetts: pH Press Chapter 4.

Rajvanshi, A. K. (1986). Biomass gasification. In D. Y. Goswami (Ed.), Alternative energy in agriculture: Vol. II. (pp. 83-102). Boca Raton, Florida: CRC Press.

Ramroop Singh, N. (2011). Biofuel. In J. G. Speight (Ed.), The biofuels handbook. London, United Kingdom: Royal Society of Chemistry, Part 1, Chapter 5.

Rapagna', N. J., Kiennemann, A., & Foscolo, P. U. (2000). Steam-gasification of biomass in a fluidized-bed of olivine particles. Biomass and Bioenergy, 19(3), 187-197.

Rapagna', N. J., & Latif, A. (1997). Steam gasification of almond shells in a fluidized bed reactor:The influence of temperature and particle size on product yield and distribution. Biomass and Bioenergy, 12(4), 281-288.

Ricketts, B., Hotchkiss, R., Livingston, W., & Hall, M. (2002). Technology status review of waste/biomass co-gasification with coal. In Proceedings of the Institute of Chemical Engineers Fifth European Gasification Conference, Noordwijk, The Netherlands, April 8-10, London, United Kingdom: Institute of Chemical Engineers.

Sjöström, K., Chen, G., Yu, Q., Brage, C., & Rose'n, C. (1999). Promoted reactivity of char in cogasification of biomass and coal: synergies in the thermochemical process. Fuel, 78, 1189-1194.

Sondreal, E. A., Benson, S. A., & Pavlish, J. H. (2006). Status of research on air quality: Mercury,trace elements, and particulate matter. Fuel Processing Technology, 65(66), 5-22.

Sondreal, E. A., Benson, S. A., Pavlish, J. H., & Ralston, N. V. C. (2004). An overview of air quality III: Mercury, trace elements, and particulate matter. Fuel Processing Technology, 85, 425-440.

Speight, J. G. (1990). In J. G. Speight (Ed.), Fuel science and technology handbook. New York: Marcel Dekker Inc. Chapter 33.

Speight, J. G. (2007). Natural gas: A basic handbook. Houston, Texas: GPC Books, Gulf Publishing Company.

Speight, J. G. (2008). Synthetic fuels handbook: Properties, processes, and performance. New York: McGraw-Hill.

Speight, J. G. (2009). Enhanced recovery methods for heavy oil and tar sands. Houston, Texas: Gulf Publishing Company.

Speight, J. G. (Ed.), (2011a). The biofuels handbook. London, United Kingdom: Royal Society of Chemistry.

Speight, J. G. (2011b). The refinery of the future. Elsevier, Oxford, United Kingdom: Gulf Professional Publishing.

Speight, J. G. (2013). The chemistry and technology of coal (3rd ed.). Boca Raton, Florida: CRC Press, Taylor & Francis Group.

Speight, J. G. (2014). The chemistry and technology of petroleum (5th ed.). Boca Raton, Florida: CRC Press, Taylor & Francis Group.

Storch, H. H., Golumbic, N., & Anderson, R. B. (1951). The Fischer Tropsch and related syntheses. New York: John Wiley & Sons Inc.

Taylor, F. S., & Singer, C. (1957). In C. Singer, E. J. Holmyard, A. R. Hall, & T. I. Williams (Eds.), A history of technology: Vol. II. Oxford, United Kingdom: Clarendon Press, Chapter 10.

Van Heek, K. H., & Muhlen, H.-J. (1991). In J. Lahaye & P. Ehrburger (Eds.), Fundamental issues in control of carbon gasification reactivity (p. 1). The Netherlands: Kluwer Academic Publishers Inc.

Ve'lez, J. F., Chejne, F., Valde's, C. F., Emery, E. J., & Londono, C. A. (2009). Cogasification of Colombian coal and biomass in a fluidized bed: An experimental study. Fuel, 88, 424-430.

Wang, Y., Duan, Y., Yang, L., Jiang, Y., Wu, C., Wang, Q., et al. (2008). Comparison of mercury removal characteristic between fabric filter and electrostatic precipitators of coalfired power plants. Journal of Fuel Chemistry and Technology, 36(1), 23-29.

Yang, H., Xua, Z., Fan, M., Bland, A. E., & Judkins, R. R. (2007). Adsorbents for capturing mercury in coal-fired boiler flue gas. Journal of Hazardous Materials, 146, 1-11.

第2章 液体燃料生产专用气化炉类型：设计及技术

J. G. Speight

（CD&W Inc., Laramie, WY, USA）

2.1 前言

含碳原料气化法是将原料通过任意一种工艺转化为可燃气体（Calemma&Radović, 1991；Fryer & Speight, 1976；Garcia &Radović, 1986；Kristiansen, 1996；Radović &Walker, 1984；Radović, Walker, & Jenkins, 1983；Speight, 2008）。转化煤、渣油、生物质、工业废弃物等含碳原料的气化工艺方式多样，与燃烧法相比对环境影响较小（Butterman&Castaldi, 2008；Jangsawang, Klimanek, & Gupta, 2006；Senneca, 2007；Speight, 2008, 2013, 2014），可用于发电、生产氢气及其他高价值能源产品。气化法应用非常灵活，可作为化学基本原料生产清洁燃料制造多种产品。

此外，气化技术是用含碳原料生产氢气的关键技术之一（Lee, Speight, &Loyalka, 2007；Speight, 2008, 2011, 2013, 2014）。气化炉可生产多种用途的合成气，也可用于生产氢气、发电及化工装置使用。整体煤气化联合循环（IGCC）电厂在联合循环发电装置（气轮机和蒸汽轮机）中采用合成气发电（Speight, 2013）。

目前，一般是按照生成气体的热值对气化工艺进行分类，也可以根据反应器容器的类型以及系统是否在压力下进行反应对气化工艺进行归类。本文是根据反应床的类型对气化工艺进行区分，不同类型的反应床接受(转化)不同原料的能力有所不同（Collot, 2002）。

尽管已经有许多种煤气化炉在工业上成功使用，但其设计和操作的基本形式和概念细节都受到严密的专利保护。采用含碳原料的产气技术已成为迅速发展的领域。已研究出了几种气化反应器。表 2.1 为气化反应器的常见工艺(Speight，2013)。

表 2.1 气化工艺类别

固定床工艺	Foster Wheeler stoic 工艺
	Lurgi 工艺
	Wellman Galusha 工艺
	Woodall-Duckham 工艺
流化床工艺	烧结燃烧室工艺
	二氧化碳受体工艺
	Coalcon 工艺
	COED/COGAS 工艺
	Exxon 催化气化工艺
	Hydrane 工艺
	Hygas 工艺
	加压流化床工艺
	Synthane 工艺
	U-gas 工艺
	Winker 工艺
液流床工艺	双气体工艺
	燃烧工程工艺
	Koppers-Totzek 工艺
	Texaco 工艺
熔盐工艺	Atgas 工艺
	Pullman-Kellogg 工艺
	Rockgas 工艺
	Rummel 单轴工艺

2.2 气化炉类型

有数种燃料可应用于气化工艺，包括煤、渣油、木材及木材废料(树枝、树杈、树根、树皮、刨花、锯末)，以及各种农作物残余物(玉米芯粉、椰子壳、椰子皮、秸秆、稻壳等)和泥炭。由于燃料的化学、物理及微观性质差异较大，采用的气化法也各有不同，因此需要不同的反应器设计和/或气化技术。由于这一原因，经过一百多年的气化技术发展经验，已开发并市场化了多种类型的气化炉，均是针对某种或某类燃料的特点进行开发设计。可处理所有燃料或燃料类型的万能气化炉目前还不存在。

与典型化石燃料相比，生物质中复杂的木质素-纤维素结构更难以气化。矿物杂质结合各种无机物以及含硫、含氮化合物的特质，不利于对生物质的含氧烃类结构的良性热处理。与生物质原料燃烧过程中燃料中的氮和硫转化为氮化物和硫化物不同，蒸汽气化涉及热处理，在还原气氛下燃料氮以分子氮形式排放，燃料硫转化为硫化氢，也就是说，更易采用吸附床进行脱除（Mokhatab et al.，2006；Speight，2009，2013）。与燃烧不同，气化过程能量更为集中。需要对工艺反应器进行仔细的工程设计，确保热处理生成的能量（或能源）要大于消耗。

目前投入工业化的气化炉有四种：①固定床气化炉，可细分为逆流固定床气化炉和并流固定床气化炉；②流化床气化炉；③液流床气化炉；④采用熔盐或熔融金属的工艺（Speight，2011，2013）。这些系统在燃料类型、应用、操作简单程度方面都各有优缺点，因此，每种系统在某一特定环境下均有自己的技术和/或经济优势。

每种气化炉设计均可在常压或高压下运行。在高压操作条件下，水气化工艺通过优化，所得气体产物的质量（热值或英制热量单位）得到提高。此外，可以缩小反应器尺寸，不再需要在将气体引入管线前进行加压（如果高热值气体是最终产物）。高压系统存在的问题与原料进入反应器方式有关。低压或常压气化反应器的设计中则通常要在合成气清洁后配一个燃料气压缩机。

每种气化炉在燃料性质的一定范围内其运行稳定性、气体产物质量、效率、压力损耗均表现良好，其中最重要的性质包括：①内能；②水含量；③挥发物生成；④矿物质含量，即成灰倾向；⑤灰分化学组成和反应性；⑥原料反应性；⑦原料颗粒大小和大小分布；⑧原料体积密度；⑨原料成炭倾向。在选择气化炉的原料前，需要确保原料满足气化炉要求，或可通过处理满足气化炉要求。

2.2.1 固定床气化炉

在固定床工艺中，原料被置于格栅之上。燃烧气体（如蒸汽、空气、氧气）穿过置于格栅上的原料，生成的热气从反应器顶部排出。供热来自内部产生或外部热源，但固定床反应器如果不进行升级的话，则无法使用某些含碳原料（如黏结煤）。

固体下行床系统通常指移动床或固定床，有时也指逆流下行床反应器。在气化炉中，原料[直径约 1/8~1in（3~25mm）]被放置在反应容器顶部，而反应气体从反应容器底部进入，在相对较低的流速下向上穿过煤块间的间隙。随着原料下降，首先在从上升气体中的显热作用下发生脱挥反应，然后与反应气中的氢气发生加氢反应，最后被燃烧成灰烬。因此，反应是在逆流方式下进行的。

逆流固定床气化炉(上吸式气化炉、逆流式气化炉)中气化剂(蒸汽、氧气和/或空气)以逆流方式流经固定床上的含碳原料。灰分干燥后脱除，或以熔渣形式排出。造渣气化炉需要更高的蒸汽和氧/碳比，确保温度高于灰分熔解温度。气化炉的特点意味着燃料必须具有高机械强度，必须是非黏结状态，从而可以形成可渗透床层，不过通过近年来的研发已经在一定程度上减少了这些限制。这种气化炉的总处理量相对较低，但由于气体出口温度相对较低，因此其热效率很高，因此，在典型操作温度下主要产出甲烷和焦油。

这种气化炉的主要优势来自于反应器内的高效热交换。高温合成气从气化炉排出之后，在进入反应器时，可对生物质材料进行干燥。通过热交换，原料合成气在通过规整填料时被冷却。反应器出口的合成气温度约为250℃(480℉)；在下吸式气化炉中，反应器出口的合成气温度约为800℃(1470℉)。考虑到可使用合成气对进入原料进行干燥，该反应器系统对原料湿度的敏感性要低于其他气化反应器。另一方面，原料和合成气的逆向流动导致粗合成气中的焦油含量较高(10%~20%，质量分数)。上吸式气化工艺的其他优点还有：①工艺简单，成本较低；②可处理湿度较高，如生物质以及无机质含量较高(如城市固体废弃物(MSW))的原料；③工艺成熟。

并流固定床(下吸式)气化炉与逆流气化炉相似，但气化助剂用气与燃料的流动(向下，因此命名为下吸式气化炉)方式为并流方式。床层上部需要加热，通过燃烧少量燃料或从外部热源供热。从气化炉排出的高温气体的热量大部分传递至床层顶部添加的气化剂，其能效因此基本与逆流气化炉的相同。在并流式气化炉中，产生的焦油必须穿过热炭床，因此绝大多数焦油从产物中脱除。

由于下吸式气化炉的热解过程所产生的气体通过氧化区，因此在粗合成气中的焦油化合物浓度低于上吸式气化炉。上/下吸式气化炉易于控制，但对原料质量敏感度更高。如上吸式气化炉可处理湿度达到50%(质量分数)的生物质原料，而下吸式气化炉反应的原料湿度要求在10%~25%。

下吸式气化工艺的优点包括：①形成的焦油99.9%被消耗掉，很少或无需进行焦油净化；②矿物质残存于煤焦/灰分中，减少了旋风分离器的使用；③工艺成熟、简单、成本低。下吸式气化工艺的缺点有：①进料需干燥，湿度需低于20%(质量分数)；②反应器出口的合成气温度较高，需要二次热量回收系统；③有4%~7%的碳未得到转化。

交叉式气化反应器在采用干燥鼓风和干燥燃料条件下运行良好，具备上吸式和下吸式气化炉所没有的优势。但其出口气体温度高，二氧化碳还原度低，气体流速高，这些设计劣势超过了优势。

与上吸式气化炉和下吸式气化炉不同，交叉式气化炉的灰分箱、燃烧区、还原区是隔开的。这一设计特点限制了燃料类型，只能采用低矿物质燃料，如木材、木炭以及焦炭。交叉式气化炉由于其集中分区操作温度高达2000℃（3600°F），因此负荷跟踪能力优异。交叉式气化反应器相对较高的温度对气体组成有所影响，导致使用干燥燃料如木炭时，一氧化碳含量较高，氢气和甲烷含量较低。

2.2.2 流化床气化炉

在流化床气化炉（fluid bed gasifier）中，燃料在氧气（或空气）和蒸汽作用下流化，灰分经过干燥或以重烧结块形式排出。在干灰分气化炉中的温度相对较低，因此燃料必须具备高反应性。流化床气化炉的原料总处理量高于固定床气化炉，低于液流床气化炉；转化率较低，需要循环操作或后续进行固体燃烧提高转化率。会形成高腐蚀性灰分破坏造渣气化炉壁的燃料（如生物质），最适宜采用流化床气化炉。

流化床气化炉使用微细原料颗粒，当气体向上通过床层时，床层呈现类似液体的特征（流体形式）。流经原料的气体产生湍流抬升分离原料颗粒，造成床层膨胀，原料表面积扩大，从而促进化学反应的进行。

流化床气化炉需要对原料进行精细研磨，反应气从靠近反应器底部的穿孔板进入反应器。气流流量足以使固体悬浮，但还不足以将其吹出反应器顶部。因此活性固体沸腾床与上升气流发生密切接触，形成统一的温度分布。固体快速流动，不断在反应器中上下往返，而气流则一致向上流动。反应器内完全为返混状态，无逆流存在。如果需要一定程度的逆流，则需要将至少两个以上的流化床相叠。流化床的反应速度比移动床要快，是因为气固之间的密切接触以及原料颗粒较小所增加的固体表面积。

与固定床气化床相比，在流化床气化炉的某个点上反应器工艺流程（干燥、热解、氧化、还原）的顺序并不明显，这是因为流程是发生在整个反应器中，因此导致反应更趋于一致。这意味着反应器内温度更加恒定、温度更低，无热点出现。由于操作温度低，灰分不会熔融，更易从反应器中移除。此外，惰性床层材料可吸收原料中的含硫和含氯组分，因此避免了污垢产生，降低了维护费用。流化床气化炉的另外一个不同之处在于，对生物质的质量要求要比固定床低得多，因此可以使用混合生物质原料。

流化床气化系统的一大优势(与下吸式或固定床相比)是可采用多种原料,不需要停工换料(Capareda,2011)。还有一大特点是通过改换床层材料,处理量可大可小,无需大尺寸的反应容器。通过使用更大尺寸的床层物质,流化过程需要更高的空气流速,因此生物质原料进料速度更快,以保持燃料/空气比不变。反应器稀相空间的高度必须保证床层物质不会被吹出反应器。同样,在流化床气化反应器的设计中,需要在气化炉下游配备一个旋风分离器,以捕获因床层的流动性以及穿越床层的上升气体流速被夹带出反应器的较大颗粒物。这些颗粒物经过循环回到反应器,但总的来说,其在流化床气化炉中的停留时间要比在移动床中短。

流化床反应器中均匀的床层构成对床层的高效利用以及在原料气化过程中的稳定运行非常重要。为了提高鼓泡流化床的混合度和均匀度,原料通过反应容器四周多个进料点进入床层。另外,流化介质,无论是空气、氧气、蒸汽或这些气体的混合物,在组成上应该均匀,应通过多个进料位置进料。

流化床气化炉根据进料速度的不同,可分为鼓泡流化床和循环流化床气化炉。循环流化床气化炉的气化介质流速更高。

鼓泡流化床的设计对其床层应用性的作用更大。在鼓泡流化床设计中原料颗粒的大小严重影响气化速度以及生物质到反应床层中心的迁移能力。原料颗粒较小,则气化速度极快,未燃烧的原料物质可能不会进入到床层中心,从而导致鼓泡流化床反应器内出现氧错位缺陷以及无效反应中心。如果所有或大部分原料快速气化,则无足够的炭可以维持床层均匀。因此,在设计进料系统时需要考虑更多细节,包括进料点的正确数目、控制和/或监测原料颗粒大小分布。鼓泡流化床通过需要增加额外的进料点,在原料颗粒较大时,用于保持床层平稳。

鼓泡床流化床气化炉的优点有:①生成的气体产物统一;②在整个反应器内温度分布基本一致;③燃料颗粒范围较大,包括细粉类燃料;④惰性物质、燃料、气体间的热交换速度很高;⑤转化率高,焦油和未转化碳含量较低。鼓泡床流化床气化炉的缺点是:鼓泡尺寸较大,会导致气体绕过床层。

在循环流化床的设计中,则是以更高流速进行操作,加上半焦和床层物质的循环,原料得以完全混合。通常,循环流化床的设计更为灵活,但仍受可处理的细粉量的限制。

循环流化床气化炉的优点有:①适用于快速反应;②由于床层物质的热容较高,热转移速度较高;③转化率高,焦油和未转化碳含量较低。循环流化床气化炉的缺点有:①随固体流动方向存在温度差;②采用的燃料颗粒大小决定了最小传送速度(高速可能会导致设备腐蚀);③热交换效率低于鼓泡流化床。

间接加热气化技术是新型反应器设计，特别适用于生物质。该技术采用热颗粒(沙)床层，采用蒸汽进行流化。固体(沙和炭)通过旋风分离器从合成气中被分离出来，然后进入二级流化床反应器。二级床层采用空气鼓风，作为炭燃烧器生成烟气流和热颗粒气流。热(沙)颗粒从烟气中分离，再循环回到气化炉中提供热解所需的热量。这一方法产生的气体产物中几乎没有氮气，热值约为400Btu/ft³(Turn，1999)。

另外一种新型流化床气化炉的设计结合了两种循环流化床反应器的特点，增加了气-固接触(Schmid，Pfeifer，Kitzler，Pro˙ll，&Hofbauer，2011)。在该设计中，将系统分为空气/燃烧反应器和燃料/气化反应器，两个反应器通过回路密封连接，确保了床层物质的总循环，气体产物中无氮气，焦油和细粉(微粒物)含量较低，从而实现了该设计的目标。

燃料/气化反应器为循环流化床，但其中的气相和固体之间几乎全部为逆流流动。燃料/气化反应器中的气流速度和几何特点决定顶部粗颗粒夹带量较低。由于固体是向下进行扩散运动，燃料反应器上部不会生成可挥发产物，避免了气相转化率不足和焦油含量高的问题。

流化床气化反应器的设计极为重要(出于以上给出的所有原因)，因为固体在床层内部的轴向和径向传送影响气-固接触、热梯度以及传热系数。流化床内的隔离受到颗粒密度、形状、大小、表观气速、混合物组成以及床层高径比(静态床层高度除以动态或膨胀床层高度的比值)的影响。燃料颗粒的大小、形状、密度的变化可能引起严重的混合问题，导致反应器内的温差发生变化，加快焦油的产生和聚集，以及降低转化率(Bilbao，Lezaun，Menendez，&Abanades，1988；Cranfield，1978)。颗粒大小不同的燃料的高效混合有利于维持反应器内温度均衡，而燃料的混合度取决于床层内的固体相对浓度和气速(Bilbao et al.，1988；Ghaly，Al-Taweel，Hamdullahpur，&Ugwu，1989)。

2.2.3 液流床气化炉

在液流床系统(液流系统)中，微细颗粒原料进入反应器前被吹送至气流中。原料颗粒悬浮在气相中进行燃烧。

在液流气化炉(液流床气化炉)中，干燥粉末固体、雾化燃油或煤浆燃料与氧气(少数情况下采用空气)并流发生气化，气化反应发生在高密度的极细颗粒雾中。高温高压也意味着更高的处理量，但在现有技术下气体产物在净化前必须冷却，因此反应热效率略低。高温还意味着气体产物中没有焦油和甲烷；但液流气化炉所需氧气量要高于其他类型的气化炉。

液流床反应器的原料颗粒比流化床气化炉的要小，因此在反应气的作用下，原料可以气动转化。根据原料的细度情况，混合物的流速必须要达到20ft/s(6.1m/s)或更高。在这种情况下，固体和气体之间几乎不能发生混合，除非一开始气体与固体就发生接触。此外，除了需要高温，液流气化通常发生在压力增加的条件下(加压液流气化炉)，操作压力可达 40～50bar(4.2～5.3kPa)。这么高的温度和压力要求反应器设计和建筑材料更加精密。

液流反应器的设计中，原料在反应器的停留时间以秒、或数十秒计。这么短的停留时间需要液流气化炉在高温下运行，以获得较高的碳转化率。因此，绝大多数液流气化炉的设计采用氧气而不是空气，操作温度也要高于原料矿物质的结渣温度。

所有液流气化炉的设计中，因为操作温度要高于灰分熔融温度，所以大部分灰分都是以炉渣形式移除出去，还有一小部分灰分是以极细干燥飞灰或黑色飞灰浆的形式生成。某些燃料，尤其是某类生物质，可以形成对保护气化炉外壁的陶制内壁有腐蚀作用的炉渣。不过某些液流床气化炉没有陶制内壁，而是采用水冷或蒸汽冷却部分固化炉渣覆盖的内壁。如果燃料产生熔融温度高的灰分，可在气化前将燃料与石灰混合，降低灰分熔融温度。在液流气化炉中，燃料颗粒必须要小于其他类型的气化炉；实际操作中燃料必须处理为粉末状。

2.2.4 熔盐气化炉

熔盐气化炉(熔融金属气化炉)正如其名，使用无机盐熔融介质(或熔融金属)产生热量，将原料分解生成产物。熔池气化的应用十分广泛。

通过研发的不同阶段，产生了各种不同的熔盐气化设计，但最基础的概念仍然基于不再使用形状固定的气化室发生悬浮状态的反应，而是在盐或金属熔池中进行原料的气化。这种设计使原料的反应更为完全，在同一气化炉中有更多种原料可进行高效反应。

在熔池气化炉中，粉碎后的原料、蒸汽和/或氧气被注入熔盐、铁或原料灰分池中。原料溶解于熔体中，其中的可挥发物破裂，转化为一氧化碳和氢气。原料中的碳与氧气和蒸汽反应生成一氧化碳和氢气。未发生反应的碳和矿物质灰分飘浮在表面，然后从表面排出。

需要高温(根据熔体性质，要达到 900℃ 以上)来维持熔池状态。这一温度水平有利于高反应速率和高处理量以及低停留时间。因此，就算有焦油和挥发性油生成，其产量也较低。所用熔体的催化特性可提高气化能力。熔盐通常比熔融金属的腐蚀性小，熔点也要低，因此可以用于催化蒸汽-煤反应，转化效率极高。

在反应过程中，通过热裂解部分挥发组分，含碳原料进行脱挥，固定碳和硫溶解于熔盐(如铁盐)中，通过置于熔池浅处的氧气枪喷出的氧气将碳氧化生成一氧化碳。硫则从熔盐中转移至渣层，与石灰反应生成硫化钙。

气体产物离开气化炉的温度在1425℃左右，经冷却、压缩进入变换炉中，其中部分一氧化碳与蒸汽反应，使得一氧化碳与氢气的比例达到1∶3。产生的二氧化碳被移除，然后气体再次被冷却后进入甲烷转换炉中，一氧化碳和氢气在此反应生成甲烷。过量的水从富甲烷产物中移除，根据所用原料种类的不同和净化要求的程度，最终的气体产品热值可达920Btu/ft³。

在Pullman-Kellogg工艺中，原料与无机熔盐如碳酸钠接触发生转化。在该工艺中，空气通过多个进口喷嘴进入气化炉底部发泡，原料[颗粒典型大小为1/4in(6mm)]从熔盐池表面下方通过中央进料管进入，通过熔体的自然循环和搅拌扩散原料。气化反应主要包括部分氧化反应和原料中的挥发物反应，生成不含油、焦油、氨的燃料气。水-气转换平衡存在于熔体上方，因此在还原环境中，二氧化碳和水的浓度最小。

在实际操作中，熔盐设计使得部分催化过程发生在气化炉内而不是下游单元。比如，如果反应器或工艺设计中允许两个独立的侧线中分别生成氢气和一氧化碳，就无需在催化合成燃料前进行后处理分离。

采用熔盐/熔融金属的设计还可以生成多种副产物。所有气化方法都可以同时生成各种化学品和气体，但熔融金属工艺还添加了各种金属(如钒和镍以及微量元素)到混合物中。绝大多数气化炉的原料含有痕量金属，可在熔融金属工艺中提取出来，不会作为废渣排出。同样，在熔融金属反应器的设计和操作中需要使用助熔物质，如石灰或石灰石。从熔融金属反应器产生和移除的废渣与气化过程产生的硅灰结合，可直接用作水泥或制砖作建筑材料。

2.3 气化产物

气化剂通常为空气、富氧空气或氧气。从燃烧到气化条件的变化导致氧气/燃料比发生变化，燃烧或气化氧化反应的产物随之有很大差异(表2.2)，而这些条件的变化受气化炉设计和操作约束。

混合物在气化条件下为富燃料，氧气不够会影响原料的完全转化，进而影响气体产物的质量。原料碳发生反应会生成碳而不是二氧化碳，原料氢转化为氢气而不是水。这样，气化反应器中生成的气体量和质量不仅受原料性质影响，还主要受到气化炉类型和结构以及空气、氧气或进入系统的蒸汽量的影响。而气化炉构型也同样影响进入的气体量。

表 2.2　燃烧和气化工艺产品对比

	燃烧	气化
碳	CO_2	CO
氢气	H_2O	H_2
氮气	NO，NO_2	HCN，NH_3 或 N_2
硫	SO_2 或 SO_3	H_2S 或 COS
水	H_2O	H_2

同时，燃料中氮和硫的变化也受氧气可用性(即气化反应器的构型)的影响。在气化工艺过程中，产生的氮和硫对环境产生严重影响。燃料中的氮并不会转化为相应的氧化物，而主要是转化为氮分子(N_2)和氰化氢(HCN)，而燃料中的硫则生成氰化氢和硫化羰(COS)。

有时需要注入蒸汽用于温度控制、提高热值或用于外部加热(间接气化)。在主要发生的化学反应中，烃类分子被断开并进行氧化，生成含有一氧化碳(CO)、二氧化碳(CO_2)、氢气(H_2)和水(H_2O)的气体产物。其他主要组分包括硫化氢(H_2S)、各种碳硫化合物、氨、小分子烃类以及焦油。

按照惯例，在操作温度约为 $595 \sim 650℃$ ($1100 \sim 1200℉$)范围内可以得到最佳的气体收率和气体质量。在温度较低的情况下，气体产物的热值更高，但气体的总收率(燃料/气体比)受未燃烧原料(通常是炭)的影响会下降。

2.3.1　气体

气化工艺的产物根据工艺以及气体最终用途可分为低、中、高热值(Speight，2008，2011，2013)。

固定床气化炉与流化床气化炉的气体产物有很大区别。固定床气化炉相对容易设计和操作，适用于小型或中型规模装置，所需热量级别可达数兆瓦级热(MW)。对于大型装置来说，固定床气化炉可能面临原料桥接(尤其是在使用生物质原料的情况时)和床层温度不均匀的问题。原料桥接会导致气流不稳定，而床层温度不均匀，可能会导致产生热点，生成灰分以及生渣。气化炉反应区的混合情况差，会造成气化炉内温度发生变化，也容易对大型装置造成影响。

加压气化系统可以生产低成本的合成气；根据反应器的不同设计要求，加压鼓泡反应器和循环流化床反应器的操作弹性较大，而常压流化床反应器的操作压力和生产范围相对较小。两种设计都适用于加压合成气生产。加压设计所需的反应器成本更高，但其下游设备(如气体净化设备、热交换器、合成气反应器)则较为简单，设备成本较低(Worley & Yale, 2012)。

在工艺过程中，原料转化为合成气分为三个反应过程：前两个过程即热解和燃烧，反应速度都很快。在热解过程中，随着原料加热生成炭，挥发性产物被释放出来。在燃烧过程中，挥发性产物和一些炭在氧作用下反应，生成二级产物(主要是二氧化碳和一氧化碳)，并释放随后气化反应所需的热量。最后，在气化过程中，炭和蒸汽反应生成氢气(H_2)和一氧化碳(CO)。

燃烧过程：

$$2C_{原料} + O_2 \longrightarrow 2CO + H_2O$$

气化过程：

$$C_{原料} + H_2O \longrightarrow H_2 + CO$$
$$CO + H_2O \longrightarrow H_2 + CO_2$$

在气化炉温度条件下，灰分和其他原料矿物质发生液化，在气化炉底部以废渣形式存在。废渣是一种沙化惰性物质，可作为副产品出售(用于铺路等)。高温、高压的合成气从气化炉排出，因此在进入净化环节前必须进行冷却。全淬火冷却可采用直接注水冷却合成气，更适用于氢气生产。在工艺过程中使用蒸汽推动水-气转换反应，一氧化碳在催化剂作用下转化为氢气和二氧化碳：

水-气转换反应：

$$CO + H_2O \longrightarrow CO_2 + H_2$$

该反应大幅提高了合成气中的氢气含量，在此阶段，合成气主要是氢气和二氧化碳。然后合成气经洗涤脱除颗粒物，并通过物理吸收方式脱硫(Chadeesingh, 2011; Speight, 2008, 2013)。二氧化碳采用物理吸收或薄膜进行捕获，然后被排放或分离。

考虑到合成气具有高压和二氧化碳浓度较高的特点，可采用物理溶剂捕获二氧化碳(Speight, 2008, 2013)。二氧化碳在压力还原作用下从溶剂中解吸，溶剂回到系统中循环使用。

2.3.2 其他气体产物

有一系列使用旧称(有些名称很老旧)的产物在此也需要进行说明分类。

发生炉煤气(Producer gas)：通常指使用空气而非氧气进入煤气化炉(固定床)燃料床时产生的一种低热值气体。发生炉煤气主要含有28%(体积分数)的一氧化碳、55%(体积分数)的氮气、12%(体积分数)的氢气和5%(体积分数)的甲烷，再加一些二氧化碳。

水煤气(Water gas)：是蒸汽进入气化炉热燃料床产生的一种中热值气体。其组成包括大约50%(体积分数)的氢气和40%(体积分数)的一氧化碳，以及少量氮气和二氧化碳。

城市煤气(Town gas)：是焦炭炉产生的一种中热值气体。由55%(体积分数)的氢气、27%(体积分数)的甲烷、6%(体积分数)的一氧化碳、10%(体积分数)的氮气以及2%(体积分数)的二氧化碳组成。使用蒸汽通过催化处理，可将一氧化碳从城市煤气中脱除，以生产二氧化碳和氢气。

合成天然气(SNG)：是一氧化碳或碳与氢气反应生成的甲烷。由于其甲烷浓度高，可划入高热值气体范围。

2.3.3 焦油

提高气化炉运行效率的另一个关键设备是焦油重整器。在气调反应器中，合成气进料中的水蒸气加热到足以引发蒸气重整的温度时发生焦油重整，将可凝烃类(焦油)转化为不凝小分子。在气调反应器中的停留时间足够发生水-气转换反应，增加了合成气中的氢气量。

因此，热驱动或催化驱动的焦油重整技术可用于分解焦油和高沸点烃类产物，生成氢气和一氧化碳。该反应提高了合成气中的氢气/一氧化碳比，可减少或彻底避免下游工艺设备中出现焦油凝结。热焦油重整器设计一般采用固定床或流化床。催化焦油重整器中填充加热的松散催化剂或催化剂块状材料，可采用固定床或流化床设计。

焦油重整器一般为耐火衬里的钢结构容器，配有催化剂块，其中含有贵金属或镍增强材料。合成气从容器顶部进入，然后向下流动穿过催化剂块。沿着合成气流动路线从焦油重整器的几个部位注入氧气和蒸汽，可扩大合成气的组成，获得重整器的最佳性能。焦油重整器采用催化剂将焦油和重质烃类分解为氢气和一氧化碳，如果没有这一分解反应，当合成气在下游工艺设备中进行冷却时，合成气中的焦油和重质烃类会发生凝结。另外，焦油重整器提高了氢气/一氧化碳比，可获得最佳转化率。从焦油重整器产生的合成气进入下游热回收和气体净化单元。

2.4 反应器设计：化学角度

气化工艺通常根据原料和反应器的不同分为两个独立的阶段：①脱挥反应产生炭，此时脱挥速率已达最大值，完全脱氢后，半焦转化为炭；②炭的气化反应，根据反应器和反应条件而定。

2.4.1　原料脱挥反应

在气化炉中，碳发生部分氧化，为含碳原料的反应提供高温条件。依照原料特点和性质，发生脱挥（或热解）过程的温度大概在 200 ~ 300℃（390 ~ 570℉）。挥发物被释放，生成含碳残渣（炭），多种原料的质量损失高至70%。脱挥过程决定了参与气化反应的炭的结构和组成。

更为特殊的是，随着原料颗粒被加热，所有残余的水分（假设原料已预干燥过）都被去除。在原料颗粒中所含的所有水分蒸发后，原料颗粒进行脱挥。挥发物经过脱挥和排放生成一系列产物，包括一氧化碳、甲烷以及大分子烃类，如石脑油/烯烃、芳烃、重油、焦油等，随原料不同而定。随着产物从脱挥（热解）区排出，发生进一步的热反应，然后开始挥发性产物的气化反应。

在温度超过 500℃（930℉）时，原料已完全转化为炭和矿物质灰分。脱挥过程结束后开始发生炭颗粒的气化（Silaen& Wang, 2008）。炭产生的热量可供产气反应进一步加热。炭一般与空气或氧气以及蒸汽接触，生成气体产物。

对于某些原料，碳转化过程与脱挥速率无关，也不太受原料颗粒大小影响。但与异构炭–氢、炭–CO_2，以及炭–蒸汽反应动力学有关（Chen, Horio, & Kojima, 2000）。

2.4.2　炭气化

炭与二氧化碳等气体及蒸汽反应发生气化，生成一氧化碳和氢气。气化过程中，腐蚀性灰分元素（如氯和钾）也可能被提炼出来，使得其他存在问题的原料气体可高温燃烧。

气化的初始阶段在数秒内就得以完成，如果温度升高时间会更短，但随后初始阶段产生的炭的气化反应就要慢得多，在现实条件中需要几分钟或几小时来获得明显的转化。工业气化炉的反应器设计很大程度上受炭的反应性制约，而炭的反应性则受原料性质影响。炭的反应性还受到原料生成炭的热反应参数影响。炭气化反应速率随着热反应温度升高而下降，这是由于炭的活性表面积减小所致。因此，炭的制备温度的变化可能会改变炭的化学性质，进而改变气化反应。炭中的矿物质的催化作用也可能影响炭的反应性。

固定床或移动床气化炉内的热量传递以及质量传递过程受到复杂固体流量和化学反应的影响。移动床气化炉是逆流反应器，原料从反应器顶部进入，氧气（空气）从反应器底部进入。由于反应器的逆流布局，气化反应产生的反应热可为进入气化反应区的煤进行预热。因此，气化炉排出的合成气温度要明显低于原料完全转化所需的温度。不过，粗磨过的原料经过热干燥、热解–

脱挥、气化、还原，可能会沉降下来。此外，桥接、气泡、气窜可能会导致原料颗粒的非理想行为——在大小、形状、孔隙度上发生变化，而可变空隙度也可能会改变热量和质量传递特性。

尽管工艺过程相互重叠，但每一步都可假定分别占据一个区域，发生本质不同的化学和热反应。气化工艺包中包含燃料和灰分处理系统、气化系统（反应器、气体冷却系统以及气体净化系统），还配有辅助系统，即水处理装置，以满足工业和污染控制委员会的要求。发电用原动机由一台柴油发动机或火花点火式发动机及所带动的交流发电机组成。如果在热系统中，终端设备是一台标准工业燃烧器。

2.4.3 化学原理

从化学原理角度分析，燃烧和气化的主要不同之处在于，燃烧发生在氧化条件下，而气化发生在还原条件下。在气化工艺中，原料（高温和适度压力作用下的蒸汽和氧气）转化为混合气体产物。不同原料的气化原理通常（简单）以下列反应表示：

$$C_{原料} + O_2 \longrightarrow CO_2 \tag{1}$$

$$C_{原料} + 1/2O_2 \longrightarrow CO \tag{2}$$

$$C_{原料} + H_2O \longrightarrow H_2 + CO \tag{3}$$

$$C_{原料} + CO_2 \longrightarrow 2CO \tag{4}$$

$$CO + H_2O \longrightarrow H_2 + CO_2 \tag{5}$$

$$C_{原料} + 2H_2 \longrightarrow CH_4 \tag{6}$$

反应（1）和反应（2）均为放热氧化反应，提供了吸热气化反应（3）和反应（4）所需的绝大多数能量。氧化反应速度很快，消耗掉了气化炉中所有的氧气，因此大多数气化炉是在还原条件下操作的。反应（5）是水-气转换反应，水（蒸汽）转化为氢气。当生产的合成气要用作费托反应的原料时，该反应用于改变合成气中的氢气/一氧化碳比。反应（6）适用于高压低温条件，主要适用于低温气化系统。甲烷合成是放热反应，不消耗氧气，因此提高了气化反应的效率和气体产物的最终热值。总之，气体产物70%左右的热值来自于一氧化碳和氢气，气化炉类型不同，这一比例可能会更高（Chadeesingh，2011）。

除了以上反应，还有其他许多反应发生。在气化的初始阶段，原料不断升高的温度会引发原料脱挥，较弱的化学键发生断裂，生成焦油、油、挥发性物质以及烃类气体。这些产物通常会进一步反应，生成氢气、一氧化碳和二氧化碳。脱挥后残留的固定碳与氧气、蒸汽、二氧化碳以及氢气发生反应。

根据所采用的气化炉技术和操作条件，会有大量水、二氧化碳、甲烷还有多种微量和痕量元素存在于气体产物中。在气化炉中的还原条件下，燃料中的硫大部分转化为硫化氢（H_2S）以及少量的硫化羰（COS）。原料所含的氮一般（但并不总是）转化为气态氮（N_2），还有部分氨（NH_3）以及少量氰化氢（HCN）。原料（如煤）中的氯转化为氯化氢（HCl），还有部分则存在于颗粒物（飞灰）中。痕量元素，如汞和砷，在气化过程中被释放出来，存在于飞灰、底灰、废渣、气体产物等相态中。

2.5 反应器设计：物理角度

气化反应器所用的燃料在化学性质、物理性质及微观形态性质上大不相同；因此，需要设计不同的反应器和操作方式。在历经百年的气化工艺实践中，发展出了大量不同类型的气化反应器，每种反应器的设计都适应某种或某类别燃料的性质。不存在能够可使用所有（或大多数）燃料的气化反应器。

在选择能够使用某种燃料的气化炉时，很重要的一点是要确保燃料能够达到或者经过处理达到气化炉的使用要求。如果该燃料之前没有成功气化过，就需要通过实际测试。换句话说，燃料必须与气化炉相配，气化炉也必须与燃料相配。

2.5.1 原料质量的影响

物理工艺参数和原料种类都影响气化反应。例如，煤的反应性一般随着煤的等级增加而降低（从褐煤到亚烟煤再到烟煤、无烟煤）。另外，煤的颗粒越小，煤与反应气的接触就越多，从而加速反应的进行。中、低等级的煤，反应性随着孔体积和表面积的增加而增大，但对于碳含量大于85%（质量分数）的煤，以上因素对其反应性无影响。实际上，由于高等级的煤孔径太小，气化反应为扩散控制过程。

其他原料（如石油焦和生物质）之间的差异极大，因此，其相应的气化行为和产物变化范围很广。热反应产生的挥发性物质多种多样，气体产物的一部分是焦油，极易形成，使得气体净化更为困难。

原料中的矿物质含量对所生成合成气的组成也有影响。在气化炉的设计中，产生的灰分可通过固体或液体（废渣）的形式移除。在流化床或固定床气化炉中，灰分通常是以固体形式被移除，因此要求气化炉内的操作温度正好低于灰分的熔点温度。而在其他气化炉，尤其是造渣气化炉的设计中，操作温度被设计为高于灰分熔融温度。要根据灰分的熔融温度和/或软化温度以及装置所用的原料选择最适合的气化炉。

原料中的水分通过蒸发以及蒸汽与炭的吸热反应，降低了气化炉的内部温度。气化炉使用原料的水含量一般有一定限制，如有必要可对原料进行干燥。对于典型的固定床气化炉，采用碳和矿物质含量中等的的原料，其含水量可限制在35%（质量分数）左右。流化床和液流床气化炉所用原料的含水量更低，限定为原料的5%~10%（质量分数）。随着原料中的矿物质含量（灰分产量）或含水量增加，必须加大气化炉的氧气供应量。

根据正在处理的原料类型和对所需气体产物的分析，压力在决定产品组成上也有一定作用（Speight，2011，2013）。需要采用以下部分（或全部）工艺步骤：①原料预处理；②一次气化；③一次气化产生的含碳残渣进行炭的二次气化；④脱除二氧化碳、硫化氢以及其他酸性气体；⑤通过变换将一氧化碳/氢气比调整到需要的参数；⑥一氧化碳/氢气混合物经过催化甲烷化反应生成甲烷。如果需要高热值气体，由于气化炉生成的甲烷浓度不足，需要采用以上所有处理步骤（Speight，2008，2011，2013）。

由于原料的反应性决定了二氧化碳生成一氧化碳的还原反应速率，确定了还原区所需高度，影响了反应器设计，因此原料的反应性是确定反应器设计的重要因素。

此外，反应器系统的某些操作设计特点（负荷跟踪反应，暂时停工后重启）受反应器产生的炭的反应性影响。原料反应性与炭表面的活性部位数目有关，而炭表面的活性部位数目又受到燃料的微观形态特征以及地质年代的影响。通过对反应器的设计，可加速还原反应，还原区生成的炭的颗粒大小和孔隙度会影响发生还原反应的表面积以及还原反应速率。

2.5.2　混合原料

煤和生物质的共气化都已经使用了固定床和流化床气化炉，其中包括下吸式固定床气化炉（Kumabe，Hanaoka，Fujimoto，Minowa，&Sakanishi，2007；Speight，2011）。当使用流化床气化炉时，需要解决的操作问题有：①由于生物质中的低熔点灰分产生结块，导致流化床气化炉反流态化；②由于生成过多焦油积聚造成下游管线堵塞（Pan，Velo，Roca，Manya′，&Puigjaner，2000；Ve′lez et al.，2009）。此外，在上吸式固定床气化炉以及流化床气化炉中，使用桦木和煤共气化和共热解所生成的塔顶产物的焦油含量为 4.0%~6.0%（质量分数）。而固定床反应器中，煤和银桦木混合物（质量比 1∶1）在 1000℃（1830℉）下共气化生成的焦油收率在 25%~26%（质量分数）之间（Collot，Zhuo，Dugwell，&Kandiyoti，1999）。

从反应器高效操作的角度来看，矿物质的存在不利于流化床反应器。木质生物质中的矿物质形成的灰分熔点较低，会导致结块。结块会影响流化效率，灰分可能会引起气化炉结构金属的烧结、沉积和腐蚀。另外，生物质中含有碱金属氧化物和碱金属盐类，可能会导致熔结/结渣问题（McKendry，2002）。

2.5.3　矿物质含量和灰分的生成

灰分的生成和灰分的性质对气化反应器造成很大影响。尤其是在上吸式或下吸式气化炉中，灰分可能会引发各种问题。由于灰分熔融和结块所造成的反应器内结渣或熔结，会大大增加气化炉操作的困难性。如果不采取特殊措施，结渣会导致生成过量焦油/或完全堵塞反应器。最糟的情况是可能出现气窜，尤其是上吸式气化炉有发生爆炸的风险。

是否出现结渣取决于燃料的灰分含量、灰分的熔融特点以及气化炉设计规定的温度模式。在燃料床中，由于床层中的交联导致氧化区产生局部高温空隙，即使使用高熔点灰分燃料仍然会引发结渣。

通常燃料所含矿物质灰分含量低于 5%~6%（质量分数）时，不会观察到结渣。燃料中矿物质含量高于 12%（质量分数）时则会出现严重的结渣现象。而矿物质含量在 6%~12% 之间的燃料，是否出现结渣很大程度上取决于矿物质的组成，这说明在灰分熔融温度方面，受痕量元素的影响会形成低熔点混合物。

上吸式和下吸式气化反应器在经过特殊改造（连续移动炉排和/或外热解气体燃烧）后可使用结渣燃料。交叉式气化反应器的操作温度在 1500℃（2700℉）以上，需要根据燃料的矿物质含量设置特殊安全防护措施。流化床反应器由于内部控制操作温度的能力较强，因此较少遇到灰分熔融问题。

2.5.4　放热

气化反应器的布局必须遵守化学反应的能量平衡。在气化过程中，燃料中的绝大多数能量并未以热量方式释放。实际上，原料保存在气体产物（尤其是合成气）中的那部分化学能或者热值是测量气化工艺效率的重要方法（与反应器结构有关），即所谓的冷煤气效率。大多数工业气化反应器的冷煤气效率在 65%~80% 左右，或者更高。

因此，限制气化反应区的热量转移对反应器很重要。如果不限制的话，气化区内的温度可能会过低，无法继续反应。例如，煤气化所需的最低温度在 1000℃（1830℉），因此，气化反应器通常为耐热衬里，不使用水冷，尽可能确保不损失热量。气化反应器还通常在加压条件下进行操作[通常高达

900psi（6.3MPa）〕，因此反应器的结构非常紧凑，表面积达到最小，从而将热量损失降到最低。

2.5.5 其他设计

除了根据原料类型进行设计和选择，气化反应器的其他设计要求还包括气化炉生成合成气的冷却方法。

不论哪种气化炉，排出的合成气都必须要进行冷却，降至100℃（212℉）左右，以满足常规的酸性气脱除技术要求。对合成气的冷却可通过使用一系列热交换器回收其中的可感热（如在IGCC单元的主循环中），或合成气直接与冷水接触（急冷操作）。急冷操作中会有部分冷却水蒸发，然后与合成气混合。急冷合成气中的水分达到饱和，必须经过一系列冷凝热交换过程脱除其中的水分，急冷合成气因此可以循环回到急冷区。

急冷设计对相关设备（如IGCC单元）的加热速率有不利影响，是因为高温合成气的可感热转化成了低等级工艺热而不是高压蒸汽。但急冷设计的成本很低，因此可以采用低价原料（如生物质或废弃物）。急冷设计还有可捕获二氧化碳的优点。饱和合成气从急冷单元排出后，作为原料进入水-气转换反应器，将一氧化碳转化为二氧化碳，其水/一氧化碳比接近最佳值。非急冷设计中若需要进行二氧化碳捕获，就要在合成气进入水-气转化反应器前注入蒸汽。

2.6 气化机理

气化过程包括原料的热分解反应以及原料碳和其他热解产物与氧气、水、甲烷等燃料气的反应（Speight，2013）。

在热解过程中存在于反应氛围中的氧气、氢气、水蒸气、碳氧化物以及其他化合物可能会促进或阻止与反应物以及与反应产物的反应。产物的相对分子质量分布和化学组成也受到主要反应条件（即温度、加热速率、压力、停留时间等）以及原料性质的影响（Speight，2011，2013，2014）。

如果采用空气助燃，气体产物的热值在$150 \sim 300 Btu/ft^3$左右（根据反应器设计、工艺设计特点以及原料而定），且还含有如二氧化碳、硫化氢、氮气等不良组分。尽管纯氧价格较贵，但所生成的气体产物热值达$300 \sim 400 Btu/ft^3$，副产物为二氧化碳和硫化氢，均可以通过现有工艺从中低热值气体中脱除（Mokhatab et al.，2006；Speight，2007）。

如需要高热值气体（$900 \sim 1000 Btu/ft^3$），就必须要设法提高气体中的甲烷含量。生成甲烷的反应均为放热反应，但反应速率相对较慢，因此需要使用催化剂加快反应的进行，以满足工业要求。原料和炭的总反应性受催化作用的影响。原料中的矿物质组分可以直接起到催化剂的作用，改善原料的反应性能(Speight，2013)。

二氧化碳气体中的炭的气化可分为两个阶段：①热解(脱水和低温下脱挥)；②在不同比例氧气/二氧化碳混合物作用下发生高温炭气化。热解和气化的组合工艺，独特且卓有成效，既可以节省气化介质的使用，同时在同一过程中还可生成新鲜炭。同样，提高加热速率会导致活化能的下降(Irfan，2009)。

2.6.1 一次气化

在一次气化过程中，通过采用各种化学工艺发生原料的热分解(表 2.3)，在许多反应方案中，压力变化范围从常压到 1000psi(6.89MPa)。可使用空气或氧气助燃，提供必须的热量。产物通常为低热值气体，包括一氧化碳/氢气混合物以及含有不同比例的一氧化碳、二氧化碳、氢气、水蒸气、甲烷、硫化氢、氮气、热分解产物(如焦油、烃类)以及其他化学物质混合物。

一次气化还可能生成固体炭产物，可能会占到原料的大部分。对这种原料的处理很大程度上决定了生成的炭量以及气体产物的分析方法。

表 2.3　煤气化反应

$2C+O_2 \longrightarrow 2CO$

$C+O_2 \longrightarrow CO_2$

$C+CO_2 \longrightarrow 2CO$

$CO+H_2O \longrightarrow CO_2+H_2(转换反应)$

$C+H_2O \longrightarrow CO+H_2(水气反应)$

$C+2H_2 \longrightarrow CH_4$

$2H_2+O_2 \longrightarrow 2H_2O$

$CO+2H_2 \longrightarrow CH_3OH$

$CO+3H_2 \longrightarrow CH_4+H_2O(甲烷化反应)$

$CO_2+4H_2 \longrightarrow CH_4+2H_2O$

$C+2H_2O \longrightarrow 2H_2+CO_2$

$2C+H_2 \longrightarrow C_2H_2$

$CH_4+2H_2O \longrightarrow CO_2+4H_2$

2.6.2 二次气化

二次气化通常指一次气化所产生的炭的气化。通常是由热炭与水蒸气发生反应生成一氧化碳和氢气：

$$C_{炭}+H_2O \longrightarrow CO+H_2$$

2.6.3 转换转化

气化炉产生的气体产物通常包含大量的一氧化碳和氢气，再加上少量其他气体。一氧化碳和氢气（物质的量比为1∶3的情况下）可在催化剂作用下发生反应生成甲烷。但1∶3的比例是理想值，经常需要对此进行调整。为了完成这一目标，需要根据水气转换（转换转化）反应对所有或部分侧线进行处理，其中包括用一氧化碳和蒸汽进行反应生成二氧化碳和氢气，可得到一氧化碳/氢气的物质的量比为1∶3。

$$CO+H_2O \longrightarrow CO_2+H_2$$

2.6.4 加氢气化

并非所有的高热值气化技术都完全基于催化甲烷化反应。实际上，有多种气化工艺采用加氢气化工艺，也就是在压力条件下直接向原料中（大多数情况是煤）加入氢气，生成甲烷（Anthony & Howard，1976）。

$$C_{炭}+2H_2 \longrightarrow CH_4$$

加氢气化炉排出的炭与蒸汽反应，可制得用于加氢气化的富氢气体。在一次气化炉中可直接生成大量甲烷，同时释放出的热量足以为蒸汽-炭反应供热生成氢气，从而减少了用于供热的氧气量。这样，在低温甲烷化过程中热量损失较少，从而提高了工艺的总能效。

2.6.5 催化气化

在化工和石油行业中普遍使用催化剂提高反应速率，还可生产出之前无法生产的产品（Hsu & Robinson，2006；Speight，2002，2014）。给出质子（H^+）的酸类是常用的反应催化剂，尤其适用于有机化工领域。在气化工艺中使用催化剂可提高反应性能，通过催化剂的使用，不仅降低了反应温度，同时还提高了气化速率。

对气化工艺的热力学限制并非来自工艺本身，而是基于已有技术所做出的设计以及现有催化剂动力学特性决定的。后者的限制导致在一氧化碳和氢气的作用下需要达到碳的整体平衡时才能产生甲烷。平衡组分与炭或原料的热力学性质无关。这些限制使得非等温两级工艺在热力学方面具有很大优势。分析结果指出了目前工艺的改进方向，从而获得更高的热效率。与现有技术相比，两级工艺方案的优势明显，可广泛应用于催化和非催化工艺中（McKee，1981；Shinnar，Fortuna，&Shapira，1982）。

弱酸性碱金属盐，如碳酸钾（K_2SO_3）、碳酸钠（Na_2CO_3）、硫化钾（K_2S）、和硫化钠（Na_2S），可催化炭-蒸汽气化反应。K_2SO_3催化剂的用量在10%~20%（质量分数），可将烟煤气化的温度从925℃降至700℃，然后可将催化剂送入煤或炭气化炉。

含钌催化剂主要用于氨的生产中。研究显示，钌催化剂的反应速率比其他催化剂要高5~10倍。不过，由于用于获得有效活性的载体材料如活性炭存在的问题，钌催化剂会很快失活。在这一过程中，碳会产生消耗，因此降低了钌催化剂的催化作用。

催化剂还可用于促进或抑制气体产物中特定组分的形成。举例来说，在生产合成气(氢气和一氧化碳的混合物)过程中，还会产生少量甲烷，这时就可采用催化气化推动或抑制甲烷的产生。

催化气化的缺点：催化剂材料费用较高(常为稀有金属)，催化剂性能随时间会逐渐衰减。催化剂可循环使用，但其性能随着使用时间或催化剂中毒逐渐退化。催化剂的回收和循环利用相对较为困难也是一大缺点。例如，碳酸钾催化剂可通过简单水洗从待生炭上回收，但有些催化剂则没这么好处理。除了使用寿命之外，催化剂中毒也可能会导致催化剂失效。许多催化剂对特定化学物质很敏感，这些物质会与催化剂结合，或者改变催化剂性能，从而导致催化剂失效。例如硫会导致包括钯、铂在内的多种催化剂中毒。

2.6.6 等离子气化

等离子是一种高温、高度离子化(带电)可导电的气体。等离子技术已有很长的发展历史，已发展成为工程师和科学家的有力工具，多应用于需要超高温的新技术(Messerle&Ustimenko，2007)。通过电子放电穿过空气或氧气（O_2）等气体可产生人造等离子。通过气体与电弧的相互接触离解气体，生成电子和离子，可促使温度快速升高，（理论上）经常会超过6000℃（10830℉）。

过去20年间，采用等离子气化技术在处理工业和城市废弃物方面已取得一些成果。该技术可以用作气化反应器：①降低了原料苛刻度，煤、生物质、城市废弃物等无需粉碎就可以作为燃料；②采用空气鼓风，不再需要供氧装置；③含碳物质制合成气具有高转化率(大于99%)；④合成反应不产生焦油；⑤可生产高热值合成气，适用于燃气轮机运行；⑥炭、灰分、残炭产量很小甚至没有；⑦可生产玻璃化熔渣，具有经济价值；⑧热效率高；⑨二氧化碳排放量低。

在等离子气化过程中，气化炉通过一个靠近反应器底部的等离子火炬系统进行加热。在气化炉中，原料在常压下进入立式反应器容器(耐热衬里或水冷)中。将富含氧气的过热空气，根据气化反应所需的化学计量用量，注入到气化炉底部。由于空气的注入量不大，上升气体的表观速率较低，粉状原料可直接进入反应器。补充的空气和/或蒸汽可从气化炉不同高度进入辅助热解和气化反应。离开气化炉顶部的合成气温度保持在1000℃以上(1830℉)，在此温度下，不会生成焦油。

位于气化炉容器底部的等离子火炬系统推动气化反应的发生，反应温度极高。高温将原料和/或所有有毒、有害组分转化为相应的元素成分，极大地提高了发生在气化区内的各种反应的动力学，可将所有有机物质转化为氢气(H_2)和一氧化碳(CO)。原料中所有无机组分(含重金属)的残余物质均被熔融，变为高度耐浸出的熔渣。

参 考 文 献

Anthony, D. B., & Howard, J. B. (1976). Coal devolatilization and hydrogasification. AIChE Journal, 22, 625.

Bilbao, R., Lezaun, J. L., Menendez, M., & Abanades, J. C. (1988). Model of mixing/segregation for sand-straw mixtures in fluidized beds. Powder Technology, 56, 149-151.

Butterman, H. C., & Castaldi, M. J. (2008). CO_2 enhanced steam gasification of biomass fuels. Paper No. NAWTEC16-1949, In: Proceedings: NAWTEC16 - 16th Annual North American Waste-to-Energy Conference, Philadelphia, Pennsylvania. May 19-21.

Calemma, V., &Radovic', L. R. (1991). On the gasification reactivity of Italian sulcis coal. Fuel, 70, 1027.

Capareda, S. (2011). Advances in gasification and pyrolysis research using various biomass feedstocks. In: Proceedings: 2011 Beltwide Cotton Conferences, Atlanta, Georgia, January 4-7 (pp. 467-472).

Chadeesingh, R. (2011). The Fischer-Tropsch process. In J. G. Speight (Ed.), The biofuels handbook (pp. 476-517). London, United Kingdom: The Royal Society of Chemistry, Part 3, (Chapter 5).

Chen, C., Horio, M., & Kojima, T. (2000). Numerical simulation of entrained flow coal gasifiers.Part II: Effects of operating conditions on gasifier performance. Chemical Engineering Science, 55(18), 3875-3883.

Collot, A. G. (2002). Matching gasifiers to coals. Report No. CCC/65, London, United Kingdom: Clean Coal Centre, International Energy Agency.

Collot, A. G. (2006). Matching gasification technologies to coal properties. International Journal of

Coal Geology, 65, 191-212.

Collot, A. G., Zhuo, Y., Dugwell, D. R., & Kandiyoti, R. (1999). Co-pyrolysis and cogasification of coal and biomass in bench-scale fixed-bed and fluidized bed reactors. Fuel, 78,667-679.

Cranfield, R. (1978). Solids mixing in fluidized beds of large particles. AIChE Journal, 74(176), 54-59.

Fryer, J. F., & Speight, J. G. (1976). Coal gasification: Selected abstract and titles. Information-Series No. 74, Edmonton, Alberta, Canada: Alberta Research Council.

Garcia, X., & Radovic', L. R. (1986). Gasification reactivity of chilean coals. Fuel, 65, 292.

Ghaly, A. E., Al – Taweel, A. M., Hamdullahpur, F., & Ugwu, I. (1989). Physical and chemical properties of cereal straw as related to thermochemical conversion. In: E. N. Hogan (Ed.),Proceedings of the 7th Bioenergy R&D Seminar, (pp. 655-661). Ottawa, Ontario, Canada:Ministry of Energy, Mines, and Resources Ministry.

Higman, C., & Van der Burgt, M. (2003). Gasification. Amsterdam, The Netherlands: Elsevier.
Hsu, C. S., & Robinson, P. R. (2006). In Practical advances in petroleum processing: (Vols. 1 and 2). New York: Springer.

Irfan, M. F. (2009). Pulverized coal pyrolysis & gasification in N2/O2/CO2 mixtures by thermogravimetric analysis. Research report, In Novel carbon resource sciences newsletter: Vol. 2 (pp. 27-33). Fukuoka, Japan: Kyushu University.

Jangsawang, W., Klimanek, A., & Gupta, A. K. (2006). Enhanced yield of hydrogen from wastes using high temperature steam gasification. Journal of Energy Resources Technology, 128 (3), 79-185.

Kristiansen, A. (1996). Understanding coal gasification. Report No. IEACR/86, London,United Kingdom: IEA Coal Research, International Energy Agency.

Kumabe, K., Hanaoka, T., Fujimoto, S., Minowa, T., & Sakanishi, K. (2007). Cogasification of woody biomass and coal with air and steam. Fuel, 86, 684-689.

Lee, S., Speight, J. G., & Loyalka, S. (2007). Handbook of alternative fuel technologies. Boca Raton, Florida: CRC Press/Taylor & Francis Group.

McKee, D. W. (1981). The catalyzed gasification reactions of carbon. P. L. Walker, Jr., & P. A. Thrower (Eds.), In The chemistry and physics of carbon: Vol. 16. New York: Marcel Dekker Inc.

McKendry, P. (2002). Energy production from biomass part 3: Gasification technologies. Bioresource Technology, 83(1), 55-63.

Messerle, V. E., & Ustimenko, A. B. (2007). Solid Fuel Plasma Gasification. Advanced Combustion and Aerothermal Technologies. NATO Science for Peace and Security Series C. Environmental Security. Springer, 141-1256.

Mokhatab, S., Poe, W. A., & Speight, J. G. (2006). Handbook of Natural Gas Transmission and Processing. Amsterdam, Netherlands: Elsevier.

Pan, Y. G., Velo, E., Roca, X., Manya', J. J., & Puigjaner, L. (2000). Fluidized-bed cogasification of residual biomass/poor coal blends for fuel gas production. Fuel, 79, 1317-1326.

Radovic', L. R., & Walker, P. L. Jr., (1984). Reactivities of chars obtained as residues in selected coal conversion processes. Fuel Processing Technology, 8, 149-154.

Radovic', L. R., Walker, P. L., Jr., & Jenkins, R. G. (1983). Importance of carbon active sites in the gasification of coal chars. Fuel, 62, 849.

Rummel, R. (1959). Gasification in a slag bath. Coke Gas, 21(247), 493-501.

Schmid, J. C., Pfeifer, C., Kitzler, H., Pro ̈ ll, T., &Hofbauer, H. (2011). A new dual fluidized bed gasifier design for improved in situ conversion of hydrocarbons. In: Proceedings of the International conference on polygeneration strategies (ICPS 2011), Vienna, Austria. August 30–September 1.

Senneca, O. (2007). Kinetics of pyrolysis, combustion and gasification of three biomass fuels. Fuel Processing Technology, 88, 87-97.

Shinnar, R., Fortuna, G., & Shapira, D. (1982). Thermodynamic and kinetic constraints of catalytic natural gas processes. Industrial and Engineering Chemistry Process Design and Development, 21, 728-750.

Silaen, A.,&Wang, T. (2008). Effects of turbulence and devolatilization models on gasification simulation. In: Proceedings of the 25th International Pittsburgh coal conference, Pittsburgh, Pennsylvania. September 29–October 2.

Speight, J. G. (2002). Chemical process and design handbook. New York: McGraw–Hill.

Speight, J. G. (2007). Natural gas: A basic handbook. Houston, Texas: GPC Books/Gulf Publishing Company.

Speight, J. G. (2008). Synthetic fuels handbook: Properties, processes, and performance. New York: McGraw–Hill.

Speight, J. G. (2009). Enhanced Recovery Methods for Heavy Oil and Tar Sands. Houston,Texas: Gulf Publishing Company.

Speight, J. G. (Ed.), (2011). The biofuels handbook. London, United Kingdom: Royal Society of Chemistry.

Speight, J. G. (2013). The chemistry and technology of coal (3rd). Boca Raton, Florida: CRC Press/Taylor and Francis Group.

Speight, J. G. (2014). The chemistry and technology of petroleum (5th). Boca Raton, Florida: CRC Press, Taylor and Francis Group.

Turn, S. Q. (1999). Biomass integrated gasifier combined cycle technology: Application in the cane sugar industry. International Sugar Journal, 101, 1205.

Vélez, J. F., Chejne, F., Valdés, C. F., Emery, E. J., & Londoño, C. A. (2009). Cogasification of Colombian coal and biomass in a fluidized bed: An experimental study. Fuel, 88, 424-430.

Wang, W., & Mark, T. K. (1992). The release of nitrogen species from carbons during gasification: Models for coal char gasification. Fuel, 71, 871-877.

Worley, M.,&Yale, J. (2012). Biomass gasification technology assessment. Subcontract Report No. NREL/SR–5100–57085, Golden, Colorado: National Renewable Energy Laboratory.

第3章 气化法生产合成液体燃料的原料制备

B. Bhavya, R. Singh, T. Bhaskar

(CSIR-Indian Institute of Petroleum (IIP), Dehradun, India)

3.1 前言

当前，对各种能源的有效利用是一个值得调查的世界性问题。煤、石油、天然气是主要的化石能源，占世界主要能源消耗的四分之三，份额分别为33%、24%、19%(Stocker, 2008)。随着对全球变暖、CO_2排放、能源供应安全以及减少化石燃料消耗的日益关注，可再生能源的使用变得日益重要。除了这些资源以外，还有一些废旧产品，如城市固体废弃物和生物固体可有效应用于气化。所谓的黑液(BL)，是造纸产生的废弃物，可作为气化的范例。木质素的另外一个来源是制糖业，发酵后的糖转化为乙醇，剩下的残渣就是木质素。目前，绝大多数木质素都被燃烧掉了，但也可通过各种工艺进行发电或生产各种烃类。将全球市场从对化石能源的依赖转移到可再生替代物(如生物质)至关重要，这将对创造有利于气候和可持续经济发展的条件提供重要保障(Ragauskas et al., 2006)。木质纤维生物质主要组成包括纤维素、半纤维素、木质素以及其他无机物。第三代藻类生物燃料的副产物细胞物质为脱脂藻类。

有多种方法可将所有这些物质转化为各种电/化学能。在高温、高/低压以及有/无催化剂作用下发生的工艺过程均属于热-化学/催化转化方法。热-化学/催化转化方法包括各种反应过程，如燃烧、气化、热解、液化以及碳化。在氧化剂(或称气化剂)的作用下，气化反应在高温条件下发生。可采用直接或间接的方式对气化炉供热，气化温度达 $600 \sim 1000℃$。通常使用的氧化剂为空气、蒸汽、氮气、二氧化碳、氧气以及上述气体的混合气体。在氧化剂作用下，生物质的聚合物大分子在高温中分解为小分子，最后分解为永久气体(一氧化碳、氢气、甲烷、轻烃)、灰分、炭、焦油以及微量污染物。炭

50

和焦油是生物质不完全转化的产物(Kumar, Jones, & Hanna, 2009)。该反应过程产生的是中低热值气体($4 \sim 10MJ/m^3$),可用燃气动力装置以及内部燃烧发动机、燃气轮机、燃料电池产热。该反应过程产生的气体可包含最初原料中90%的能量。

可使用任意一种含碳物质进行气化反应;目前,煤是气化工艺的主要原料。生物质气化工艺由于对温室气体浓度没有影响,因此是碳中和过程。用于气化反应器的所有原料都必须经过预处理。原料在粉碎和筛选前一般需要进行初烘(http://agronomyday.cropsci.illinois.edu/2010/tours/c3chips/)。原料的预处理十分必要,可避免对气化炉的损害,生产高质量气体产品。

由于不可转化(无机)物质的存在,在气化原料的预处理过程中会产生几种复合物,在可再生原料使用过程中,其含量会进一步增加。两大类(化石和可再生)原料的制备各有不同,根据下一步所用的气化炉类型进行不同选择。当采用低密度原料时,如果不采用特殊处理工艺,其物流将变得很困难,经济效益低下。因此,这些原料必须压实成为颗粒或块状,以确保运输高效和安全。

以下章节将详细探讨有关气化原料制备的所有要求和工艺,以及不同原料(如煤、炼制残油、黑液、生物质以及城市废弃物)的特征和性质。

3.2 原料种类、性质、表征

气化工艺所用原料可分为两大类:化石原料,包括煤和炼制残油;可再生原料,包括木质纤维生物质、城市废弃物、生物固体以及黑液。

煤是一种由碳、氢以及数十种痕量元素所组成的复杂化学桁架结构(Franco & Diaz, 2009)。煤的制备和清洁是将矿物质从煤中脱除生成清洁煤。主要目的是通过降低硫和矿物质成分(灰分)含量来提高煤的质量和热值。大多数东部烟煤,其中大约一半到三分之二的硫可通过粉碎和物理方法分离得以释放出来;西部煤的含硫量一般要低得多,热值也较低(LHVs),但很难通过物理清洗方法降低硫含量。煤中所含的矿物质也可通过物理清除方式脱除。目前煤炭工业采用的煤制备方法包括四大步骤:定性、析出、分离、处理。在定性过程中,具有不同颗粒大小的原煤组成得以确定。原煤的组成以及清洁煤指标要求决定了用于去除矿物质的设备类型。通过粉碎可将矿物质释放出来,粉碎得到的采出煤颗粒通过彻底析出可以得到微细颗粒,其中包含煤和矿物质,被称为中矿。在分离过程中不同颗粒根据大小分为粗粒、中间粗细颗粒、微细颗粒,不同大小的矿物质颗粒从煤颗粒中被分别分离出来。根据有机煤和无机矿物质颗粒的相对密度不同,可分离出较大的原煤颗粒。针对细原煤颗粒，则利用了颗粒在水中的不同表面性质进行分离。处理指的是对经过清洁的煤进行脱水和存储，以及矿物质的处理。大多数煤只要可以粉碎到其中80%的颗粒小于200目径（44μm），就可采用液流-固体气化炉进行气化（Longwell，Rubint，&Wilso，1995）。

石油焦是延迟焦化装置炼制过程的最终副产物。随着全球重质原油产量不断增长以及原油深度转化工艺装置的投用，石油焦的生产量稳步增加（Gary&Handwerk，2001；Wang，Anthony，&Abanades，2004）。通过添加煤液化残渣（CLR）做催化剂，可提高石油焦的气化反应性（Zhou，Fang，& Cheng，2006）。煤液化残渣中含有大量碱及碱土金属（AAEM）和铁氧，可作为含碳材料燃烧和气化的高效催化剂（Liu，Zhou，Hu，Dai，& Wang，2011）。炼制残油指的是石油炼制产生的重质组分，包括常压渣油、减压渣油、脱油沥青。新开发出的重质原油如天然沥青油和页岩油，其性质与炼制残油也相近。因此，重质油或重质渣油也泛指所有重质原油（Zhang et al.，2012）。

黑液是化学纸浆和造纸生产的主要废弃物，含有40%左右的无机化合物以及60%的有机化合物（干基）（Naqvi，Yan，&Dahlquist，2010；Sricharoen-chaikul，2009）。其中的有机物主要为降解后的木质素（碱性木质素），无机物则主要为可循环使用的纸浆化学品（碱金属盐）（Pettersson& Harvey，2010；Sa'nchez et al.，2004）。

生物质原料的预处理程度与所采用的气化技术有关。如果原料中矿物质含量过高，则无法进行气化。燃料中的水含量高于30%会导致燃烧困难，降低了气体产品中的热值，因此需要在燃烧/气化前蒸发掉多余水分。高含水量会导致氧化区的温度下降，导致热解区产生的烃类发生不完全裂解。增加的水分在CO作用下，通过水-气互换反应生成氢气，而气体中氢气含量增加，会通过直接加氢反应生成更多甲烷。气体产物中增加的氢气和甲烷不足以补偿由于CO含量降低所导致的能量损失，因此气体产物的热值较低。

生物质灰分的氧化温度通常要高于其熔点，会导致炉床中出现熔结/出渣问题以及随后的原料堵塞问题。灰分含量超过5%时，特别当碱金属氧化物和盐中的灰分含量较高生成低熔点的低共熔混合物时，会导致熔结的产生。气化炉的设计中必须要破坏焦油以及气化的热解阶段释放处理的重质烃类。原料的颗粒大小与炉床尺寸有关，不过一般是炉床直径的10%~20%，如果原料颗粒太大，会形成桥阻，阻碍原料向下移动；而小颗粒原料则会阻塞存在的空隙，产生的高压降会导致气化炉停车（McKendry，2002）。

城市固体废弃物的组成并不相同，地区与地区之间乃至发展中国家与发达国家都有所不同。由于存在不可转化的物质、玻璃、水以及金属，分离处理过的固体废弃物比未被分离的废弃物更容易气化。

3.3 原料适用性和应用挑战

根据所使用的原料不同，气化工艺面临各种挑战。原料通过各种处理技术可用于气化反应。本节将对其中一些关键问题进行解释。

原料的机械性质和含水量决定了存储、传送、粉碎、干燥、进料等原料预处理系统的类型和应用范围。化学分析、挥发性物质的含量以及热值，这些因素相互作用，对气化工艺及工艺条件的选择起决定作用。气化工艺由两个连续步骤组成，挥发性物质在热解过程中被释放；残余的炭，其主要成分是固定碳和灰分，被部分氧化。因此，不仅是使用原料的性质，而且炭的性质尤其是炭的反应性都对气化工艺有重要影响。煤化指标（也可称为等级）标志着化石燃料的自然年龄。随着煤化指标上升，燃料中的碳含量以及热值增加，而氧含量以及部分挥发性物质含量下降。

木材的煤化指标为 0~0.18，净热值为 17.5~20MJ/kg［无水分、无灰（MAF）基准］，挥发性物质含量 80%~90%（质量分数）（MAF）。城市废弃物的煤化指标为 0.03，净热值 17MJ/kg（MAF），挥发性物质含量 61%~73%（MAF）。褐色煤（Brown coal）的煤化指标为 0.45~0.48，净热值 25~27MJ/kg（MAF），挥发性物质含量 45%~55%（MAF）。褐煤（Lignite）的煤化指标为 0.52，净热值 28MJ/kg（MAF），挥发性物质含量 40%~50%（MAF）。半烟煤的煤化指标为 0.58~0.59，净热值 28.5~31.5MJ/kg（MAF），挥发性物质含量 30%~35%（MAF）。烟煤（中挥发性）煤化指标为 0.63，净热值 31MJ/kg（MAF），挥发性物质含量 25%~30%（MAF）。无烟煤的净热值为 31~32MJ/kg（MAF），挥发性物质含量 2%~14%（MAF）。重质渣油的煤化指标为 0.32~0.65，净热值 35~38MJ/kg（MAF），挥发性物质含量大于 40%（MAF）。在从技术和经济角度对工艺进行选择和设计时，必须考虑到所有这些因素（灰分含量及灰分性质、硫、氯），必须考虑到产出气体的应用以及所需的气体处理步骤（Keller，1990）。

在设计气化炉时，需要了解原料的性质和热行为。可影响气化过程的燃料性质有内能、水含量、颗粒大小和分布、燃料形式、燃料容积密度、挥发性物质含量、灰分含量和组成以及燃料的反应性。在绝热定容弹式量热器中可测量出燃料的内能值。测量所得到的为较高的热值，包括燃料燃烧过程中生成水的冷凝热，可以湿度和灰分为基准进行测量。内能较高的燃料更适用于气化，大多数生物质原料（木材、秸秆）的热值在 10~16MJ/kg，燃油（柴油、汽油）的热值更高。燃料的水分通常指的是内在水分加上表面水分。要保证气化炉的无故障经济运行，原料水分一般需要低于15%。总之，使用木材做原料的气化炉运行良好的条件是木块和木片的体积大小在 80mm×40mm×40mm ~10mm×5mm×5mm 之间。气化炉用木炭做原料的要求是 10mm×10mm×10mm ~30mm×30mm×30mm。

　　容积密度的定义是：每单位体积松散倾倒燃料的重量。容积密度随燃料中含水量的不同和颗粒大小而变化很大。存储燃料所占用的体积与燃料的容积密度以及燃料堆放方式有关。由于容积密度影响燃料在燃烧室内的停留时间、燃料速度以及气体流速，因此对气体质量有很大影响。燃料进入气化炉的形式对气化工艺成本有影响。切丁机和造粒机可将所有种类的生物质和城市废弃物压实形成"能量块"。这些能量块可以是圆柱或立方体，密度高达 $600 \sim 1000 kg/m^3$。"能量块"的体积含量要远高于其制造原料。燃料中的挥发性物质和内部水分在 100 ~150℃的热解区内被释放出来，形成含有水、焦油、油和气体的蒸气。含挥发性物质较多的燃料生成的焦油较多，会导致内燃烧发动机产生问题。与其他生物质材料相比（作物秸秆：63% ~ 80%；木材：72% ~78%；泥炭：70%；煤：可达40%），木炭的挥发性物质含量最低（3% ~ 30%）。燃料中燃烧后保留氧化形式的矿物质成分被称作灰分，其中还含有一些未燃烧燃料。灰分的含量和组成对气化炉的平稳运行有一定影响。反应器内灰分的熔融和结块会导致结渣和烧结，如果不采取措施，结渣或烧结会导致形成过量焦油或反应器完全堵塞。燃料灰分含量低于 5%的情况下，一般不会发生结渣现象。

　　木片中的灰分含量为 1%，而稻壳的灰分含量较高，为 16% ~23%。燃料的反应性与燃料种类有关，而燃料的反应性决定了气化炉中二氧化碳到一氧化碳的还原反应速率。炭的反应性和表面的活性位置数目有关联。炭的表面反应性可通过流化处理（活性炭）或采用石灰和碳酸钠处理等工艺加以改善。有多种元素可对气化工艺起到催化作用，少量的钾、钠和锌就可对燃料反应性产生较大影响（http：//cturare. tripod. com/fue. htm）。

　　Li 等开展的各种研究对气化过程中炭（煤焦）的反应性进行了解释。煤焦的反应性相关理论对煤，尤其是低等级煤在低温气化工艺中的有效利用很重要（Li, Tay, Kajitan, & Zhang, 2013）。维多利亚褐煤煤焦的反应性受几个因素的影响（Li, 2007）。维多利亚褐煤含有碱和碱金属元素（Hayashi & Li, 2004），热解过程中碱和碱金属元素被保留在煤焦中，可作为催化剂催化煤焦的气化反应。因此，碱和碱金属元素在煤/煤焦中的浓度直接影响煤焦的反应性（Wu, Hayashi, Chiba, Takarada, & Li, 2004；Wu, Li, Hayashi, Chiba, & Li,

54

2005）。碱和碱金属元素在煤焦基体中的扩散同样对煤焦的反应性起重要作用，这是因为，如果一种催化剂在煤焦（孔）表面且能接触到气化剂的情况下，可能只在气化反应中发挥作用（Li，2007）。煤焦结构不仅影响煤焦的反应性，这些因素还会相互发生作用。煤焦中大分子芳环的浓度增加时，钠在煤焦中的扩散状况变差，从而影响煤焦的反应性（Li & Li，2006）。

各种类型的煤如果经过正确的预处理都进行气化。比如高水分煤需要进行干燥，某些黏结煤需要进行部分氧化，从而简化气化炉的操作。其他的预处理操作包括粉碎、分选以及细粉压块用于固定床气化炉进料。煤在进入流化床或液流床气化炉前，需要磨成粉末。煤的预处理通常包括煤的粉碎和干燥。煤经过干燥并磨成细粉，对溶煤会产生有利影响。煤干燥加热炉通常是燃煤型，但也可以燃烧低热值产物或直接利用来自其他来源的废热（http：// www. epa. gov/ttnchie1/ap42/ch11/final/c11s11. pdf）。煤的化学反应性对地下煤气化非常重要。在推算气化炉的典型操作温度时，低等级煤的本征反应性可分为不同的四个等级（Perkins &Sahajwalla，2006）。煤的本征反应性对气化炉内的分布以及最终气体产物的影响很大，特别是煤的高反应活性对煤焦-氢气反应生产甲烷有利。由于该反应为放热反应，增加的反应活性可能会导致最终气体产物的热值发生大幅变化（Bhutto，Bazmi，&Zahedi，2013）。重质渣油具有沸点高、康氏残炭值高、重金属（如镍和钒）、硫、氮含量高的特点（Zhang et al.，2012）。

采用废弃物做原料的气化发电工艺必然受到城市废弃物特殊性质的影响。废弃物影响气化反应的主要性质包括：元素组成、低热值、灰分含量（组成）、水含量、挥发性物质含量、其他污染物（如氮、硫、氯、碱金属、重金属等）以及容积密度和容积大小（C-Tech，2003；Heermann，Schwager，& Whiting，2001；Zevenhoven-Onderwater，Backman，Skifvars，&Hupa，2001）。其中一些性质会严重影响气化反应，因此，目前大多数气化技术通常不会直接使用废弃物做原料，而是进行预处理或采用生活垃圾衍生燃料。对废弃物进行充分的预处理，可降低废弃物的高度不均匀性、缩小废弃物颗粒、减少灰分和含水量。此外，废弃物的成分（尤其是热值）以及其所含灰分的热值（在有些情况下可起到催化作用）可推动共气化工艺应用可能性的调查研究——即采用不同原料混合进入气化炉，因为在产物和中间产物之间存在协同作用，可以增强反应表现，降低颗粒和焦油组分中的炭损失，提高合成气的内能（Arena，2012；Mastellone，Zaccariello，&Arena，2010；Pinto，Lopes，Andre'，Gulyurtlu，&Cabrita，2007，2008）。

与流化床等其他气化技术不同，直接熔融系统工艺的优点是无需对城市废弃物进行预处理。城市废弃物原料可直接从气化熔炉顶部进入，采用焦炭做还原剂、石灰石做黏度调节剂(Tanigaki，Manako，&Osada，2012)。

小型固定床气化炉适合采用体积相对较大、密度较高的燃料(木片或增密生物质/废弃物)。其主要优点包括灰分含量高、原料范围广、碳转化效率高。但还需要考虑到它的几个缺点：如固定床内可能会出现热点和气窜、处理细粉能力有限等。由于低热值气体产物的焦油量大，且进料速度相对较低，上吸式气化炉更适合采用空气作为气化剂。交叉式气化炉中燃烧区域的温度在2000℃左右，因此更宜采用木炭等反应活性较差、焦油或灰分含量较低的进料。流化床气化炉的处理量高、燃料使用灵活，可以处理低密度原料，如未做增密的农作物秸秆或锯末。目前，在工艺应用中多采用圆柱型发泡流化床，需要原料的颗粒大小分布(PSD)较窄，以保证床层内原料颗粒的更好流化。而气化工艺所使用的生物质原料由于磨碎的缘故，其颗粒大小分布较宽，小颗粒因此会从气化炉中溢出，而大颗粒在操作气体速度固定时会停留在分配器上方，从而导致流化不畅和装置运行不稳定(Zhang et al.，2013)。生物质中挥发性物质的质量分数为80%~90%，形成的炭活性很高，在温度较低的条件下可在流化床中发生高效气化反应，因此原料的灰分熔融对气化反应影响不大。此外，生物质原料的灰分一般都较低(Keller，1990)。

3.4 后续加工前期准备技术

气化技术采用固体原料时，前期准备技术非常重要。后续加工处理的步骤还与原料类型有关：煤只需要进行粉碎；而生物质则需要进行干燥、磨碎，由于其容积密度较低，还需要压实。生物质的预处理还与生成的最终产品(如烃类)的电能或化学能有关。在采用合成气路线的生物精炼企业的生物燃油的生产中，采用的生物质原料有木材、林业废弃物、树皮、秸秆、能源作物、泥煤、农业废弃物等。对原料的预处理非常重要，除了转化步骤之外，还包括运输、存储、削片、粉碎、干燥，以及具有多种不同成本结构的技术(Fagerna¨s，Brammer，Wile′n，Lauer，&Verhoeff，2010)。

3.4.1 粉碎、分离、干燥

原料前期的准备步骤与原料种类以及下一步所用的反应器类型有关。干燥步骤是最具挑战性的一步。干燥中的重要问题涉及能效、排放、热集成以及干燥器性能。在合成气生产中，原料必须被干燥到含水量低于30%(质量分数)，最好在15%(质量分数)左右，在热解中则要低于10%(质量分数)。送到装置的生物质的含水量与生物质的种类、产地、收割时间以及收获后的存储时间有关，一般在30%~60%（质量分数）。生物质的颗粒大小很大程度上由生物能源生产工艺所决定，但生物质在进入干燥过程前的运输过程中，颗粒很可能大一些（例如，木片或木块的直径在10~80mm）。转筒干燥机可以接受颗粒较大的燃料，但闪蒸和带式干燥机一般就需要将燃料颗粒粉碎到小于10mm。根据原料种类和含水量，原料的容积密度在50~400kg/m³。散装原料的流动性质一般，但干燥介质可在其中充分循环。

在微波加热工艺中，通过分子或原子的相互作用进行能量转移。与传统加热方法相比，微波加热可使温度分布更为均匀，还可避免发生不需要的二次反应。因此，工艺得到更好的控制，生成更多目标产物（Yu, Ruan, Deng, Chen, & Lin, 2006）。更重要的是，由于热量是通过微波能在原料内部转移的，因此可以处理大尺寸的原料，如木块和秸秆，从而可节省大量用于生物质研磨和切碎所消耗的电力。

蒸发干燥工艺需要借助对流或传导进行热交换。生物能装置用于干燥的热源可来自燃烧炉、发动机或燃气轮机的废气、蒸汽或联合循环装置产生的高压蒸汽、蒸汽或联合循环装置的空冷冷凝器的热空气，以及过剩生物质的充分燃烧产生的蒸汽或导出的气体产物、焦油、生物油。干燥工艺可独立运行，也可与其他装置联合运行。

生物燃油专用干燥机可根据干燥介质（如烟气干燥机和过热蒸汽干燥机）、采用的热交换方式（传导/对流干燥机或间接/直接干燥机）进行分类。最常见的烟气干燥机有转筒干燥机和闪蒸干燥机，工业级蒸汽干燥机有管式干燥机、流化床干燥机以及气流干燥机（Fagerna¨s et al., 2010）。

将生物质弄碎以满足气化工艺要求的两种最常用的设备是刀片式削片机和锤片式粉碎机。削片机是高速旋转设备，操作速度可达1800r/min，更适合用于粉碎木材；锤片式粉碎机也属于旋转设备，送入的生物质被大金属锤粉碎，而不像削片机那样用刀片切碎。锤片式粉碎机适合加工木材以及柳枝稷等草本作物。立式生物质粉碎机（tub grinders）是削片机和传统锤片式粉碎机的有效替代设备，尤其适用于对林业废弃物的粉碎。立式生物质粉碎机属于小型可移动锤片式粉碎机，通常设计为农用牵引式单元或安装在拖拉机拖车上，用于大规模废物清除。立式生物质粉碎机由一个旋转筒构成，旋转筒将原料送进锤片式粉碎机。粉碎机排出的粉碎物质由送带通过立式粉碎机被送出设备（Cummer& Brown, 2002）。

使用滤网可确保原料颗粒大小符合工艺要求。滤网可安装在粉碎设备的入口处，以分离出尺寸过小的原料，而在出口处的滤网可回收需要进一步磨碎的原料颗粒。其他确保原料粒径大小的方法还有浮选和风选，分别利用了浮力和气动原理，将不同大小的原料分开（Cummer& Brown，2002）。

采用煤做原料的情况下，粉碎是最重要的一个步骤。根据下一阶段所用的气化炉类型来确定煤颗粒的大小，应确保煤炭颗粒大小一致，以避免产生热点。

3.4.2 压实、造粒、成型

对大量生物质的处理和运输所造成的技术和经济问题导致运输费用高昂，对存储空间的需求也越来越大。含水量高会造成生物降解以及燃料凝固，从而堵塞运输系统。另外，在对供热设施的最佳操作和管理方法进行摸索的过程中，生物质含水量的差异也会产生问题。可以通过对燃料进行致密化处理，使得燃料性质更为均匀，从而部分解决这些问题。运输费用取决于原料的致密化程度，占生物能源生产价格的 13% ~ 28%（Badger &Fransham，2006；Cundiff&Grisso，2008；Vinterback，2004）。形状为颗粒、块状、立方体、薄板形式的原料更易运送，从而减少能耗。此外，压实和造粒是生产"均一"和"极为均一"原料的基本工艺，可降低供应链成本，提高供应效率（Hess，Wright，& Kenney，2007；Tumuluru，Wright，Hess，& Kenney，2011）。

在生物质原料流变学中，致密化是压力诱导力、原料形式、物理性质、化学组成以及含水量相互之间的复杂作用（Adapa，Schoenau，Tabil，Sokhansanj，& Singh，2007；Carone，Pantaleo，&Pellerano，2011；Han，Collins，Newman，& Dougherty，2006；Kaliyan& Morey，2009）。原料流变压缩研究的主要目标是对能耗进行测量，以及确定原料性质和黏结剂对原料受力变形的影响。生物质致密化分为：①低水平压缩：采用缠绕、编网的方法或利用容器对物质进行收纳，可将原料密度增加到一定水平，随后的处理无需解压；②高水平压缩：通过增加密度来生产独立原料，随后的处理可能需要解压。低水平压缩主要用于批量格式化或打包压缩，采用绳或网包装材料，袋子、容器或拖车设备装载已致密化的生物质（Dooley，Lanning，Lanning，& Fridley，2008）。高水平压缩主要用于颗粒、块状、立方体、薄板原料。生物质致密化的能耗在研究原料供应-转化系统的效率方面发挥重要作用（Miao，Grift，Hansen，& Ting，2012）。

经过致密化处理，稻草的容积密度从 80kg/m³ 增加到 150kg/m³，锯末的容积密度则增加至 600 ~ 700kg/m³，甚至可能更高，从而降低了运输费用，减少了对大型存储空间的需求，简化了燃料处理过程。

致密化处理的主要缺点在于：生产原料块和颗粒所需的能量成本相对较

高。这也增加了输出产品，即块状和颗粒形式的产品的价格。两种原料产物形式的热值、水含量、化学组成几乎相同，但颗粒形式的密度和强度通常更高。颗粒原料的长度是其直径(范围在 6~12mm 的) 的 4~5 倍，而块状原料的直径在 80~90mm，或者是 150mm×70mm×60mm 的棱柱体(http：//www.coach-bioenergy.eu/en/cbe-offers-services/technology-descriptions-and-tools/technologies/231-pab.html)。

压块成型的方法有两种，都需要将松散的生物质研磨为类似锯末的粗颗粒。通过压块成型可回收利用生物质残渣，取代木材和木炭(通常为不可持续生产)以及化石燃料的使用，从而减少温室气体的排放。块状燃料的尺寸和组成均匀，因此比木材更易于存储和使用。块状燃料的处理比木炭或煤都要清洁得多，对当地的空气污染影响较小。

对土地废弃物压块成型也存在一些问题，因为土地废弃物还可用于改善土壤。锯末和稻壳等残渣的农用范围较小，而且和松针一样，还可能引发火灾。高压成型需要利用电能或机械能，能量输入取决于所用的生物质和压制出的块状材料的质量，通常在 40~60kW·h/t，或是压块产生热量的 3%~9%。干燥生物质可能还需要额外加热，但这要燃烧低于指标的块状燃料。高压成型采用电能电力驱动进行挤压，可将干燥粉末状生物质的压力提高到 1500bar(150MPa)。这种压缩方式将生物质加热到 120℃ 左右，可熔化木质材料中的木质素。通过挤压，使热木质材料在可控速率下通过模具。随着压力下降，木质素冷却重新凝固，将生物质粉末黏结成均匀的块状固体。

固体成型机有三种主要类型：活塞冲压式、螺旋挤压式、压辊式。活塞冲压式采用振动活塞将生物质冲压成型，可生产直径 50~100mm 的棒状燃料；螺旋挤压式采用锥形螺旋，可生产较长的中空块状燃料；压辊式采用压辊挤压生物质，可生产直径 6~100mm 的较小棒状燃料(类似动物饲料颗粒)。

固体成型机中的模具和运动部件由于需要在高压下研磨生物质，因此需要采用硬化钢材料。如果进行加热的话，模具就可以在较低压力下操作，但这需要额外加热。高压固体成型机的尺寸范围则较广。

低压成型技术可用于压制木质素含量较低的材料，如纸和木炭灰。在该工艺中，粉末状的生物质用水以及淀粉或黏土做的黏结剂进行混合形成糊状物，通过加压或通过挤出机将糊状物挤出到一个模具中，或用手直接塑型。模具中的块状产品干燥后即可成型，黏结剂可将生物质粉末固定在一起。低压固体成型机通常采用控制杆手工操作，驱动活塞将糊状物压制成型(http：//www.ashden.org/briquettes)。

原料致密化经常采用压制方法，选择造粒还是压块成型，要看所采用的原料和下一阶段使用的气化炉的类型。

3.5 气化原料的优点和局限

以上章节中所提到的各种气化工艺以及各种可气化的原料均有各自的优点和局限。选择原料和相应的预处理步骤以用于某一类型气化炉要取决于各种因素，工艺、经济性、终端产品需求决定了选择哪些步骤。本节对在工艺中面临的一些挑战以及可能的解决方案进行描述。

在进行削片时，必须要小心脱除任何可能与木材混合在一起的金属，以免损伤刀具，但这一问题通常仅限于木材废料，对专用原料影响不大。粉碎机可移动，因此可以进行现场粉碎，从而降低了原料的运输成本。可以设想，在专用原料木材场采用一种现场立式粉碎系统，完成本来由生物质发电厂的锤片式粉碎机完成的进一步粉碎工作（Cummer& Brown，2002）。

潮湿生物质在堆积存储时，由于其生物活性会发生缓慢的自燃。发生闷烧的生物质是发生剧烈粉尘爆炸的重要火源。自发燃烧是处理或存储热干燥燃料时面临的另一个风险因素。对干燥后的生物质进行正确冷却非常重要，可避免中间储存罐发生自燃问题（Fagerna\"s et al.，2010；Wile'n et al.，1999）。

在生物质转化工艺中，对生物质的干燥还存在很多问题未得到优化解决。在干燥过程中排放的有机物可分为挥发性有机物和可冷凝化合物。此外，还存在颗粒物排放问题。在低干燥温度（低于 $100℃$）条件下，排放的有机物主要组成为单萜和倍半萜。

干燥机发生着火或爆炸的原因是有大量细粉存在或干燥材料中释放出的可燃气体燃烧导致粉尘雾被引燃。在这两种情况下，都需要足量氧气以及足够高的温度或引燃物的存在。在大多数干燥机的工况下，如果干燥介质的氧气浓度大于 10%（体积分数）左右，着火或爆炸的风险就变得很高（Fagerna\"s et al.，2010）。

如果可以保证环境中的氧含量在较低水平，在原料温度不过高的情况下，干燥机入口温度可以高得多；但同时防止空气发生意外泄漏可能会变得非常困难，费用较高。用户需要注意维持干燥机在运行阶段尤其是启动和停机阶段的惰性气氛。干燥温度较高，会引发火花以及缓慢热解和闷烧造成一氧化碳泄漏。可燃气体的聚集会引起气体爆炸风险，甚至可能连锁引发粉尘爆炸。干燥机在重新启动前需要进行正确通风，以维持惰性气氛。一氧化碳加上粉尘会引发剧烈的混合爆炸。干燥机内一氧化碳的存在会大大降低安全氧含量的水平，干燥机内的氧含量水平必须要低于 8%。在干燥工艺的启动和停机过程中，必须要考虑到暂时存在的高氧含量这一风险因素。在过热蒸汽干燥中，由于无空气和氧气存在，消除了着火和爆炸的风险（Fagernäs et al.，2010；van Deventer，2004）。

通过现有技术可控制煤的存储、处理、粉碎/筛分过程所产生的粉尘排放。而对煤干燥、压块成型、部分氧化过程中的气体排放进行控制更为困难，这是因为，随着对煤的加热，挥发性有机物和可能的痕量金属被释放出来。煤气化工艺自身是空气排放的最大来源。煤的进料以及排放回收的煤或灰分粉尘的灰分、有机和无机气体具有毒性和致癌性。出渣气化炉由于焦油和可凝结有机物的产量较低，因此入口煤和出口灰分的排放问题不太严重。煤的预处理所产生的排放包括处理操作中产生的煤灰和干燥操作中产生的燃烧产物。这些操作中产生的最主要污染物是由于粉碎、筛选以及干燥所产生的煤灰。对煤表面喷水、封闭等操作过程，或将富气送进煤气洗涤器或纤维过滤器，均可有效控制煤灰颗粒数量（http：//www.epa.gov/ttnchie1/ap42/ch11/final/c11s11.pdf）。必须承认，气化工艺除了存在一些限制性以外，是唯一一种可以充分应用炭生产高附加值烃类的工艺方法。

致谢

本文作者对印度德拉敦市的印度科学与工业研究中心——印度石油研究所（IIP）所长先生一直以来的鼓励和支持表示感谢。对位于印度新德里的科学和工业研究委员会（CSIR）所提供的高级研究奖学金（SRF）深表感谢。本文作者还对科学和工业研究委员会的十二五计划项目（CSC0116/BioEn）以及新能源和可再生能源部提供的财政支持表示感谢。

参 考 文 献

Adapa, P., Schoenau, G., Tabil, L., Sokhansanj, S., & Singh, A. (2007). Compression of fractionated sun-cured and dehydrated alfalfa chops into cubes—Specific energy models. Bioresource Technology, 98, 38-45.

Arena, U. (2012). Process and technological aspects of municipal solid waste gasification: A review. Waste Management, 32, 625-639.

Badger, P. C., &Fransham, P. (2006). Use of mobile fast pyrolysis plants to densify biomass and reduce biomass handling costs- A preliminary assessment. Biomass and Bioenergy, 30,321-325.

Bhutto, A. W., Bazmi, A. A., & Zahedi, G. (2013). Underground coal gasification: From fundamentals to applications. Progress in Energy and Combustion Science, 39, 189-214.

Carone, M. T., Pantaleo, A., & Pellerano, A. (2011). Influence of process parameters and biomass characteristics on the durability of pellets from the pruning residues of Olea europaea L. Biomass and Bioenergy, 35, 402-410.

C-Tech (2003). Thermal methods of municipal waste treatment. UK: C-Tech Innovation Ltd, Biffaward Programme on Sustainable Resource Use. Available from: http://www.ctechinnovation.com/thermal.pdf [Accessed 1 April 2010].

Cummer, K. R., & Brown, R. C. (2002). Ancillary equipment for biomass gasification. Biomass and Bioenergy, 23, 113-128, and references therein.

Cundiff, J. S., & Grisso, R. D. (2008). Containerized handling to minimize hauling cost of herbaceous biomass. Biomass and Bioenergy, 32, 308-313.

Dooley, J. H., Lanning, D., Lanning, C., & Fridley, J. (2008). Biomass baling into large square bales for efficient transport, storage, and handling. In 31st Annual Meeting of Council on Forest Engineering, Charleston, SC, USA, Warnell School of Forestry and Natural Resources, University of Georgia.

Fagernäs, L., Brammer, J., Wile'n, C., Lauer, M., & Verhoeff, F. (2010). Drying of biomass for second generation synfuel production. Biomass and Bioenergy, 34, 1267-1277.

Franco, A., & Diaz, A. R. (2009). The future challenges for 'clean coal technologies': Joining efficiency increase and pollutant emission control. Energy, 34, 348-354.

Gary, J. H., & Handwerk, G. E. (2001). Petroleum refining: Technology and economics. Boca Raton, FL: CRC Press.

Han, K. J., Collins, M., Newman, M. C.,&Dougherty, C. T. (2006). Effects of forage length and bale chamber pressure on pearl millet silage. Crop Science, 45, 531-538.

Hayashi, J. I.,&Li, C.Z. (2004).Chapter 2 structure and properties of Victorian brown coal. In C. Z. Li (Ed.), Advances in the science of Victorian brown coal (pp. 11-84). Oxford: Elsevier.

Heermann, C., Schwager, F. J., & Whiting, K. J. (2001). Pyrolysis and gasification of waste: A worldwide technology and business review (2nd). Juniper Consultancy Services Ltd.

Hess, J. R., Wright, C. T., & Kenney, K. L. (2007). Cellulosic biomass feedstocks and logistics for ethanol production. Biofuels, Bioproducts and Biorefining, 1, 181-190.

Kaliyan, N., & Morey, R. V. (2009). Factors affecting strength and durability of densified biomass products. Biomass and Bioenergy, 33, 337-359.

Keller, J. (1990). Diversification of feedstocks and products: Recent trends in the development of solid fuel gasification using the Texaco and the HTW process. Fuel Processing Technology, 24, 247-268, and references therein.

Kumar, A., Jones, D. D., & Hanna, M. A. (2009). Thermochemical biomass gasification: A review of the current status of the technology. Energies, 2, 556-581.

Li, C. Z. (2007). Some recent advances in the understanding of the pyrolysis and gasification behaviour of Victorian brown coal. Fuel, 86, 1664-1683.

Li, X.,&Li, C. Z. (2006). Volatilisation and catalytic effects of alkali and alkaline earth metallic species during the pyrolysis and gasification of Victorian brown coal. Part VIII. Catalysis and changes in char structure during gasification in steam. Fuel, 85, 1518-1525.

Li, C. Z., Tay, H. L., Kajitan, S., & Zhang, S. (2013). Effects of gasifying agent on the evolution of char structure during the gasification of Victorian brown coal. Fuel, 103, 22-28.

Liu, X., Zhou, Z., Hu, Q., Dai, Z., & Wang, F. (2011). Experimental study on co-gasification of coal liquefaction residue and petroleum coke. Energy and Fuels, 25, 3377-3381.

Longwell, J. P., Rubint, E. S., & Wilso, J. (1995). Coal: Energy for the future. Progress in Energy and Combustion Science, 21, 269-360.

Mastellone, M. L., Zaccariello, L., & Arena, U. (2010). Co-gasification of coal, plastic waste and wood in a bubbling fluidized bed reactor. Fuel, 89, 2991-3000.

McKendry, P. (2002). Energy production from biomass (part 3): Gasification technologies. Bioresource Technology, 83, 55-63, and references therein.

Miao, Z., Grift, T. E., Hansen, A. C., & Ting, K. C. (2012). Energy requirement for lignocellulosic feedstock densifications in relation to particle physical properties, pre-heating and binding agents. Energy and Fuels. http://dx.doi.org/10.1021/ef301562k.

Naqvi, M., Yan, J., & Dahlquist, E. (2010). Black liquor gasification integrated in pulp and paper mills: A critical review. Bioresource Technology, 101, 8001-8015.

Perkins, G., & Sahajwalla, V. (2006). A numerical study of the effects of operating conditions and coal properties on cavity growth in underground coal gasification. Energy and Fuels, 20, 596-608.

Pettersson, K., & Harvey, S. (2010). CO2 emission balances for different black liquor gasification biorefinery concepts for production of electricity or second generation liquid biofuels. Energy, 35, 1101-1106.

Pinto, F., Lopes, H., Andre', R. N., Gulyurtlu, I., & Cabrita, I. (2007). Effect of catalysts in the quality of syngas and by-products obtained by co-gasification of coal and wastes. 1. Tarsand nitrogen compounds abatement. Fuel, 86, 2052-2063.

Pinto, F., Lopes, H., Andre', R. N., Gulyurtlu, I., & Cabrita, I. (2008). Effect of catalysts in the quality of syngas and by-products obtained by co-gasification of coal and wastes. 2. Heavy metals, sulphur and halogen compounds abatement. Fuel, 87, 1050-1062.

Ragauskas, A. J., Williams, C. K., Davison, B. H., Britovsek, G., Cainey, J., Eckert, C. A., et al. (2006). The path forward for biofuels and biomaterials. Science, 311, 484-489.

Sa'nchez, J., Gea, G., Gonzalo, A., Bilbao, R., & Arauzo, J. (2004). Kinetic study of the thermal degradation of alkaline straw black liquor in nitrogen atmosphere. Chemical Engineering Journal, 104, 1-6.

Sricharoenchaikul, V. (2009). Assessment of black liquor gasification in supercritical water. Bioresource Technology, 100, 638-643.

Stocker, M. (2008). Biofuels and biomass-to-liquid fuels in the biorefinery: Catalytic conversion of lignocellulosic biomass using porous materials. Angewandte Chemie International Edition, 47, 9200-9211.

Tanigaki, N., Manako, K., & Osada, M. (2012). Co-gasification of municipal solid waste and material recovery in a large-scale gasification and melting system. Waste Management, 32, 667-675.

Tumuluru, J. S., Wright, C. T., Hess, J. R., & Kenney, K. L. (2011). A review of biomass densification systems to develop uniform feedstock commodities for bioenergy application. Biofuels, Bioproducts and Biorefining, 5, 683-707.

van Deventer, H. (2004) Industrial superheated steam drying, TNO- report R 2004/239, 21 p. Vinterback, J. (2004). Pellets 2002: The first world conference on pellets. Biomass and Bioenergy, 27, 513-520.

Wang, J., Anthony, E. J., & Abanades, J. C. (2004). Clean and efficient use of petroleum coke for combustion and power generation. Fuel, 83, 1341-1348.

Wile'n, C., Moilanen, A., Rautalin, A., Torrent, J., Conde, E., Lo̎del, R., et al. (1999). Safe handling of renewable fuel sand fuel mixtures: 394. Espoo: Technical Research Centre of Finland, VTT Publications 117pp.tapp. 8pp.

Wu, H., Hayashi, J. I., Chiba, T., Takarada, T., & Li, C. Z. (2004). Volatilisation and catalytic effects of alkali and alkaline earth metallic species during the pyrolysis and gasification of Victorian brown coal, Part V. Combined effects of Na concentration and char structure on char reactivity. Fuel, 83, 23-30.

Wu, H., Li, X., Hayashi, J. I., Chiba, T., & Li, C. Z. (2005). Effects of volatile-char interactions on the reactivity of chars from NaCl-loaded Loy Yang brown coal. Fuel, 84, 1221-1228.

Yu, F., Ruan, R., Deng, S.B., Chen, P., & Lin, X.Y. (2006) Microwave pyrolysis of biomass. In: An ASABE Meeting Presentation, ASABE Number: 066051.

Zevenhoven-Onderwater, M., Backman, R., Skifvars, B. J., & Hupa, M. (2001). The ash chemistry in fluidized bed gasification of biomass fuels. Part I: Predicting the ash chemistry of melting ashes and ash-bed material interaction. Fuel, 80, 1489-1502.

Zhang, K., Chang, J., Guan, Y., Chen, H., Yang, Y., & Jiang, J. (2013). Lignocellulosic biomass gasification technology in China. Renewable Energy, 49, 175-184.

Zhang, Y., Yu, D., Li, W., Wang, Y., Gao, S., & Xu, G. (2012). Fundamentals of petroleum residue cracking gasification for coproduction of oil and syngas. Industrial and Engineering Chemistry Research, 51, 15032-15040.

Zhou, J. H., Fang, L., & Cheng, J. (2006). Pyrolysis properties of Shenhua coal liquefaction residue. Journal of Combustion Science and Technology, 12, 295-299.

http://agronomyday.cropsci.illinois.edu/2010/tours/c3chips/ [Accessed 31 December 2012].

http://www.ashden.org/briquettes [Accessed 31 December 2012].

http://www.coach-bioenergy.eu/en/cbe-offers-services/technology-descriptions-and-tools/tech nologies/231-pab.html [Accessed 31 December 2012].

http://cturare.tripod.com/fue.htm [Accessed 31 December 2012].

http://www.epa.gov/ttnchie1/ap42/ch11/final/c11s11.pdf [Accessed 31 December 2012].

第4章 气化法生产合成液体燃料的可持续性评估：经济、环境、政策问题

C. De Lucia

（University of Foggia，Foggia，Italy）

4.1 前言

过去十年以来对能源安全的关注度不断增长，促进了国际上对替代能源的研究。生物燃料，尤其是二代生物燃料(原料为非粮食作物)的应用——主要用于交通运输，对发达国家和发展中国家都很有吸引力。比如许多城市中心现在采用智能技术转变环境状况，促进生态的可流动性，以实现减少碳排放的目标。与此类似，乡村地区正逐渐从用于可持续农业实践的生物燃料生产技术中受益。这些生物燃料技术由于创造了就业机会以及对原料转化的农业需求，还因此推动了边远地区的经济发展(Hazell&Pachauri，2006)，其发展前景不可限量。一代生物燃料负面效应如下：大多数从能源作物中获得的原料占用了用于种植粮食的土地，尤其是在发展中国家，这可能会导致通货膨胀的大幅反弹。考虑到在全球所产生的这些负面效应，目前生物燃料的研究多数都转向二代燃料，也称为先进生物燃料。先进生物燃料主要采用木质纤维原料(生物质)，与一代生物燃料相比，对水和土地的利用较少，因此成为研究热点。

随着对二代生物燃料的研发经验不断增加，国际政治、商业、科学界希望在内能、降低成本、增加收率和生产力等方面二代燃料可以发挥巨大潜力。二代生物燃料最有可能推动全球可持续运输部门的扩张，以及降低温室气体的排放(GHGs)。

尽管对先进生物燃料的关注很多，但实现大规模工业化生产还需要付出巨大努力(Cherubini et al.，2011；IEA，2011)。为了实现这一目标，需要大量投资用于改进木质纤维原料转化的技术。

研究先进生物燃料的经济以及环境可行性需要进行生命周期评价(LCA)

和经济评估。生命周期评价可用于解释技术转化结果、输入组合、产品、副产品以及联产品成果以及碳减排。经济评估的目标是对生物燃料生命周期中每个阶段所用技术的各种成本高效解决方案(即成本削减、经济可持续性以及经济表现)进行评价。对二代生物燃料的生命周期评价以及经济评估报告和解释的准确程度将深刻影响本地以至全球规模的生物燃料的原料和产品的工业化研发路线。下一代生物燃料的发展程度和速度很大程度上要取决于对其生命周期评价和经济评估的持续研究。

本章节内容如下所示:第4.2节分析了与生物燃料生产的生命周期评价技术有关的主要环境和能源问题(例如能源安全);第4.3节讨论了不同种类的生物燃油的经济潜力和限制,尤其是生物柴油、生物乙醇以及藻类燃料,还讨论了生物气燃料的经济替代物。第4.4节根据前几节的分析对一些相关政策应用进行阐述。

4.2　环境和能源问题

科学界和政界致力于推动采用生物合成燃料取代传统化石燃料,原因是可以有效减少温室气体排放,以及可实现国际环境和能源政策议程的目标。本节概述了影响生物燃料使用环保可行性的生命周期评价和能源问题。

4.2.1　生物燃料的生命周期评价

如上文所述,生命周期评价是用来评价不同工艺的环保可行性。通过采用国际认可的标准化方法(ISO 14040 和 14044 标准),对新技术需求和采用新技术升级目前技术进行评估,从而可反映出某一商品的整个工艺过程对环境的主要影响。根据 McKone 等(2011)的论述,做一次生命周期评价要经历四个步骤:①分析目的和目标的定义;②能源、排放、废弃物清单的数据收集;③对环境影响的评估;④敏感度分析计算、解释、结果讨论,这对政策制定者具有重要指导意义。

Davis、Anderson-Teixera 和 Delucia(2008)从更详细的角度,论述了生命周期评价一般最开始要对随着分析范围变化的系统边界和清单进行定义。系统边界定义了工艺过程分析的空间轨迹和暂时轨迹。生物燃料的典型系统边界是用于种植能源作物的可使用耕地(空间维度)、使用的肥料以及获得的产物或副产物(边界的起点和终点)。在系统边界"内部"的是主要用于生产工艺的技术,因此,空间维度、技术、投入、产出均会产生能量流动和废弃物(碳和其他排放),计入特殊清单(温室气体平衡)。对记录生命周期评价数据的单位进行定义很重要。能量单位通常表示为兆焦(MJ),而在温室气体平衡中的净固碳量表示为兆克二氧化碳当量($MgCO_2eq$ 或 $MgCO_2e$)。

目前,生物燃料的生命周期评价的相关著作(Cherubini et al.,2009;Cherubini et al.,2011;Quintero, Montoya, Sa′nchez, Giraldo, & Cardona, 2008)中提及了环境评估问题的各种观点。首先,需要明确哪一种生物燃料对减排贡献最大。通过在运输领域研究采用生命周期评价技术,人们认识到生物柴油和生物乙醇对减少温室气体排放的影响最大(Kim & Dale,2005)。数项研究认为,以甘蔗为原料制得的生物乙醇比生物柴油在温室气体减排方面效率更高(Kim & Dale,2008;Xiao, Shen, Zhang, &Gu, 2009)。但也有研究指出,为了生产生物乙醇,改变土地利用方式(如砍伐森林)用于甘蔗种植所带来的严峻后果。政府间气候变化专门委员会(IPCC)(2006)的评估发现,地表植被池的碳储量减少了120t碳/公顷。

其他研究(Cherubini &Strımman,2011)也指出了生物能源作物生产对环境的负面效应以及由于使用化肥和杀虫剂对水和土壤造成的污染。首先,这些物质进入农用土壤,会造成氮(N)和磷(P)含量的增长,会抵消生物能源作物在温室气体减排方面的正面效应;另外,其他非碳污染物,如氧化亚氮(N_2O)的作用,成为生物燃料研究中进行生命周期评价时要考虑的重要变量。氧化亚氮来自于肥料,对温室气体排放平衡的影响比二氧化碳还要大。Cherubini 和 Strımman(2011)在《政府间气候变化专门委员会的测算(2006)》基础上,指出氧化亚氮排放的潜在效应可能"要比二氧化碳强298倍"。由于化肥的使用次数不同,对一年生生物燃料作物的效应可能会远高于多年生生物燃料作物。在生命周期评价研究中,氧化亚氮的效应通常指的是释放出氮的那部分化肥量,一般采用政府间气候变化专门委员会(IPCC)(2006)确定的默认值。在生物燃料的生命周期评价中,甲烷(CH_4)排放的作用则与氧化亚氮正好相反。一般来说,能源作物可能减缓土壤中的氧化过程,因此提高了温室气体排放量的平衡。不过,对交通用生物燃料来说,这也可能来自于其生命周期中温室气体排放总量的小幅变化(Delucchi,2005)。

第二,农用作物秸秆可能会影响生物燃料生产的生命周期和温室气体平衡。农作物秸秆可用作动物饲料或肥料,提高土壤的生产力。目前的生命周期评价研究(Lal,2005;Spatari, Bagley, &MacLean, 2010;Spatari, Zhang, & MacLean, 2005, Wilhelm, Johnson, Hatfield, Voorhees, & Linden, 2004)认为,农作物秸秆对土壤有机碳(SOC)中的氧化亚氮和氮排放和变化有影响。

第三,生物燃料生产所采用的原料对温室气体平衡以及土地利用有效性和管理的作用是不同的。Hamelinck 等(2008)对直接和间接土地利用对温室气体平衡的作用进行了研究。直接土地利用变化指的是农业用地使用方式发生变化对排放、土地以及农业生产所产生的相应的直接影响。间接土地利用变化（ILCC）指的是由于之前农业用地管理和使用的替代效应所导致的对其他土地的空间维度的影响。直接土地利用变化对温室气体平衡产生的主要环境效应指的是碳储量的变化。改变农作物生产可能会对碳储量（C）产生正面或负面影响。将森林变为农业用地会造成碳排放的减少；将闲置土地用于种植能源作物（如生物质原料柳枝稷，Franck，Berdahl，Hanson，Liebig，& Johnson，2004）或其他用途（即种植农作物、种草，Gebhart，Johnson，Mayeux，&Polley，1994）都会提高碳储量（Cherubini et al.，2009）。通常碳被存储在植被、枯枝落叶、土壤、枯木的上方或下面，改变土地利用方式将影响改变碳储量与碳库达到的平衡，这一点很重要，因为土壤有机碳（即土壤中吸收的碳）越高，其与温室气体排放平衡的关系就越小。根据土地利用方式变化的性质（直接和间接），生物燃料作物对减少温室气体排放起到不同作用。

对由于直接土地利用方式变化所导致的温室气体排放进行生命周期评价的研究才开始不久，大多数研究都与生物燃料生产有关。政府间气候变化专门委员会（IPCC）（2006）提供了温室气体平衡中直接土地利用变化的测算值。表4.1是20年（政府间气候变化专门委员会采用的种植期默认值）直接土地利用的碳截存，用来确定二氧化碳的排放量。

表4.1 直接土地利用变化的碳截存（土壤碳储量变化单位 t 碳/公顷）

从原用地	变为种植以下作物						
	小麦	甜菜	甘蔗	玉米	棕榈油	油菜	大豆
闲置土地	-9	-9	无	-9	无	-9	-9
温带草原	-9	-9	无	-9	无	-9	无
温带森林	-13	-13	无	-13	无	-13	无
热带草原	无	无	无	无	-2	无	无
热带雨林	无	无	-31	无	-4	无	-31

数据来源：政府间气候变化专门委员会和 Hamelinck et al.，2008。

尽管许多研究（Fargione，Hill，Tilman，Polasky，& Hawthorne，2008；Fritsche，2010）都认为，间接土地利用变化对温室气体平衡的影响要大于直接土地利用变化，但对间接土地利用变化所导致的二氧化碳排放量的计算非常困难。表4.2显示了由于土地使用变化产生的替代效应所造成的生命周期温室气体排放。表中列出了在发生替代效应时的生命周期温室气体排放最小值（25%）、中值（50%）、最大值（75%）。

表 4.2　生命周期温室气体排放(包括间接土地利用变化)

生物燃料的合成路线，所在国家	生命周期温室气体排放[①]/(gCO$_2$eq/MJ)		
	最小值	中值	最大值
油菜制脂肪酸乙酯[②]，欧盟	117	188	260
棕榈油制脂肪酸乙酯[②]，印尼	45	64	84
豆油制脂肪酸乙酯[②]，巴西	51	76	101
甘蔗制乙醇，巴西	36	42	48
玉米制乙醇，美国	72	101	129
小麦制乙醇，欧盟	77	110	144
短期轮作作物[③]制生物质液体[④]，欧盟	42	75	109
短期轮作作物短轮作物[③]制生物质到液体燃料[④]，巴西(热带)	17	25	34
短期轮作作物[③]制生物质到液体燃料[④]，巴西(萨凡纳)	25	42	59
常规汽油		87~90	
常规柴油		85~90	

数据来源：Cherubini 等，2009。

注：① 包括种植、加工、副产物和间接土地利用变化。② 脂肪酸乙酯。③ 短期轮作作物。④ 生物质制液体燃料。

　　另一个需要重点考虑的问题是，生物质生产所需的专用能源作物生命周期内的碳中和。因为向大气中释放出的碳在增长阶段由专用装置捕获，因此碳中和即为净零碳排放。但在生物能源生产的生命周期内，比如在使用外来化石燃料用来收割生物燃料的原料作物，以及处理、运输生物质时，温室气体排放可能会快速增加。最后一个需要考虑的问题是对生物燃料链进行生命周期评价时，取代传统产物所生成的副产物的环境效益。可从质量或内能的角度或通过定义特定系统的边界，在此边界内确定副产物的经济价值和/或满足装置能耗要求的技术，对环境效应进行评估。

4.2.2　对能源的影响

　　生物燃料对能源的影响主要分为三类：能量平衡，生物质的有效利用，净节约的化石能源和每公顷种植能源作物土地产生的温室气体。

　　对生物燃料进行生命周期评价的一个关键内容包括通过能量平衡计算出能源需求(Davis et al.，2008)。能量平衡是记录能量供应和使用的工具，显示了输入/输出能量源、能量工艺和能量转化。生物能源系统能量平衡的最终目标是根据作物、化肥使用、灌溉技术和用水需求、原料和能源工艺(包括不可再生能源的利用)、转化步骤以及有效能源路径，设置正确的能量性能指标，用来分析哪种生产链最为高效(Cherubini et al.，2011；Davis et al.，2008)。表 4.3 列出了生物燃料能量平衡的主要指标(例如在运输部门)，显示了不可再生能源输入与能源输出比($E_{不可再生能源输入/能源输出}$)以及通过增加化石燃料(FER，单位 MJ/km)所获得的累积能源需求(CER，单位 MJ/km)和可再生能源需求(RER，单位 MJ/km)。

表 4.3 的第二栏列出的是不可再生能源输入与能源输出比($E_{不可再生能源输入/能源输出}$)，反映在生物能源工艺中从生物燃料每获得一个单位能量输出所需的化石能源有多少；第三栏是生物能源工艺的总能耗，是第四栏和第五栏数值的总和。在生物能源系统中，由于在加工生物能源过程中使用了化石燃料，因此化石能源需求为正值(尽管数值很小)。在甘蔗制生物乙醇燃料加工过程中，生物质残渣的可再生能量值很高(与其他能量源相比)。从各种植物油(油菜、大豆、向日葵)制成的生物柴油，由于在种植阶段以及后续化学和燃烧过程(即发酵、酯交换反应)需要使用机器，因此需要大量化石能源以满足额外的能量需求(与其他能量源相比)。该表所列的能量值与其他研究得出的结论相同(Cherubini et al.，2011；IPCC，2006)

表 4.3　在运输领域所用生物燃料的能量平衡指标

运输用燃料	$E_{不可再生能源输入/能源输出}$	累计能源需求(CER)/(MJ/km)	化石燃料(FER)/(MJ/km)	可再生能源需求(RER)/(MJ/km)
甘蔗制生物乙醇	0.15~0.25	12~13	0.2~0.3	11.8~12.8
其他作物(玉米、甜菜、小麦)制生物乙醇	0.50~0.85	3.5~5.5	0.7~1.5	2.8~4
生物气	015~0.40	3.5~4.5	0.3~1	3.0~4.0
生物柴油(油菜、大豆、向日葵)	0.40~0.70	3.5~4.5	0.8~1.8	2.5~3.3
生物质制费托柴油[1]	0.15~0.40	4.4~4.8	0.1~0.2	4.2~4.6
木质纤维制生物乙醇[1]	0.15~0.45	6.1~9.3	0.1~0.8	6.0~8.5

运输用燃料	$E_{不可再生能源输入/能源输出}$	累计能源需求（CER）/（MJ/km）	化石燃料（FER）/（MJ/km）	可再生能源需求（RER）/（MJ/km）
汽油	1.20	1.7~2.4	1.7~2.4	<0.001
柴油	1.20	1.3~1.9	1.3~1.9	<0.001
天然气	1.05~1.20	2.5~2.8	2.5~2.8	<0.001

注：①技术研发中。

数据来源：Cherubini et al. 2009。

对能源的广泛需求和生物燃料/生物能源系统路径的效力与每单位能量输出消耗的温室气体的确认/定量有关。表 4.4 显示了在运输部门使用可再生能源排放的温室气体量（该表还列出了非可再生能源的相关数值）。

表 4.4　生物燃料的温室气体排放平衡

能源产品：运输用燃料	温室气体排放/（gCO$_2$/km）
甘蔗制生物乙醇	50~75
其他作物（玉米、甜菜、小麦）制生物乙醇	100~195
生物气	25~100
生物柴油（油菜、大豆、向日葵）	80~100
生物质制费托柴油①	15~55
木质纤维制生物乙醇①	25~50
汽油②	210~220
柴油③	185~220
天然气	155~185

注：①技术研发中。②已经包括燃烧产生的温室气体：75.92gCO$_2$/MJ（消耗：2.45MJ/km）。③已经包括燃烧产生的温室气体：75.34gCO$_2$/MJ（消耗：2.45MJ/km）。

数据来源：Cherubini et al. 2009。

对表 4.4 需要进行认真查阅，因为其他影响因素如其他非碳污染物或运输模式（包括发动机的每千米效率）都可能会影响温室气体预测值。对于从其他作物制成的生物乙醇，温室气体的产生也受到农业经济阶段以及其他不同生物燃油生产工艺的影响。

与能源效应分析有关的另一个重要方面是化石能源用量和每公顷土地利用减少的温室气体量。表 4.5 展示了 1 公顷土地生产一个单位生物燃料所减少的化石燃料和温室气体排放量。甘蔗制得的生物乙醇减少的能耗最多，温室气体排放减少的最多(减少 120~200GJ/公顷)(减少 10~16t 二氧化碳当量/公顷)。

最后,考虑到生物质资源对生物燃料在当前全球市场竞争中的相对重要性,对不同资源之间进行对比,将可确保选择出最佳的生物能源系统。在目前的生命周期评价研究(Cherubini et al.,2009;Searcy & Flynn,2008)中尝试分析生物质作为生物燃料在电力能源体系[例如热电联产(CHP)]中发电的可行性。

一般来说,与传统一代生物燃料相比采用生物质发电会大量减少温室气体的排放;与天然气发电相比,生物发电从化石燃料获得的替代代效应(如替代煤)更大,温室气体量的减少更为明显(Greene,2004)。Searcy 和 Flynn(2008)认为,采用气化工艺从农作物秸秆发电更有利于温室气体减排,其减排量是生物乙醇和费托柴油的 3 倍。最后,考虑每公顷土地的温室气体减排量时,用于加热用途的生物质要多于用于生物燃料生产的生物质(Kaltschmitt,Reinhardt,&Stelzer,1997)。

表 4.5 每公顷土地所用的化石燃料和温室气体减排

能源产品:运输用燃料[1]	节能量/(减少 GJ/公顷)	温室气体减排量/(gCO_2/km)
甘蔗制生物乙醇	120~200	10~16
其他作物(玉米、甜菜、小麦)制生物乙醇	15~150	0.5~11
生物气	30~70	1.5~4.5
生物柴油(油菜、大豆、向日葵)	15~65	0.5~4
生物质制费托柴油[2]	110~160	8~12
木质纤维制生物乙醇[2]	25~95	2~7

注:[1]汽油(生物乙醇)、柴油(生物柴油)的节能减排量。[2]技术研发中。
数据来源:Cherubini et al. 2009。

4.3 合成生物燃油和燃气的经济评估

一代生物燃料是从糖转化工艺(即发酵)中获得的,原料包括淀粉以及小麦、玉米或甘蔗等传统耕作能源作物的植物油。二代生物燃料则是生物质转化技术的结果,主要利用来自木质纤维生物质、木本作物、农业残渣或废弃物、包括废水的碳循环。主要用于二代生物燃料生产的气化技术包括:热化学工艺、热解工艺、超临界工艺(用于酯化反应)以及气化工艺。本节简要讨论了生物燃料合成气化工艺的经济驱动力(例如,原料、资本成本、价格),

还特别探讨了对生物燃油(如先进生物柴油、生物乙醇、藻类燃油)和生物燃气[如合成气和合成天然气(SNG)]的经济性评估。

4.3.1 生物柴油

4.3.1.1 原料选择和土地利用

目前,木质纤维材料的全球产量为 $85 \times 10^9 t/a$ (Sun, Sun, &Tomkinson, 2004);木质纤维残渣用作生物柴油原料的工艺还处于示范阶段。表4.6总结了主要的木质素-纤维原料。

表4.6 用于生产生物柴油的木质纤维原料

粮食作物	能源作物	林业剩余物	工业过程残余
稻草	朝鲜蓟	树木残留	稻子
小麦	芦竹	细枝	稻壳
甘蔗头	旱柳	树叶	麦麸
玉米杆	黄麻秸秆	树皮	甘蔗渣
花生秸秆	柳	树根	椰子
谷物秸秆	杨树	木材加工料	壳
豆渣	桉树	碎木块	玉米
蔬菜残渣	芒草	锯末	玉米皮
种子残渣	芦苇	建筑物拆除回收木材	花生壳
	草	草垫	
	柳枝稷	板条包装箱	
	麻		

如表4.6所示,种植木质纤维原料的土地现在主要用于工业过程、生产能源作物、粮食作物和林业残余。在发展中国家和乡村/边远地区,由于边际消费倾向较高,家庭收入更多用于购买食品,因此食品价格因素的影响要大于其他地方,在粮食用地上生产木质纤维原料,很大程度上忽略了这些地区为满足粮食需求产生反弹效应的可能性(FAO,2008)。为克服这一问题,在主要粮食作物收割完成后,粮食作物秸秆后续很快被收集起来,成为木质纤维的主要原料。在大多数情况下,这种二次收集会导致土壤有机碳浓度增加,随着时间推移提高土壤的生产能力和作物收成(Al-muyeed&Shadullah,2010)。然而,这一规律仅适合气候温暖的地带,冬季严寒的地区情况则完全相反。在这些地方,作物秸秆的收集会导致土壤贫瘠,土壤生产能力和作物收成都

会降低(USDA，2006)，土地利用因此不可持续。而另一方面，与粮食作物生产的木质纤维原料相比，专用能源作物的土壤和营养物质生产效率更高，作物收成更好，因此，专用能源作物很有希望成为未来生产先进生物柴油的原料。需要鼓励农民种植能源作物，虽然由于目前经济危机的情况，这一目标很难实现。毕马威(KPMG)(2012)的报告指出，大多数欧盟国家都在削减可再生能源补贴，农民从能源部门转向中央政府获得其他资金来源是很明智的。

表4.6中的林业剩余物指的是树木残留物、木材加工剩余物以及诸如木质托盘、包装木箱等回收的木材剩余物。这些剩余物未来极有可能用于生产生物柴油，从而避免抢占粮食用地。类似的还有工业过程(例如，稻米、玉米、椰子加工过程)中产生的木质纤维原料，收集成本相对较低，同时糖含量高，可用于发酵过程。

与生物柴油有关的另一个相对重要的问题是用水。这一问题在一代生物柴油生产实践中受到广泛重视(FAO，2008)，在二代生物柴油生产中由于原料不同用水量会发生变化，但这一问题依然存在。以农业和林业剩余物为原料时不存在用水问题，而由于能源作物的较长根系和水蒸腾速率的联合效应超过传统作物或其他作物，用水会很大程度影响能源作物的生产(Rowe，Street，& Taylor，2009)。Jeswani 和 Azapagic 在 2012 年的研究中指出，由于缺乏传统作物和部分木质纤维原料的用水量数据，在生命周期评价中很少采用用水量数据；不过目前已有研究尝试计算水量评估(Jeswani&Azapagic，2011)。

4.3.1.2 原料、资金、以及其他成本费用

本小节对先进生物柴油的原料、资金以及其他成本费用进行分析。亚太经合组织(APEC)2010 年发布的最新报告显示了对各种生物燃料的经济和技术相关数据。经济相关数据特指的是生产某种生物柴油的生产成本。对于先进生物柴油，主要成本费用进行的分析主要集中在以非食用植物油(如麻风树和蓖麻籽)、废油和含油微生物制得的精选酶促原料生产的生物柴油上。第4.3.3节探讨了采用藻类做原料生产生物柴油的经济评估。

表4.7显示了马来西亚过去十年生产生物柴油的主要成本。价格单位为美元/加仑和美元/L，数据来自位于沙巴的一座年产 $1.06×10^8$ L($28×10^6$ 加仑/a)的生物柴油装置，采用棕榈和麻风树油做主要原料，电耗为 0.65 美元/(kW·h)，天然气消耗为 0.77 美元/MJ，主要副产物为甘油。麻风树油的原料成本在总成本的占比最大(0.49 美元/L)，然后是投资成本(0.09 美元/L)、反应所需的酶/化学工艺费用(0.05 美元/L)、操作费用(0.04 美元/L)。

表 4.7　麻风树原料生产生物柴油的经济成本

费用分解	经济成本	
	美元/加仑	美元/L
原料成本	1.86	0.49
投资成本/利息	0.33	0.09
化学品/酶费用	0.18	0.05
副产物费用	−0.04	−0.01
能源/公用工程	0.03	0.01
操作/维护费用	0.14	0.04
总计	2.50	0.66

数据来源：APEC(2010)。

蓖麻籽是产量最大的非食用植物种子之一。中国、巴西、俄罗斯联邦、泰国、埃塞俄比亚、菲律宾均有种植。印度的生产量最大，供应量占全球60%左右(http：//finance.indiamart.com/markets/commodity/castor_oil.html)。

巴西的国家生物柴油生产和使用项目(PNPB)中称，采用植物油为原料生产生物柴油占全球生物柴油生产的75%~85%。Oliveira 等(Oliveira，Araujo，Rosa，Barata，& La Rovere，2008)对不同原料生产的生物柴油进行了经济评估，其中蓖麻籽做原料的操作和维护(O&M)费用为 2.209 巴西雷亚尔/L，投资成本为 0.076 巴西雷亚尔/L。每年生产生物柴油大约 58×10^6 L。

Hama 和 Kondo(2013)对酶促原料(包括非粮食作物)的相关经济数据进行了分析。小型(8000t/a)和大型(20×10^4t/a)规模的生物柴油生产装置，其原料成本占总成本的70%~95%。装置规模不分大小，酶成本以及操作/维护费用均分别为 762.71 欧元/kg 酶和 11.4×10^4 欧元/a。

4.3.2　生物乙醇

4.3.2.1　原料选择和土地利用

Pitkanen、Aristidou、Salusjarvi、Ruohonen 和 Penttila 在 2003 年联合发表的论文中认为，木质纤维燃料的供应不足以维持未来运输系统燃油的可持续生产。为支持这一论断，Kim 和 Dale 在 2004 年的论文中指出，如果每年全球生产 49.1×10^9 L 的生物乙醇需要 73.9×10^{12} g 干燥作物秸秆原料，比目前实际产量要高 16 倍。此外，Prasad、Singh、Jain 和 Joshi 在 2007 年发表的论文中对国际市场上生物乙醇的状况进行了探讨，称生物乙醇可能会取代 353×10^9 L 汽油的使用，约占全球汽油实际消耗量的三分之一。

大多数乙醇原料都来自于草本植物残余物、粮食用地出产的主要农作物残余物(如稻草、玉米、棉花杆、油料作物等)、农副产品(如甘蔗、甘蔗渣、大麦壳、稻壳等)、林业残余(如锯末、森林剪枝、木材剩余物)、专门能源作物(如草本芒、柳枝稷等)(von Blottnitz& Curran，2007)。表4.8为来自粮食用地出产的残余物原料组成。

表 4.8　生产生物乙醇的粮食作物组成

生物质	残余物/作物比	脱水物(DM)含量/%	纤维素/%	半纤维素/%	木质素/%	碳水化合物/%	乙醇/(L/kgDM)
大麦	1.2	81.0	—	—	9.0	70.0	0.31
玉米(秸秆)	1	78.5	45	35	15~19	58.3	0.29
燕麦	1.3	90.1	—	—	13.7	59.1	0.26
稻米	1.4	88.0	40	18	5.5~7.1	49.3	0.28
高粱	1.3	88.0	—	—	15.0	61.0	0.27
小麦	1.3	90.1	33~40	20~25	16~20	54.0	0.29
甘蔗渣	0.6	71.0			14.5	67.1	0.28

数据来源：Singh et al. (2010)。

4.3.2.2　原料成本、投资成本以及其他成本

由于二代生物乙醇生产缺少足够的历史数据(市场还处于早期发展阶段)，大多数经济成本都是基于仿真计算和建模。Roy、Tokuyasu、Orisaka、Nakamura、Shiina 等在 2012 年的论文中，对日本采用稻草生产生物乙醇的生命周期进行了评估，对其可行性进行了分析。研究对象为一座处理能力为 $1.5 \times 10^4 m^3/a$ 的装置，从生产单元到废弃物单元的平均运输距离为 33~36km。在酶和酵母作用下，通过发酵和蒸馏工艺生产生物乙醇，预计固定费用(包括折旧、人工、维护以及利息)达 3380 万日元/m^3(约 24.6 万欧元/m^3)(汇率：1 欧元 = 137.281 日元)(2013 年 11 月 5 日数据)。Littlewood、Murphy、Wang 在 2013 年的文章中论述了在英国采用麦草生产生物乙醇的经济可行性。考虑到植物寿命为 30 年，麦草生产生物乙醇的成本达到了 45.7 英镑/t(约为 56 欧元/t)(汇率：1 欧元 = 0.8362 英镑)(2013 年 11 月 5 日数据)，每年的维护费用占总投资成本的 3%。湿式氧化工艺采用最低乙醇销售价格(MESP)，成本为 0.347 英镑/L。他们还认为，原料和酶的成本占总成本比例最大。原料和酶的费用成本分别占最低乙醇销售价格的 36%~56% 和 18%~43%。该文还重点分析了政策支持对降低原料成本的战略重要性。通过敏感性分析，给出麦草生产生物乙醇成本为 35 英镑/t 的方案，可加强其与传统燃料价格的竞争力。

Sanchez-Segado 等的著作(2012)中对西班牙采用角豆荚(长角豆)生产生

物乙醇的可能性进行了调查。在基础条件下，假定装置每年的工艺运行时间为 330 天，角豆加工量为 $6.8 \times 10^4 t/a$，乙醇产量为 15053t/a，年发电量为 $28.15 \times 10^6 kW \cdot h$。角豆荚和乙醇的价格固定为 0.17 欧元/kg 和 0.55 欧元/L；电价为 0.04 欧元/$kW \cdot h$。原料价格发生变化（如低于 0.188 欧元/kg）、装置处理能力大于 $4.5 \times 10^4 t/a$ 时，工艺整体就可以盈利，可具备与传统燃料的竞争力。

Wang、Sharifzadeh、Templer、Murphy 在其 2013 年的论文中，分析了英国采用废纸生产生物乙醇的经济可行性。文中设定了两种基本条件：第一种采用废纸直接制造生物乙醇，第二种则采用稀酸（用于处理办公室用纸）和氧化石灰（用于处理报纸）两个预处理工艺再生产生物乙醇。计算模型设定装置每天使用 2000t（干重）废纸。废纸成本平均为 44 英镑/t；预处理工艺使用硫酸和石灰的成本费用分别为 34.65 英镑/t、71.94 英镑/t。敏感性分析考虑到改变主要成本参数（总投资成本、原料成本、酶成本）的波动范围在 ±（30% ~ 50%）之间，分析还显示，最低乙醇销售价格对固体负荷和发酵等工艺参数高度敏感。受这些参数影响，乙醇销售价格可降低 25% 和 6%，表明生物汽油在价格方面具备一定经济潜力。

4.3.3 藻类燃料

对二代生物燃料生产新技术的研发不仅可减少温室气体的排放，而且还可确保足够的粮食用地。出于这些原因，微藻的开发利用受到了全球广泛关注。光合微生物可在极端条件中发育、生长、快速繁殖。微藻可在陆生以及水生环境中生长。Richmond（2004）估计有 5 万多种微藻存在，其中超过一半已被科学家发现。

为何要使用微藻作为生物燃料的原料？现有的研究文章（Chisti，2007；Li，Horsman，Wu，Lan，&Dubois-Calero，2008）探讨了微藻在生产生物燃料、废水处理、生物质工艺中用油萃取生产有机肥料（Wang，Li，Wu，&Lan，2008）、工业应用中作为生化化合物（Li et al.，2008）以及其他应用领域方面（Raja，Hemaiswarya，Kumar，Sridhar，&Rengasamy，2008）的优势。

尽管原油价格高涨，金融市场扭曲，对微藻生物燃料的研发热度仍然不断增加，推进创建了微藻类原料的利基市场（Torrey，2008）。目前研究集中在提高藻类繁殖速度的方法，以及确定高产量和高脂含量的藻类品种（Rodolfi et al.，2009）；进一步的技术开发还包括对油萃取工艺的优化和节约成本。针对萃取工艺成本，De Lucia 和 Datta 基于 2008 年 Trostle 的研究，在其 2012 年的论文中提出平均萃取成本（以 2009 年美元价格计）包括以下数字：①每公顷加

工能力为 100×10^4 t/a；②脂肪浓度 35%；③生物柴油收率 10421 加仑/公顷；④投资成本 11.24 万美元/公顷；⑤操作成本 3.9 万美元/公顷。

由于微藻生产链所衍生的一系列其他应用和产品使得藻类生产的生物柴油也成为研究热点(De Lucia &Datta，2012)。二氧化碳也可得到高效回收(Takeshita，2011)。Takeshita 对全球藻类柴油的竞争力的研究显示了采用酯交换反应进行萃取成本的技术–经济价值。表 4.9 总结了以上成果。

表 4.9　藻类酯交换工艺生产生物柴油的萃取成本

技术–经济参数	单　位	数　值	
		2010 年	2050 年
投资成本	2000 美元/GJ 生物柴油	43.4	22.5
运行成本	2000 美元/GJ 生物柴油	9.6	4.8
工艺所需电量①	(kW·h)/GJ 生物柴油	−135.0	−56.9
每公顷微藻生物柴油产量	GJ 生物柴油/a	294~490	1029~1715

注：①微藻残余物的厌氧消化反应提供工艺所需电力。负值指的是电量的净输出，其中部分用于满足微藻生产过程的电力需求。

数据来源：Takeshita(2011)。

Delrue 等(2012)对位于法国东南的一座通道总使用面积 333.3 公顷(深度 30cm)的微藻制生物柴油装置模型进行了评估。在模型中，主要采用的技术为混合光生物反应器(PBR)，投资成本在 625~1875 欧元/m³；通道内的生物质产量在 20~30g/(m²·d)；根据 Davis 等(2008)的计算，在使用光生物反应器的情况下，这一产量可达到 1.25kg/(m³·d)。对该类微藻生物柴油装置的经济评估如表 4.10 所示。

表 4.10　光生物反应器技术生产生物柴油的经济评估

参　数	计 算 方 法
投资成本	**各种估算方法和制造企业的实际价格**
公用工程费用	电、天然气、营养素、溶剂、化学品和公用工程的实际价格
人力成本	人力成本 = 10^6(投资成本/$10^6 \times 500$)$^{0.2}$
其他成本	投资成本的 0.9%
运行成本	**公用工程费用、人力成本以及其他成本**
日常维护和存储费	投资成本的 35%
工程费	投资成本的 15%
备件费用	投资成本的 15%
特许证费	固定在 50 万欧元

参　　数	计 算 方 法
固定资本	投资成本、日常维护和存储费、工程费、备件和特许证费用的总和
初始费用	投资成本的2%
装置开车成本	运行成本的25%
额外支出	初始费用和装置开车成本的总和
可折旧资产	固定资本和额外支出的总和
使用年限	20 年
折旧率	8%/a
维护成本	每年投资成本的4%
纳税额和保险费	每年投资成本的2%
营业开支	每年投资成本的1%
固定成本	资本回报、投资回报、维护成本、纳税额和保险费以及营业开支的总和
总运行成本	运行成本和固定成本的总和，单位可转换为欧元/L生物柴油

数据来源：Delrue et al.（2012）。

　　尽管藻类燃料具备正面发展潜能，在对其进行经济分析计算时仍缺乏相关足够数据。这些不确定数据主要是由于存在藻类原料种植和加工的利基市场，市场价格不稳定是目前的经济危机以及对生物质产量充分预测的结果。藻类种植成本的构成很复杂。对微藻的最佳营养成分的选择决定了采用哪一种种植技术。市场实际价格问题主要是由目前确定生物柴油调和含量的政策所致。最后，在国内或国际范围的政策实施与工业化研发速度快慢有关。

4.3.4　生物气燃料

　　本节对生物质原料生产的生物气进行经济评估。重点介绍气化法在生物质转化工艺中发挥的作用，对生物气（如合成气和代用天然气）、生物质制液（即费托工艺）生产的加工氢气以及代用天然气技术（即现有热电联产蒸汽装置的延伸）的影响力评估提供指导。

4.3.4.1　气化工艺的作用

　　气化工艺是将原料转化为生物气燃料工艺中的重要一步。在气化过程中，通过直接供热（如使用原料内部的碳进行燃烧）或通过热传导间接供热，原料在高温下发生转化，随后发生二级反应（如干燥、热分解、氧化、还原）得到氢气或合成气体。这些气体经过净化过程后得到合成气。合成气是一种副产物，作为中间体，通过合成技术(如费托技术、二甲醚技术)可转化为液体生物燃油。

4.3.4.2 合成气的经济评估

考虑到二代生物燃料生产还处于技术投资的早期阶段，Trippe、Fröhling、Schultmann、Stahl 及 Henrich(2011)的研究认为，几乎没有办法可以获得用于比较的气化工艺成本效果的数据。经济评估通常是基于随质量和能量平衡的定义。这些定义确定了对气化工艺的调查内容，包括必要系统边界、主要能量输入的假设值、热系数和参数以及主要的化学成分。表 4.11 和表 4.12 显示了一座发电量 1000MW 的生物质发电装置的基建投资和维护成本(Trippe 等，2011)。表 4.12 则显示对气化炉和其他设备的维护费用占据了总维护成本的较大份额(比其他成本高 5%)。

表 4.11 投资成本占生物质气化工艺总成本的份额

主要设备投资	占比/%
直接投资	
已安装主要设备投资	100
仪表和控制	24
管线	46
电力系统	8
建筑	12
场站改进	7
服务设施	48
直接投资总额	245
间接投资	
工程和监管	22
建造费用	28
法律费用	3
承包费用	15
意外费用	30
间接投资总额	98
固定资产投资(FCI)	343

数据来源：Trippe et al. 2011。

表 4.12 生物质气化生产工艺的维护成本份额

操 作 单 元	维护成本占固定资产投资的比例/%
浆液处理和进料	2
可选煤处理和进料预处理	2
空气分离单元(深冷)	5
冷却和急冷水系统	5
可选蒸汽气化设备	5
气化炉	5
粗合成湿气处理	5
炉渣回收和处理	2

数据来源:摘自 Trippe et al. 2011。

4.3.4.3 合成天然气的经济评估

Heyne 和 Harvey 在 2013 年的研究中定义了一个能源系统框架,用于比较生物质生产合成天然气工艺的各种假定市场状况。作者对改扩一座现有热电联产装置(假设该装置每年满负荷运行能力为 5000h)为合成天然气装置的投资机会(即达到年度收支平衡点的机会成本)进行测算。作者根据建立于国际能源机构 2011 年发布的世界能源展望基础上的市场政策方案(基于现行政策所削减的不同排放量)进行了测算。表 4.13 总结了能源市场状况,图 4.1 显示了表 4.13 描述的市场状况下相关的投资机会结果。

表 4.13 合成天然气生产的能源市场状况

市场状况	单 位	市场状况 1 (排放量削减较少)	市场状况 2 (排放量削减较少)	市场状况 3 (排放量削减较多)	市场状况 4 (排放量削减较多)
化石燃料价格水平(输入)[①]					
原油	2005 欧元/MW·h$_{低热值}$	40	40	55	55
天然气	2005 欧元/MW·h$_{低热值}$	22	22	28.5	28.5
煤	2005 欧元/MW·h$_{低热值}$	6.5	6.5	10	10
二氧化碳充注(输入)	2005 欧元/MW·h$_{低热值}$	27	85	27	85
终端用户价格和政策工具					
木质燃料 (林业残余物)	2005 欧元/MW·h$_{低热值}$	24	44	28	48
电力 (包括二氧化碳充注)	2005 欧元/MW·h$_{电}$	51	67	58	77

市场状况	单 位	市场状况 1（排放量削减较少）	市场状况 2（排放量削减较少）	市场状况 3（排放量削减较多）	市场状况 4（排放量削减较多）
天然气（包括二氧化碳充注）	2005 欧元/MW·h$_{低热值}$	32	45	39	51
参照发电技术		煤	煤的碳捕获与封存技术	煤	煤的碳捕获与封存技术
区域加热[②]	2005 欧元/MW·h$_{热负荷}$	51	71	53	72
可再生能源电力支持（输入）	2005 欧元/MW·h$_{电}$	20	20	20	20
二氧化碳排放					
电力	kg CO_2/MW·h$_{电}$	679	129	679	129
生物质	kg CO_2/MW·h$_{低热值}$	336	336	336	336
天然气	kg CO_2/MW·h$_{低热值}$	202/217	202/217	202/217	202/217
区域加热	kg CO_2/MW·h$_{热负荷}$	156	387	156	387

注：①更多资料请查看 Heyne and Harvey（2013）。②欧洲平均价格。

数据来源：Heyne and Harvey（2013）。

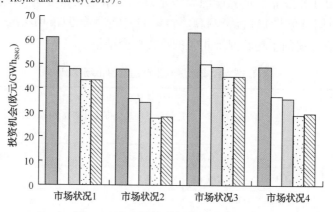

图 4.1　合成天然气生产的投资机会

注：黑色柱状图代表现有独立热电联产装置；白色柱状图代表平衡一体化蒸汽干燥技术；灰色柱状图代表最大一体化蒸汽干燥技术；点形柱状图代表平衡一体化低温空气干燥技术；斜纹柱状图代表最大一体化低温空气干燥技术。

（来源：Heyne& Harvey，2013。）

　　图 4.1 中的仿真分析结果显示，考虑到"新"、"老"技术之间达到收支平衡点的差异相对较小，对现有热电联产装置所使用的合成天然气技术进行投

资的机会成本不可能发生(Heyne& Harvey，2013)。对生物柴油的政策支持会推动扩大二代生物燃料的生产和工业化规模，在将利基市场转变为完全竞争市场上发挥关键作用。

4.4 可持续性评估在国际生物燃料政策支持中的作用

随着对能源安全和预防环境灾害的需求快速增长，推动各国政府采纳有利于可再生能源的政策支持(De Lucia&Datta，2012；Escobar et al.，2009)。在欧盟国家中，可再生能源指令(Renewable Energy Directive)(2009/28/EC 指令)，也被称为"20-20-20战略"，设置了通过使用 20%的可再生能源、到2020年达到温室气体(在京都议定书的承诺之外)再继续减排 20%的目标。对于生物燃料，该指令要求从 2013 年到 2020 年，至少减少化石燃料35%的温室气体排放，而在后京都时代末期达到60%左右。"20-20-20 战略"中还包括车用燃料的混配量目标是到 2020 年达到 10%。其他国家，如中国、印度、南非等都已遵循欧盟或美国的模式，为提高生物燃料产品需求制定可持续性政策支持(De Lucia &Datta，2012)。

美国于 2005 年颁布了能源独立和安全法案，在 2007 年进行了修订(美国环保署，2007)，设定了到 2022 年生产 360×10^8 加仑(1363×10^8 L)可再生燃料用于道路交通的目标。为了完成这一目标，需要有大约 58%的可再生能源来自木质纤维原料和其他二代生物燃料。按照可再生燃料标准项目(美国环保署，2007)的要求，木质原料的需求量每年要达到 606×10^8 L，才能确保到2022 年每年减排 1×10^8 t 二氧化碳(国际能源机构，2010)。

可以明确的是，先进生物燃料需要更加精密的处理设备(即原料生产和转化设备)、对研发和演示工作更多的投资，以及生产资金和单位生产成本的减少，以实现社会利益，确保政策和环境目标的完成。可持续性评估在政策制定者的战略中起到基础作用。从社会角度来看，扭曲的信息会对价格和税收政策产生负面效应，对农业活动产生恶劣影响。目前大多数二代生物燃料市场被视为利基市场，因此从结构上还很不成熟。

利用可持续性评估可获得更多有关加工原料的信息，对市场给出的多种替代品和选择进行反馈。例如，采用多种原料组合生产混合输出产品，需要对生产出的产品、副产品、残余物的利润、成本以及相互作用进行详细配置(McKone et al.，2011)。更重要的是，对可持续性评估的研究解开了完全竞争市场中非市场价值的秘密。尤其在发展中国家，二代生物燃料在今后具有很大发展潜力，可持续性评估对其更具重要性(Demirbas，2008)。一般来说，小型农场以及大型公司都受到能源作物或是种植作物的土地的市场价格（而不是政策鼓励）因素制约。在对能源作物或土地价格进行估算时，由于还不存在合理的市场，生产商和投资商都无法对从木质纤维原料投资中获利的同时保留一定规模的粮食用地。可持续性评估方法在确定选择葡萄糖结合纤维素水解工艺的最佳方案上发挥重要作用，可降低总成本、实施发酵工艺，同时提高内能。

今后几年可能实现大规模生产的一种二代生物燃料类型为生物质制燃油（BTL）。德国几年后生物质制燃油的生产规模可能达到 $400×10^4t$ 左右（Spielmann，Dones，Bauer，&Tuchschmid，2007），到 2015 年底将占欧洲的生物质制燃油市场份额的 10%（Swain，Das，&Naik，2011）。这将极大促进"20-20-20"欧盟能源战略的实现。生物质制燃油生产的主要缺点有：投资大，缺乏基础设施和物流无法满足供需、木质生物质的内能较低。建议开展可持续性评估，通过进一步了解木质纤维原料通过催化转化制成燃油的工艺过程以及生物质制燃油大规模生产的可能性，来解决相关问题。

生物炼油厂可作为大规模生物质制燃油和其他以木质纤维为原料的生产工艺的可行性解决方案。由于与现有行业的互补性，在当前市场和研究中，生物炼油厂的概念逐渐成型。今后十年生物炼油厂的发展，尤其是在生物质供应充足的发展中国家，会在创造大量就业机会的同时，维持乡村地区的生活质量（Cherubini et al.，2009；De Lucia &Datta，2012）。Cherubini 等在其2009 年的研究中强调了生命周期分析对生物炼油厂的重要性，目前文献中还很少有对生物炼油厂开展生命周期评价研究的记录。对生物炼油厂开展生命周期评价的主要方法基于木质纤维生物质，研究结果显示可以减少 60%的温室气体排放（Cherubini &Jungmeier，2008）。

就生物炼油厂创造就业岗位问题还存在一定争议。Van Der Horst 和 Vermeylen（2011）认为，乡村/边远地区的小农场主或新雇工可能无法从改种能源作物中获得净利润。乡村几乎没有金融信贷服务，无法为现有土地改种能源作物提供资金积累和投资。此外，粮食商品或能源输入的价格不稳定（过去数年），会打消农民将土地改种粮食替代作物的积极性。

可持续性评估是如何有助于解决土地问题和政策干预的？间接土地利用改变效应已成为近年来的研究热点（Cherubini et al.，2011；Fritsche，2010；McKone et al.，2011；European Commission，2012）。生物质生产所带来的间接土地利用改变可能会影响森林砍伐或诱发粮食用地改种效应。此外，在边远地区土地上生产先进生物燃料也存在争议。怎样才能达到边远地区土地的最佳利用率？土壤有机碳内发生了什么变化？在边远地区土地种植生物质能源作物需要多少营养素和水，才能保证生物燃料生产具有高效可持续性？由于缺乏有效数据和实践经验，以上这些问题还没有确切答案。对生物燃料的生命周期评价通过增加测算指标和测算指数，通过将生物燃料和农业看成一个协同体系，与政策制定者产生成功的双向或多向联系，可提供更为详细的结果解释和总结(Cherubini et al.，2011)，从而有效解决以上问题。在生命周期评价中对间接土地利用改变效应进行测算，可在现有气候变化经济工具如清洁发展机制(CDM)的基础上制定适宜的土地利用政策。清洁发展机制意味着发达国家可以在发展中国家投资无碳项目，以抵消二氧化碳赤字。此外，还有少量由联合国理事会批准的清洁发展机制项目(UNFCCC，2013)。生命周期评价目录记载了大量对间接土地利用改变进行的经济评估，可成为用于批准先进生物燃料进一步清洁发展机制的战略工具。

4.5 结论

本章主要讨论了针对二代生物燃料的经济、环境和政策方面的可持续性评估。一代生物燃料在减少温室气体排放方面的局限性、粮食与能源作物用地之间日益加剧的争地问题，以及当前的经济危机压低了媒体期望，这一切伴随着一种紧迫感，迫使人们寻找新的解决方案和新的投资机会继续可持续发展路线。其中一种方案是更多使用二代生物燃料，二代生物燃料对土地和能源输入要求没有那么高，因此更有利于温室气体减排。如果没有对生物燃料链的整个生命周期进行持续和正确的技术−经济分析，这种设想就无法实现。本章的主要目标就是针对生物燃料(如生物柴油、乙醇、藻类燃料、生物气)的可持续性评估的潜力和局限性进行评价。

先进生物柴油和藻类生物柴油的发展潜力来自对生产工艺所用的原料和成本的深入研究。二代生物燃料的原料主要包括农作物、林业、废弃物中的木质纤维残渣。从原料成本角度分析，非食用植物油、废油以及藻类微生物都具有生产先进柴油的潜力。此外，对微藻生产生物柴油也进行了大量研究，研究显示，微藻在繁殖速度、内能以及增产等方面都具有很大潜力。

在全球推广使用生物乙醇可以替代 353×10^9 L 的汽油，接近全球汽油消费量的三分之一。纤维素生物质市场的可持续性评估根据所使用的原料不同而有所变化，对其成本的经济评估通常受到缺少历史和现实数据的影响。在对生物乙醇进行可持续性评估时，应考虑以下主要标准：可用生物质残余量、土地成分、种植成本、收割成本以及运输成本。至于林业残余物成本还要包括伐木方法(如将树木砍短或整个砍断)。由林业残余物所得的二代生物质的主要成本来自于较高的运输成本。对原料成本的正确定义也受到能通量和温室气体排放的影响，而能通量和温室气体排放反过来受所采用的工艺技术的影响。二代生物乙醇生产的主要成本包括投资成本和化工工艺成本（在采用柳枝稷做原料的情况下）。

本章还对生物柴油、生物燃料以及藻类燃料与生物质制生物气燃料的经济评估进行了比较。根据所采用的工艺技术，气化反应在将原料转化为生物气燃料中发挥了重要作用，对能耗和温室气体平衡会产生重要影响。此外，对二代生物燃料扩大生产和工业化规模的政策支持是生物燃料从利基市场转为完全竞争市场的基础。

本章还重点关注了可持续性评估和政策反馈的相互关系。可持续性评估通常有助于决策者实施各种政策。信息失真可能会对价格和税收政策产生误导，对农业活动产生负面影响。可持续性评估可以针对加工原料获得更多信息，根据市场选择进行反馈。可持续性评估揭示了非市场价值的信息，这对农户也很重要，可获得机会投资二代生物燃料的生产。

由生物燃料生产所带来的工作机遇也存在争议问题。小农户由于住在乡村地区，缺少信贷渠道，因此改种能源作物可能不会获得净受益。政策制定者需要仔细考虑向不同生物燃料提供政策支持时所要谋求的目标。资金提供作为一项基本支持政策，将推动在发展中国家的投资机会。

本章还讨论了环境和生命周期评价之间的关联，以及生命周期评价对能源的影响。特别是生命周期分析可对温室气体平衡进行计算，得到的数据可显示出生产过程中采用的某种技术所产生的温室气体排放量。

在考虑到能量平衡的情况下，生命周期评价对能源的主要影响通常可以包括生物质有效利用、化石燃料的净减少量以及每公顷用于种植能源作物的土地排放的温室气体。生物能源体系的能量平衡可准确表示能量性能，根据作物和化肥使用、灌溉技术、用水量、原料以及能源生产工艺，对各种能源作物生产链的效率进行比较。最后，考虑到目前在全球市场竞争中生物质资源对生物燃料的相对重要性，对各种生物质资源的对比会确保做出最有利于生物能源体系应用的选择。

4.6　未来发展趋势

今后数十年生物燃料的可持续性评价所面临的主要挑战是什么？目前的研究显示了技术和社会经济两种前景。对应技术前景，生命周期评价研究中应将土地利用变化的间接效应纳入研究范围。这是因为用于生物燃料的生物质生产会对森林砍伐速度以及土壤碳含量产生负面效应，这些效应对气候变化的影响还有待深入探讨。特别是生命周期评价研究应该要确定生物燃料可持续性生产所需的营养素水平；用水限制以及气候变化是怎样影响农户的实际选择，以及营养需求的变化是怎样影响生物燃料生产用地的使用。考虑到将来生物炼油概念的重要性，还应该重视对生物炼油厂的生命周期评价。有关间接土地利用对生物燃料生产的影响问题也应该开展进一步的研究，尤其对间接效应产生的暂时空间以及温室气体排放所造成的生物多样性损失和标准问题目前尚需调查。在2001年京都议定书的第七次缔约方会议（COP7）上，对土地利用、土地利用改变和林业（LULUFC）进行了定义（马拉喀什协定），在这一研究方向迈出重要一步。联合国气候变化框架公约（UNFCCC）秘书处为各方提供了涉及森林、农田、牧场管理的温室气体排放以及减排的实施清单。2012年欧盟提议确定会计准则和行为，但迄今为止，对会计准则的立法还在进行，在进行生命周期评价时纳入这些准则将会有助于对生物燃料工艺的定量化和估价。

最后，可持续性评估在社会经济领域具有一定争议性。Van der Horst 和 Vermeylen 在2011年的文章中对生物燃料生产创造就业机会的正面观点进行了对比。真正的问题是：代价是什么？居住在拉美地区的本地居民忍受着食品价格的增加、由于种植能源作物所导致的土地用途的改变，以及对热带雨林的砍伐。现在还没有对这些外部效应进行评价的标准方法。目前的环境经济实践对不进入市场的资源和商品采用非市场估价原则，而之前提到的社会效应会影响土地的价值，还会反映出原料和土地价格的变化。不过考虑到进行可持续性评价的技术要求，所有未涉及到的社会和环境效应需要应用各种专业、方法及更多科研人员来进行学科间的分析。

参 考 文 献

Al-muyeed, A., & Shadullah, A. M.（2010）. Electrification through biogas. Forum, 3(1), URL at：http：//archive. thedailystar. net/newDesign/news-details. php？ nid = 120291. Accessed：June 18, 2013.

Asian-Pacific Economic Cooperation(APEC),（2010）Biofuel costs, technologies and economics in APEC economies. Final report, APEC Energy Working Group. URL at：http：//www. biofuels. apec. org/pdfs/ewg_2010_biofuel-production-cost. pdf. Accessed：June 19, 2013.

Cherubini, F., Bird, N., Cowie, A., Jungmeier, G., Schlamadinger, B., & Woess-Gallash, S.（2009）. Energy-and greenhouse gas-based LCA of biofuel and energy systems：Key issues, ranges and recommendations. Resources, Conservation and Recycling, 53, 434-447.

Cherubini, F. & Jungmeier, G. (2008). Biorefinery concept: Energy and material recovery from biomass. A life cycle assessment case study, internal report, Joanneum Research, Institute for Energy Research, Elisabethstra 8 138538 8010 Graz, Austria.

Cherubini, F., & Strmman, A. H. (2011). Life cycle assessment of bioenergy systems: State of the art and future challenges. Bioresource Technology, 102, 437–451.

Chisti, Y. (2007). Biodiesel from microalgae. Biotechnology Advances, 25(3), 294–306.

Davis, S. C., Anderson–Teixera, K. J., &Delucia, E. H. (2008). Lyfe cycle analysis and the ecology of biofuels. Trends in Plant Sciences, 14(3), 140–146.

De Lucia, C., & Datta, B. (2012). Socio–economic, environmental and policy perspectives of second generation biodiesel. In R. Luque & J. A. Melero(Eds.), Advances in biodiesel preparation. Second generation processes and technologies. Cambridge: Woodhead Publishing, Series in Energy: Number 39.

Delrue, F., Setier, P. – A., Sahut, C., Cournac, L., Roubaud, A., Peltier, G., et al. (2012). An economic, sustainability, and energetic model of biodiesel production from microalgae. Bioresource Technology, 111, 191–200.

Delucchi, M. (2005). A multi–country analysis of lifecycle emissions from transportation fuels and motor vehicles. Davis, USA: University of California.

Demirbas, A. (2008). Biofuel sources, biofuel policies, biofuel economy and global biofuel projections.

Energy Conversion and Management, 49, 2106–2116.

Environmental Protection Agency–EPA(2007) Energy Independence and Security Act of 2007, U. S. Government Printing Office.

Escobar, J. C., Lora, E. S., Venturini, O. J., Ya' nez, E. E., Castillo, E. F., & Almazan, O. (2009). Biofuels: Environment, technology and food security. Renewable and Sustainable Energy Reviews, 13, 1275–1287.

European Commission(2012) Proposal for a decision of the European parliament and of the council on accounting rules and action plans on greenhouse gas emissions and removals resulting from activities related to land use, land use change and forestry, COM(2012) 93 final. URL at: http://ec. europa. eu/clima/policies/forests/lulucf/docs/com _ 2012 _ 93 _ en. pdf. Accessed: June 29, 2013.

Fargione, J., Hill, J., Tilman, D., Polasky, S., & Hawthorne, P. (2008). Land clearing and the biofuel carbon debt. Science, 319, 1235 – 1238. http://finance. indiamart. com/markets/commodity/castor_oil. html .

Food and Agriculture Organization of the United Nations(2008) WTO rules for agriculture compatible with development, URL at: www. fao. org. Accessed: May 31, 2013.

Franck, A. B., Berdahl, J. D., Hanson, J. D., Liebig, M. A., & Johnson, H. A. (2004). Biomass and carbon partitioning in switchgrass. Crop Science, 44, 1391–1396.

Fritsche, U. R. (2010). The "ILUC Factor" as a means to hedge risks of GHG emissions from indirect land-use change associated with bioenergy feedstock provision, working paper prepared for BMU, Darmstadt, Oeko-Institute. URL at: http://www. oeko. de/oekodoc/1030/2010-082-en. pdf. Accessed: June 26, 2013.

Gebhart, D. L., Johnson, H. B., Mayeux, H. S., & Polley, H. W. (1994). The CRP increases soil organic carbon. Journal of Soil and Water Conservation, 49, 488-492.

Greene, N. (2004). Growing energy: How biofuels can help end America's oil dependence. New York, USA: NRD Council.

Hama, S., & Kondo, A. (2013). Enzymatic biodiesel production: An overview of potential feedstocks and process development. Bioresource Technology, 135, 386-395.

Hamelinck, C., Koop, K., Croezen, H., Koper, M., Kampman, B., Bergsma, G., (2008). Technical specification: Greenhouse gas calculator for biofuel . SenterNovem, Ecofys; URL at: www. senternovem. nl/mmfiles/Technicalspecificationv2. 1b20080813tcm24-280269. pdf, Accessed: June 10, 2013.

Hazell, P., & Pachauri, R. K. (2006). Bioenergy and agriculture: Promises and challenges. Washington, DC, USA: International Food Policy Research Institute, URL at: http://www. ifpri. org/publication/bioenergy-and-agriculture. Accessed: June 10, 2013.

Heyne, S., & Harvey, S. (2013). Assessment of energy and economic performance of second generation biofuel production processes using energy market scenarios. Applied Energy, 101, 203-212.

IEA, (2010). Sustainable production of second generation biofuels. Potential and perspectives in major economies and developing countries. France, Paris: IEA.

IEA, (2011). World energy outlook. Paris: OECD.

IPCC, (2006). Guidelines for national greenhouse gas inventories. In Agriculture, forestry and other land use: Vol. 4. IPCC, URL at: http://www. ipcc-nggip. iges. or. jp/public/2006gl/. Accessed: June 20, 2013.

Jeswani, H. K., & Azapagic, A. (2011). Water footprint: Methodologies and a case study for assessing the impacts of water use. Journal of Cleaner Production, 19(12), 1288-1299.

Jeswani, H. K., & Azapagic, A. (2012). Life cycle sustainability assessment of second generation biodiesel. In R. Luque & J. A. Melero (Eds.), Advances in biodiesel preparation. Second generation processes and technologies. Cambridge: Woodhead Publishing, Series in Energy: Number 39.

Kaltschmitt, M., Reinhardt, G. A., & Stelzer, T. (1997). Life cycle analysis of biofuels under different environmental aspects. Biomass & Bioenergy , 12, 121-134.

Kim, S., & Dale, B. E. (2004). Global potential bioethanol production from wasted crops and crop residues. Biomass Bioenergy, 26, 361-375.

Kim, S., & Dale, B. E. (2005). Life cycle assessment of various cropping systems utilized for producing biofuels: Bioethanol and biodiesel. Biomass Bioenergy, 29, 426-439.

Kim, S., & Dale, B. E. (2008). Life cycle assessment of fuel ethanol derived from corn grain via dry milling. Bioresource Technology, 99, 5250–5260.

KPMG(2012). Taxes and incentives for renewable energy, URL at: http: //www. kpmg. com/ Global/en/IssuesAndInsights/ArticlesPublications/Documents/taxes – incentives – renewableenergy–2012. pdf. Accessed: May 31, 2013.

Lal, R. (2005). World crop residues production and implications of its use as a biofuel. Environment International, 31, 575–584.

Li, Y., Horsman, M., Wu, N., Lan, C. Q., & Dubois–Calero, N. (2008). Biofuels from microalgae. Biotechnology Progress, 24(4), 815–820.

Littlewood, J., Murphy, R. J., & Wang, L. (2013). Importance of policy support and feedstock prices on economic feasibility of bioethanol production from wheat straw in the UK. Renewable and Sustainable Energy Reviews, 17, 291 – 300. McKone, T. E., Nazaroff, W. W., Berck, P., Auffhammer, M., Lipman, T., Torn, M. S., et al.

(2011). Grand challenges for life cycle assessment of biofuels. Environmental Science and Technology, 45, 1751–1756.

Oliveira, L. B., Araujo, M. S. M., Rosa, L. P., Barata, M., &La Rovere, E. L. (2008). Analysis of the sustainability of using wastes in the Brazilian power industry. Renewable and Sustainable Energy Reviews, 12, 883–990.

Pitkanen, J., Aristidou, A., Salusjarvi, L., Ruohonen, L., & Penttila, M. (2003). Metabolic flux analysis of xylose metabolism in recombinant Saccharomyces cerevisiae using continuous culture. Metabolic Engineering, 5, 16–31.

Prasad, S., Singh, A., Jain, N., & Joshi, H. C. (2007). Ethanol production from sweet sorghum syrup for utilization as automotive fuel in India. Energy Fuels, 21(4), 2415–2420.

Quintero, J. A., Montoya, M. I., Sa'nchez, O. J., Giraldo, O. H., & Cardona, C. A. (2008). Fuel ethanol production from sugarcane and corn: Comparative analysis for a Colombian case. Energy, 33(3), 385–399.

Raja, R., Hemaiswarya, S., Kumar, N. A., Sridhar, S., & Rengasamy, R. (2008). A perspective on the biotechnological potential of microalgae. Critical Reviews in Microbiology, 34 (2), 77–88.

Richmond, A. (2004). Handbook of microalgal culture: Biotechnology and applied phycology. Oxford: Blackwell Science Ltd..

Rodolfi, L., Zittelli, G. C., Bassi, N., Padovani, G., Biondi, N., Bonini, G., et al. (2009). Microalgae for oil: Strain selection, induction of lipid synthesis and outdoor mass cultivation in a low cost photobioreactor. Biotechnolgy and Bioengineering, 102(1), 100–112.

Rowe, R. L., Street, N. R., & Taylor, G. (2009). Identifying potential environmental impacts of large–scale deployment of dedicated bioenergy crops in the UK. Renewable and Sustainable Energy Reviews, 13(1), 271–290.

Roy, P., Tokuyasu, K., Orisaka, T., Nakamura, N., & Shiina, T. (2012). A techno–economic and environmental evaluation of the life cycle of bioethanol produced from rice straw by

RTCaCCO process. Biomass and Bioenergy, 37, 188–195.

Sanchez–Segado, S., Lozano, L. J., de los R'os, A. P., Herna'ndes–Ferna'ndes, F. J., God'nez, C., & Juan, D. (2012). Process design and economic analysis of hypothetical bioethanol production plant using carob pod as feedstock. Bioresource Technology, 104, 324–328.

Searcy, E., & Flynn, P. C. (2008). Processing of straw/corn stover: Comparison of life cycle emissions. International Journal of Green Energy , 5, 423–437.

Singh, A., Pant, D., Korres, N. E., Nizami, A. – S., Prasad, S., &Murphy, J. D. (2010). Key issues in life cycle assessment of ethanol production from lignocellulosic biomass: Challenges and perspectives. Bioresource Technology, 101, 5003–5012.

Spatari, S., Bagley, D. M., & MacLean, H. L. (2010). Life cycle evaluation of emerging lignocellulosic ethanol conversion technologies. Bioresource Technology, 101, 654–667.

Spatari, S., Zhang, Y., &MacLean, H. L. (2005). Life cycle assessment of switchgrass–and corn stover–derived ethanol–fueled automobiles. Environmental Science and Technology, 39, 9750–9758.

Spielmann, M., Dones, R., Bauer, C., & Tuchschmid, M. (2007). Life cycle inventories of transport services. CD – ROM, Ecoinvent report No. 14, v2. 0, Dübendorf, CH: Swiss Centre for Life Cycle Inventories.

Sun, X. F., Sun, R. C., & Tomkinson, J. (2004). Degradation of wheat straw lignin and hemicellulosic polymers by a totally chlorine–free method. Polymer Degradation and Stability, 83, 47–57.

Swain, P. K., Das, L. M., & Naik, S. N. (2011). Biomass to liquid: A prospective challenge to research and development in 21st century. Renewable and Sustainable Energy Reviews, 15, 4917–4933.

Takeshita, T. (2011). Competitiveness, role and impact of microalgae biodiesel in the global energy future. Applied Energy, 88, 3481–3491.

Torrey, M. (2008). Algae in the Tank. International News on Fats Oils and Related Material , 19(7), 432–437.

Trippe, F., Fröhling, M., Schultmann, F., Stahl, R., & Henrich, E. (2011). Techno–economic assessment of gasification as a process step within biomass–to–liquid(BtL) fuel and chemicals production. Fuel Processing Technology, 92, 2169–2184.

Trostle, R. (2008). Global agricultural supply and demand: Factors contributing to the recent increase in food commodity prices, USDA Economic Research Service, report WRS – 0801, Washington, DC.

UNFCCC(2013). Production of biodiesel based on waste oils and/or waste fats from biogenic origin for use as fuel. URL at: http://cdm. unfccc. int/methodologies/DB/ 9VAZZNRUOQDQT21XIY3VKJRABETLEE. Accessed: June 29, 2013.

USDA(United States Department of Agriculture)(2006). Crop residue removal for biomass energy production: Effects on soils and recommendations, Technical Note No. 19.

van der Horst, D., & Vermeylen, S. (2011). Spatial scale and social impacts of biofuels production. Biomass and Bioenergy, 35, 2435-2443.

von Blottnitz, H., &Curran, M. A. (2007). A review of assessments conducted on bio-ethanol as a transportation fuel from a net energy, greenhouse gas, and environmental life cycle perspective. Journal of Cleaner Production, 15, 607-619.

Wang, B., Li, Y., Wu, N., & Lan, C. Q. (2008). CO_2 bio-mitigation using microalgae. Applied Microbiology and Biotechnology, 79(5), 707-718.

Wang, L., Sharifzadeh, M., Templer, R., & Murphy, R. J. (2013). Bioethanol production from various waste papers: Economic feasibility and sensitivity analysis. Applied Energy, 111, 1172-1182.

Wilhelm, W. W., Johnson, J. M. F., Hatfield, J. L., Voorhees, W. B., & Linden, D. R. (2004). Crop and soil productivity response to corn residue removal: A literature review. Agronomy Journal, 96, 1-17.

Xiao, J., Shen, L., Zhang, Y., & Gu, J. (2009). Integrated analysis of energy, economic, and environmental performance of biomethanol from rice straw in China. Industrial and Engineering Chemistry Research, 48(22), 9999-10007.

Yousuf, A. (2012). Biodiesel from lignocellulosic biomass: Prospects and challenges. Waste Management, 32, 2061-2067.

第二部分

气化法液态燃料合成工艺

第 5 章　气化法液态燃料合成反应动力学

J. G. Speight

CD&W Inc. , Laramie, WY, USA

5.1　前言

从本质上看，煤气化是以煤或煤焦为原料，通过化学反应将煤转化成可燃气体的过程(Higman & Van derBurgt, 2008; Speight, 2008, 2013a)。从 15 世纪开始，随着煤的使用快速增长，用煤生产可燃气体，然后用于民用取暖、工业供热和发电就不足为奇了。到了 19 世纪和 20 世纪，用水和煤在高温下反应就变得非常普及了(Speight, 2013a, 2013b)。

煤气化反应包括一系列反应步骤，将煤(含有炭、氢和氧以及含硫含氮杂质和金属组分)转化成合成气(主要成分是一氧化碳和氢气)和烃类物质。一般情况下，在温度、压力和流动型态(移动床、流化床或气流床)受控的反应器容器中加入原料煤，然后引入气化剂(空气、氧气和/或水蒸气)，从而完成煤气化转化过程。然而，除了生成一氧化碳和氢气外，还会产生其他气体。除了一氧化碳(CO)和氢气(H_2)的比例外，煤的类型及其组成、气化剂(气化介质)和工艺运行参数控制下的气化反应热力学和化学过程决定了二氧化碳(CO_2)、甲烷(CH_4)、水蒸气(H_2O)、硫化氢(H_2S)和二氧化硫(SO_2)等所得气态产物的比例(Shabbar & Janajreh, 2013; Singh, Weil, & Babu, 1980; Speight, 2013a, 2013b)。

作为气化工艺组成部分的几个化学反应动力学速率和转化率是不同的，通常是温度、压力、反生器及其结构、气体组成和被气化的煤的化学组成与性能的函数(Johnson, 1979; Müller, von Zedtwitz, Wokaun & Steinfeld, 2003; Penner, 1987; Slavinskaya, Petrea, & Riedel, 2009; Speight, 2013a, 2013b)。

一般情况下，温度越高，反应速率越高(即煤的转化率)，而反应平衡取决于具体的气化反应类型，有的是较高的温度有利，有的是较低的温度有利。从热力学上看，高压（> 1030psi）和相对较低的温度［760 – 930℃（1400 – 1705℉）］对有些气化反应有利，例如生产甲烷的碳−氢反应，而低压和高温对通过水蒸汽或二氧化碳气化反应生产合成气(即一氧化碳和氢气)有利。

由于气化过程整体较为复杂，因此必须对气化反应进行说明。本章旨在介绍(煤)气化包括的不同反应，并从这些反应的各个热力学角度分析生产各种气体所用的工艺参数。

5.2 气化化学基础

从化学角度出发，煤气化包含煤的热分解反应以及煤中的碳和热解产物与氧气、水和甲醇等的反应(见表 5.1)。煤气化往往被认为含有两个明显不同的化学阶段：①煤脱挥产生挥发物和半焦；②半焦气化，这一过程十分复杂，与具体的反应条件有关。这两个阶段共同促成了复杂的气化工艺动力学（Sundaresan & Amundson，1978）。

表 5.1　煤气化反应

$$2C+O_2 \longrightarrow 2CO$$

$$C+O_2 \longrightarrow CO_2$$

$$C+CO_2 \longrightarrow 2CO$$

$$C+H_2O \longrightarrow CO_2+H_2(变换反应)$$

$$C+H_2O \longrightarrow CO+H_2(水煤气反应)$$

$$C+2H_2 \longrightarrow CH_4$$

$$2H_2+O_2 \longrightarrow 2H_2O$$

$$CO+2H_2 \longrightarrow CH_3OH$$

$$CO+3H_2 \longrightarrow CH_4+H_2O(甲烷化反应)$$

$$CO_2+4H_2 \longrightarrow CH_4+2H_2O$$

$$C+2H_2O \longrightarrow 2H_2+CO_2$$

$$2C+H_2 \longrightarrow C_2H_2$$

$$CH_4+2H_2O \longrightarrow CO_2+4H_2$$

在煤气化的开始阶段，原料温度逐步升高引发脱挥反应，较弱的化学键断裂，产生挥发性的焦油、酚类化合物和气态烃。这些产物通常在气相中进一步反应，生成氢气、一氧化碳和二氧化碳。脱挥后留下的半焦（固定碳）与氧气、水蒸气、二氧化碳和氢气发生反应。总体来说，煤气化化学反应可以简单地用以下反应式表示：

$$C+O_2 \longrightarrow CO_2 \qquad \triangle H_r = -393.4MJ/kmol \qquad (1)$$

$$C+1/2O_2 \longrightarrow CO \qquad \triangle H_r = -111.4MJ/kmol \qquad (2)$$

$$C+H_2O \longrightarrow H_2+CO \qquad \triangle H_r = 130.5MJ/kmol \qquad (3)$$

$$C+CO_2 \Longleftrightarrow 2CO \qquad \triangle H_r = 170.7MJ/kmol \qquad (4)$$

$$CO+H_2O \Longleftrightarrow H_2+CO_2 \qquad \triangle H_r = -40.2MJ/kmol \qquad (5)$$

$$C+2H_2 \longrightarrow CH_4 \qquad \triangle H_r = -74.7MJ/kmol \qquad (6)$$

上述反应中，C 表示原料煤中的碳以及煤脱挥产生的半焦中的碳。反应(1)和(2)是氧化放热反应，气化吸热反应(3)和(4)所需的大部分热量来自这些放出的热量。氧化反应进行得非常快，气化炉中的全部氧气被完全消耗完，所以说大多数气化炉都是在还原环境下运行。反应(5)是水煤气变换反应，它将水(蒸汽)转化成氢气。如果目标产品是合成气，例如费托法，该反应还可以用于改变它的氢气/一氧化碳比例。反应(6)适合高压和低温条件，因此在温度较低的气化体系中进行非常重要。甲烷的形成过程是不消耗氧气的放热反应，因此提高了气化反应效率和最终析出气体的热含量。总的来说，大约有70%的气体产物热量与一氧化碳和氢气有关，也因气化炉的类型和工艺参数不同而变化(Chadeesingh，2011)。

从根本上说，气化工艺的反应方向受热力学平衡的约束因素和可变反应动力学制约。燃烧反应(煤或半焦与氧气反应)基本上反应完全，其余的气化反应热力学平衡意义相对明确，它们共同影响工艺的热效率以及气体组成。因此，热力学数据有益于估算气化工艺的关键设计参数，例如：计算每单位原料煤的氧气和/或蒸汽相对用量；估算合成气产物的组成；优化不同运行条件下的工艺效率。

通过对气化反应热力学的理解，还可以得到与气化工艺设计和运行条件相关的其他推论，例如：①在高温条件下通过低甲烷含量生产合成气，要求蒸汽量大于化学计量要求；②在高温条件下气化，增加了耗氧量，降低了整体工艺效率；③利用高甲烷含量生产合成气，要求低温运行条件(大约700℃)，但是如果不使用催化剂，甲烷化反应动力学就会较慢。

与气化反应热力学相比，动力学就要复杂得多，几乎没有比较全面的可靠的煤气化反应动力学资料，其中部分原因是它很大程度上依赖工艺条件和原料煤的化学性质，而原料在组成、矿物杂质和活性上具有明显差异。而且煤(或半焦)的物理性能还在有些现象中起着重要的作用，例如边界层扩散、孔隙扩散和灰层扩散等，同时它们还影响其反应动力学过程。据了解，某些杂质对有些气化反应具有催化活性，这会进一步影响气化反应的动力学过程。

5.2.1　煤的脱挥

当煤被加热到 400℃（750℉）以上时，会快速脱挥。在此过程中，煤的结构被改变，产生固态半焦、焦油、可凝液和低相对分子质量气体。在惰性气氛中，脱挥阶段的产物完全不同于高压氢气条件下的脱挥产物。在高压氢气条件下，在煤气化开始阶段，甲烷或其他低相对分子质量气态烃的附加产率可能来自以下反应：(1)煤或未完全转化的半焦由于煤热解后形成活性中间体结构而发生的直接加氢反应；(2)其他气态烃、油、焦油和碳氧化物的加氢反应。另外，这类反应的动力学关系图由于挥发分产物组成不同而变得非常复杂，反过来说，这些产物又与原料煤的性质和包括反应器类型在内的工艺参数有关。

5.2.2　半焦气化

脱挥完成后，进入另一个重要反应。在该反应中，未完全转化的半焦主要通过析出氢气的形式转化成半焦(有时也被误称为稳态半焦)。因此，当半焦与二氧化碳、水蒸气等气体发生反应生成一氧化碳和氢气时，气化反应开始。与通常采取的直接燃烧法相比，产生的气体(人工煤气或合成气)转化为电能的效率会更高。而且，氯化物和钾元素等腐蚀性灰分通过气化反应可以得到净化，这样原本有问题的原料煤产生的气体也可用于高温燃烧(Speight，2013a，2013b)。

氧化和气化反应消耗半焦，而且氧化反应和气化反应的动力学速率与温度的关系也符合阿累尼乌斯定律；动力学参数与煤级关系很大，没有一个真正的关系式能整体说明煤(半焦)气化动力学。反应的复杂性使反应开始和随后的速率受制于许多因素，它们中任何一个都会影响反应动力学。

虽然气化反应开始阶段(脱挥)在几秒内完成，在高温条件下时间更短，但是煤气化开始阶段产生的煤焦随后进行的气化反应非常缓慢，在实际条件下达到明显转变需要几分钟，甚至几个小时。商业化气化炉反生器的设计很大程度上依赖煤焦的活性以及气化反应中间速率(Johnson，1979；Penner，1987；Sha，2005)，因此，产物的分布和化学组成受温度、加热速率、压力、停留时间等主要环境条件影响，而且还受原料性质的影响。另外，在热解过程的反应气体环境中，氧气、氢气、水蒸气、碳氧化物以及其他化合物或者促进，或者抑制与煤和析出产物的许多反应。

热解阶段产生的半焦活性取决于原煤的性质，它随着原煤的氧含量增加而增加，随着碳含量的增加而下降。一般来说，低阶煤产生的半焦活性高于高阶煤产生的半焦活性。半焦中的矿物质催化效应会影响低级煤的半焦活性。另外，当煤的碳含量增加，煤中的活性功能基团减少，变得更显芳香性和交联性(Speight，2013a)。因此，高阶煤半焦的功能基团较少，芳香结构和交联结构的比例较高，因而活性降低。半焦的活性还取决于它从原煤的加工形成过程中所受到的热处理。由于半焦活性表面积下降，半焦气化反应速率随着半焦制备温度的增加而下降，因此，改变半焦制备温度可以改变半焦化学性质，反过来也会改变气化速率。

典型情况下，半焦的表面积比原煤的大。表面积随着半焦气化的进行而变化，随着碳的转化表面积增加，达到一个最大值后再下降。这些变化反过来又影响气化速率。通常情况下，活性随着表面积增加而提高。表面积开始阶段的增加可能是因为孔隙的清除净化和扩大。在高碳转化率条件下，表面积的减少可能是因为孔隙的聚集，这最终又造成孔结构的塌陷。

此外，影响半焦活性的还有半焦中矿物质的催化效应。已经经过初步加酸处理除去矿物成分的褐煤半焦，其活性远低于未处理过的半焦所表现出的相应活性。然而，烟煤和次烟煤产生的半焦无此现象(Speight，2013a，2013b，及其所引参考文献)。褐煤半焦的这种现象可能是因为钠和钙与褐煤有机结构中羧基功能基团相结合产生的催化作用。如果羧基功能基团的浓度随着煤阶升高而明显下降，则褐煤以催化效应为主，并随着煤阶增加而迅速下降。

固定床或移动床气化炉中的热质传递过程受复杂的固体流和化学反应影响。粗的碎煤粒包括加热、干燥、脱挥、气化和燃烧等几个阶段。粗颗粒的直径、外形和气孔率发生变化，可能是因为煤桥、气泡和通道的原因，不同的空隙率也会改变热质传递特征。

热解温度是热历史以及之后煤焦热力学中的重要因素。然而，半焦的热历史还取决于达到热解温度的升温速率以及半焦在热解温度下的持续时间(热炼时间)，因此可以认为，延长热炼时间能降低半焦的剩余熵。

5.2.3 气化产物

如果在空气条件下燃烧，则根据工艺设计特征，析出气体的热含量大约在 $150 \sim 300 Btu/ft^3$，其中还含有二氧化碳、硫化氢和氮气等不良成分。如果使用纯氧气，则析出气体的热含量大约为 $300 \sim 400 Btu/ft^3$，还会产生二氧化碳和硫化氢两种副产物，可以利用多种工艺将它们从低含热量或中等含热量(对应低 Btu 值或中等 Btu 值)的气体中除去(见表 5.2)(Mokhatab，Poe，& Speight，2006；Speight，2013a，2014)。

表 5.2　煤气化产物

产　物	特　征
低 Btu 值气体(150~300Btu/scf) (1scf = 0.0283m³)	约 50%氮气,含少量可燃性氢气、一氧化碳、 二氧化碳以及甲烷等痕量气体
中 Btu 值气体(300~550Btu/scf)	大部分为一氧化碳和氢气,少量不可燃性气体,有时还含有甲烷
高 Btu 值气体(980~1080Btu/scf)	几乎为纯甲烷

如果需要高含热量(高 Btu 值)气体(900~1000Btu/ft³),必须增加气体中的甲烷含量。生成甲烷的反应都是放热反应,为负值,但是反应速率相对较慢,因此需要使用催化剂提高反应速率,以达到商业化生产所能接受的速率。实际上,另外一种可能是,煤或半焦的矿物成分通过直接催化机理改变了活性。在热解过程中,反应气氛中的氧气、氢气、水蒸气、碳氧化物以及其他化合物可以加快或抑制与煤以及与析出产物的许多反应。

5.3　化学工艺

5.3.1　概况

在气化炉中,煤颗粒暴露在碳部分氧化产生的高温环境下。煤颗粒加热后除去所有残留水分(假设煤被预烧过),进一步加热煤颗粒,开始析出挥发性气体。挥发性产物中含有一氧化碳、甲烷、含有焦油、杂酚油和重油的长链烃等范围广泛的系列碳氢化合物。产物的复杂性会影响反应进程和速率,这是因为每一种产物都是不同的反应按照不同的速率生产出来的。温度高于500℃(930℉)时,煤转化成半焦、灰和焦炭。在早期的大部分气化工艺中,半焦是希望得到的副产物,但是对于煤气化来说,半焦提供了进一步加热所必要的能源。通常情况下,半焦与空气(或氧气)以及水蒸气接触生成气态产物。

随着加热速率增加,煤颗粒受热也更快,并且在较高的温度区域内燃烧,但是提高加热速率,对反应机理几乎没有实质性影响,且提高加热速率使活化能下降。众所周知,有多种方法可以计算活化能,可以计算温度在 400~600℃(750~1110℉)、比例在 90%~15%的不同分数的原煤。对于煤转化后的各个馏分,Coats-Redfern 方程计算的活化能最高,而对于每一部分的转化煤来说,Freeman-Carroll 方法计算的活化能最小(Irfan,2009)。

煤气化最值得关注的物理化学效应包括由于煤的性质而产生的效应,还包括与煤的基本微观结构类型及含量有关的效应(Speight,2013a,2013b)。

就煤的基本微观结构含量而言，已经发现不同的煤显微组分之间存在差异，惰质组的活性最高（Huang 等，1991）。从更一般的意义上看煤的性质，气化技术通常需要对煤原料进行部分预处理，其处理类型和程度应该与工艺和/或煤的类型成函数关系。例如，鲁奇工艺一般采用块煤（1in，25mm，约28目），但必须是除去粉煤的非黏结性煤。黏结性煤易于在气化炉底部形成胶质体，随后造成系统堵塞，从而大大降低加工效率。因此，必须采取措施减少煤的黏结性，可以对煤采取预先部分氧化措施，破坏煤的黏结性能。

作为经验法则的另一个因素是：在大约 595~650℃（1100~1200℉）的运行温度条件下获得最佳的气体产率和气体质量。在较低的系统温度下，可以得到热含量较高的气态产物（Btu/ft³），但是因有未燃烧的半焦组分，总的气体产率（按燃料/气体比值确定）下降。

对于有些煤原料来说，反应初期产生的挥发分越多，析出气体的热含量越高。有些情况下，最低的温度条件可以得到质量最好的气体；但是温度太低，半焦的氧化反应受到抑制，从而析出气体的总热含量也减少。所有类似情况都会使反应速率复杂化，并使适用于各类煤的总动力学关系在具体应用时都会遇到很大的问题，或受到质疑。

根据被加工煤的类型和对所需气态产物的分析，压力也对产物的确定发挥着重要作用。处理步骤包括：①煤的预处理（如果存在黏结问题）；②煤一次气化；③一次气化炉碳质残渣的二次气化；④消除二氧化碳、硫化氢和其他酸性气体；⑤将一氧化碳/氢气的物质的量比调整到期望值的变换工艺；⑥催化甲烷化一氧化碳/氢气混合物生成甲烷。如果想得到高热含量（高 Btu 值）的气体，由于煤气化炉不产生高浓度甲烷，需要上述全部处理步骤。

5.3.2　预处理

有些种类的煤加热时表现出黏接性或团聚特征，这种煤通常不适合使用流化床或移动床反应器的气化工艺处理；实际上，黏结性煤很难用固定床反应器处理。预处理是一种轻度氧化处理，它破坏了煤的黏结性，一般是在空气或氧气存在的条件下对煤进行低温加热。

5.3.3　一次气化

一次气化是指通过不同的化学反应使粗煤发生热分解，反应压力一般为大气压到高压（14.7~1000psi）。为了获得必要的热量，会加入空气或氧气以支持燃烧。析出产物通常是低热含量低（Btu 值）的气体，包括从一氧化碳/氢气混合物到不同含量一氧化碳、二氧化碳、氢气、水、甲烷、硫化氢、氮气

101

的混合物，以及典型的热分解产物，例如焦油（本身也是混合物）、烃油和酚类衍生物（Speight，2013a，2013b）。

生成的固态半焦可以代表大部分原煤的重量。所加工煤的类型（在很大程度上）决定了所生成半焦的量和气态产物的组成。

5.3.4 二次气化

二次气化是指一次气化产生的半焦的气化。通常是高温半焦和水蒸气反应（蒸汽气化）生成一氧化碳和氢气：

$$[C]_{半焦}+H_2O \longrightarrow CO+H_2$$

为了保证反应沿着正向进行，需要输入热量（吸热反应）。一般情况下，还需要加入过量蒸汽促进反应。但反应中使用过量蒸汽会对反应的热效率产生不利影响，因此，在实际应用中，该反应一般会结合其他气化反应使用。合成气产物中的氢气/一氧化碳比取决于合成化学以及反应工程等因素。

该段反应机理是以碳和气态反应物之间的反应为基础，但不适用煤和气态反应物之间的反应。因此，该方程过于简化了蒸汽气化反应的实际化学过程。虽然碳是煤的主要组成原子，但是煤的活性要强于碳。各种活性有机功能基团的存在以及自然存在的矿物成分所形成的有效催化活性可以提高煤（无烟煤，所有煤阶中碳含量最高，也是最难气化或液化的煤）的相对活性（Speight，2013a）。

已知使用碱金属盐可以催化含碳材料（包括煤）-蒸汽气化反应。反应过程是以碱金属盐（例如碳酸钾、碳酸钠、硫化钾）能催化煤-蒸汽气化反应这一概念为基础。碱金属的煤气化反应催化活性顺序如下：

$$铯（Cs）>铷（Rb）>钾（K）>钠（Na）>锂（Li）$$

质量比为 10%~20% 的催化剂碳酸钾可以将烟煤气化炉的反应温度从925℃（1695℉）降低到700℃（1090℉），然后将在煤或半焦上浸渍的催化剂引入到气化炉中。

此外，用碳酸钾进行的试验结果表明，它还能起到甲烷化反应的催化剂作用。而且，使用催化剂可以减少反应中焦油的产率（Cusumano，Dalla Betta，& Levy，1978；McKee，1981；Shinnar，Fortuna，&Shapira，1982）。在煤-蒸汽催化气化反应中，碳沉积反应会污损催化剂活性中心，从而影响催化剂寿命。只要蒸汽浓度低，就有可能发生这类碳沉积反应。

合成氨使用最多的是含铷催化剂。这表明铷催化剂的催化反应速率要比其他催化剂高 5~10 倍。但是由于必要的支持材料（例如活性碳，主要用于获得有效的活性）的存在，铷的活性很快消失。然而，在反应过程中，碳被消耗，从而降低了铷催化剂的效果。

通过改变反应化学、反应速率和反应热力学平衡，催化剂也可以用于加快或抑制气态产物中的某些馏分的形成。例如，在合成气(氢气和一氧化碳的混合物)的生产过程中，还会生成少量甲烷。催化气化反应可以用于加快甲烷生成，也可以抑制其生成。

5.3.5 二氧化碳气化

煤与二氧化碳反应生成一氧化碳(Boudouard 反应)，与蒸汽气化反应一样也是吸热反应：

$$C(固) + CO_2(气) \longrightarrow 2CO(气)$$

逆向反应造成碳在包括催化剂在内的许多表面上沉积(积炭)，同时还会造成催化剂失活。

从热力学角度看，高温条件($>680℃$ ， $>1255℉$)有利于这一气化反应，这与蒸汽气化反应非常类似。如果反应单独进行，则为转化明显，需要高温(实现快速反应)、高压(实现更高的反应物浓度)条件。但作为分离反应，会出现各种状况，如转化率低、动力学速率低、热效率低。

煤的二氧化碳气化反应速率与碳的二氧化碳气化反应速率不同。一般来说，碳-二氧化碳反应的反应级数约为(或低于)1.0，依据二氧化碳的分压；而煤-二氧化碳反应的反应级数约为(或大于)1.0，依据二氧化碳的分压。根据观察，煤较高反应级数也是以气化体系中煤的相对活性为基础。

5.3.6 水煤气变换反应

气化炉产生的气态产物通常含有大量一氧化碳和氢气以及少量其他气体，因此必须用到水煤气变换反应(变换转化)。一氧化碳与氢气(如果按 1∶3 的物质的量比)可以在催化剂条件下反应生成甲烷。但是通常也需要进行一些调整才能达到 1∶3 的理想比例。为了能达成这一目标，需要根据水煤气变换反应(变换转化)对全部或部分蒸汽进行处理，这就需要让一氧化碳与蒸汽反应得到二氧化碳和氢气，借以获得所想要的一氧化碳与氢气比(1∶3)：

$$CO(气) + H_2O(气) \longrightarrow CO_2(气) + H_2(气)$$

虽然水煤气变换反应不属于主要气化反应，但是不能在分析有关合成气的化学反应体系时省略它。在所有与合成气有关的反应中，它的反应平衡对温度变化敏感性最低，即平衡常数与温度的依赖关系最小。因此，在温度范围很宽的范围内，反应平衡在很多实际工艺条件下可以发生逆转。

水煤气变换正向反应是中等程度放热反应。虽然参与反应的化合物都是气态，但是就反应发生在煤的表面，并且实际上是通过炭表面发生催化反应来说，人们也认为该反应是非均相反应。另外，该反应可以均相，也可以非均相进行。想要一般性了解水煤气变换反应数据很困难，即使是公开发表的动力学速率数据也不是直接可用，应视实际的反应器条件而定。

除了一氧化碳和氢气以外，气化炉出来的合成气还含有各种气态产物，包括二氧化碳、甲烷和水（蒸汽）。根据工艺目标，需要优先调整合成气的组成。如果气化工艺的目标是获得高产率的甲烷，那么将氢气与一氧化碳的物质的量比保持在 3∶1 比较合适：

$$CO(气)+3H_2(气)\longrightarrow CH_4(气)+H_2O(气)$$

如果生成合成气的目标是通过蒸汽相低压工艺合成甲醇，则氢气与一氧化碳的化学计量关系应为 2∶1。这种情况下，化学计量关系一致的合成气混合物常被称为平衡气，而大幅度偏离主要反应化学计量关系的合成气馏分被称为非平衡气体。如果合成气生产的目标是获得高产率氢气，则有利的做法是通过水煤气变换反应将一氧化碳（和水）进一步转化成氢气（和二氧化碳）。

水煤气变换反应是重要的蒸汽气化工艺之一，其中水和一氧化碳的量都很充分。虽然参与水煤气变换反应的四种化合物在大部分气体加工反应阶段为气态化合物，但是蒸汽煤气化反应时的水煤气变换反应主要发生在煤的固体表面（非均相反应）。如果气化炉的合成气体产物需要用水煤气变换反应进行再调整，那么该反应可以采用多种多样的金属催化剂。

催化剂的具体选择依赖于所需要的产物、主要的温度环境、气体混合物组成和工艺经济效益。反应使用的典型催化剂有含铁、铜、锌、镍、铬和钼的催化剂。

5.3.7 甲烷化

在甲烷化反应单元内可能会同时发生多个放热反应。有各种各样的金属被用作甲烷化反应的催化剂；研究表明，镍和钌是最常用，也是某种程度上最有效的甲烷化催化剂，其中镍使用最为广泛（Cusumano 等，1978）：

钌（Ru）>镍（Ni）>钴（Co）>铁（Fe）>钼（Mo）

能在市场上得到的、适合于本工艺的催化剂几乎都非常容易发生硫中毒，因此在催化反应开始前，必须采取措施脱除所有的硫化氢（H_2S）。因此，必须将原料气中的硫浓度降低到 0.5ppm（体积分数）以内，从而使催化剂在很长一段时间内保持足够的活性。

由于硫化物能使催化剂迅速失活（中毒），因此在甲烷化反应阶段前，必须对合成气进行脱硫处理。当甲烷化反应物流中一氧化碳浓度过大时，会出

104

现一个问题，系统中产生的大量热量必须除去，这样可以避免高温以及因碳烧结和沉积而造成的催化剂失活。为了消除这一问题，应该将温度保持在400℃（750℉）以下。

甲烷化反应是用于提高析出气体中的甲烷含量，这也是生产高热值气体所需要的。

$$4H_2+CO_2 \longrightarrow CH_4+2H_2O$$
$$2CO \longrightarrow C+CO_2$$
$$CO+H_2O \longrightarrow CO_2+H_2$$

在这些反应中，第一个反应是最重要的甲烷化反应。如果甲烷化反应是在催化剂条件下使用氢气和一氧化碳的合成气混合物进行的，那么所加入的合成气原料中的氢气和一氧化碳比值大约为 3∶1。产生的大量水（蒸汽）经过冷凝和循环作为工艺用水或蒸汽被脱除。在该过程中，甲烷化反应放出的大部分热量也在各种各样能量集成工艺的作用下得到回收。

然而除正向水煤气变换反应是中等程度放热反应外，这里所列的所有反应式都是非常强的放热反应，释放的热量很大程度上取决于加入的原料合成气中的一氧化碳量。对于原料合成气中的一氧化碳来说，1%（体积分数）的一氧化碳就能使绝热反应经历 60℃（108℉）的升温幅度，称为绝热温升。

5.3.8　加氢气化

加氢气化是指煤和氢气在压力条件下发生的气化反应（Anthony & Howard，1976）。因此，并不是所有高热含量（高 Btu 值）的气化工艺都使用催化甲烷化反应。实际上，有许多气化工艺使用加氢气化法，即在压力条件下直接在煤中加入氢气生产甲烷：

$$[C]_{煤}+H_2 \longrightarrow CH_4$$

利用加氢气化装置生产出的半焦，通过蒸汽可以制得加氢气化所用的富氢气体。一次气化炉直接生成数量相当多的甲烷，生产甲烷释放的热量足以保证足够高的温度，使蒸汽-碳反应生成氢气顺利进行，这样蒸汽-碳反应用热所消耗的氧气就较少，因此，在低温甲烷化反应阶段损失的热量较少，就使得整体工艺效率较高。

加氢气化反应是放热反应，从热力学角度看，低温条件比较适合（<670℃，<1240℉），这有别于吸热的蒸汽气化反应和二氧化碳气化反应。然而低温条件必然会使反应速率较低，因此，出于动力学考虑，常常要求高温条件，依次从反应平衡角度考虑，又要求高压力氢气为宜。该反应可以使用碳酸钾（K_2CO_3）、氯化镍（$NiCl_2$）和硫酸铁（$FeSO_4$）等盐类物质作为催化剂，然

而，在煤气化反应中使用催化剂会遇到催化剂回收和再利用的难题，用过的催化剂有可能产生环境问题。

在高压氢气条件下，额外生产的甲烷或其他低相对分子质量烃可能来自煤开始气化阶段，煤或半焦的直接加氢反应，这是由于煤热解后在煤结构中形成了活性中间体。直接加氢还可以增加被气化的煤炭量，并提高气态烃、轻油和焦油的加氢反应。

气态氢和活性中间体的快速反应动力学取决于氢气的分压（P_{H_2}）。在煤气化开始阶段产生的、大幅增加的气态烃在煤制甲烷工艺中极其重要（SNG，合成天然气）。

5.4　结论

相对于气化工艺化学和热力学以及热力学研究得到的数据（Shabbar & Janajreh，2013；Van derBurgt，2008），煤原料的动力学行为理解起来要复杂得多。

煤气化化学非常复杂，仅限于讨论的目的，可以将其看成是由几个重要的、可以根据气化条件（例如温度和压力）和所用的原料反应到不同程度的化学反应组成。燃烧反应发生在气化反应过程中，但是与传统的燃烧反应相比，它使用了过量的氧化剂，气化反应通常只消耗氧化剂理论量的 1/5 ~1/3，因此只有一部分碳原料被氧化。作为一种部分氧化工艺，气化反应的主要可燃烧产物是一氧化碳（CO）和氢气，只有一小部分碳被完全氧化成二氧化碳（CO_2）。部分氧化产生的热量提供了推动放热气化反应所需的大部分能量。

虽然早已建立与煤气化相关的基础热力学循环，但是通过热力学研究，使用水/蒸汽的替代流体和创新组合工艺有着很好的高效率工艺前景。

现在可靠的煤气化反应动力学资料很少，部分是因为它与工艺条件以及煤原料的性质关系很大。煤原料在组成、矿物杂质、活性等方面变化很大，并且某些杂质对有些气化反应会表现出不同的催化活性。尽管很多研究人员做了大量的工作，但是其动力学资料还远远不能应用于不同工艺条件下的煤或半焦气化反应。所有这些资料参数使反应速率复杂化，并让适用于各类煤的总的动力学关系推导深受质疑。

参 考 文 献

Anthony, D. B., & Howard, J. B. (1976). Coal devolatilization and hydrogasification. American Institute of Chemical Engineers Journal, 22(4), 625-656.

Chadeesingh, R. (2011). The Fischer-Tropsch process. In J. G. Speight(Ed.), The biofuels handbook(pp. 476–517). London, United Kingdom: The Royal Society of Chemistry(part 3, chapter 5).

Cusumano, J. A., Dalla Betta, R. A., & Levy, R. B. (1978). Catalysis in coal conversion. New York: Academic Press Inc..

Higman, C., &Van der Burgt, M. (2008). Gasification(2nd ed.). Amsterdam, Netherlands: Gulf Professional Publishing, Elsevier.

Huang, Y. -H., Yamashita, H., & Tomita, A. (1991). Gasification reactivities of coal macerals. Fuel Processing Technology, 29, 75.

Irfan, M. F. (2009). Research report: pulverized coal pyrolysis & gasification in $N_2/O_2/CO_2$ mixtures by thermo–gravimetric analysis. Novel Carbon Resource Sciences Newsletter, 2, 27–33, Kyushu University, Fukuoka, Japan.

Johnson, J. L. (1979). Kinetics of coal gasification. New York: John Wiley and Sons Inc.

McKee, D. W. (1981). Mechanisms of catalyzed gasification of carbon. In: AIP conference proceedings,

Vol. 70, (pp. 236–255). College Park, Maryland: American Institute of Physics.

Mokhatab, S., Poe, W. A., & Speight, J. G. (2006). Handbook of natural gas transmission and processing. Amsterdam, The Netherlands: Elsevier.

Müller, R., von Zedtwitz, P., Wokaun, A., & Steinfeld, A. (2003). Kinetic investigation on steam gasification of charcoal under high–flux radiation. Chemical Engineering Science, 58, 5111–5119.

Penner, S. S. (1987). Coal gasification. New York: Pergamon Press Inc.

116 Gasification for Synthetic Fuel Production Sha, X. (2005). Coal gasification. In Encyclopedia of life support systems(EOLSS), developed under the auspices of the UNESCO. Coal, oil shale, natural bitumen, heavy oil and peat. Oxford, UK: EOLSS Publishers. http: //www. eolss. net.

Shabbar, S., & Janajreh, I. (2013). Thermodynamic equilibrium analysis of coal gasification using gibbs energy minimization method. Energy Conversion and Management, 65, 755–763.

Shinnar, R., Fortuna, G., & Shapira, D. (1982). Thermodynamic and kinetic constraints of catalytic synthetic natural gas processes. Industrial and Engineering Chemistry Process Design and Development, 21, 728–750.

Singh, S. P., Weil, S. A., & Babu, S. P. (1980). Thermodynamic analysis of coal gasification processes. Energy, 5(8–9), 905–914.

Slavinskaya, N. A., Petrea, D. M., & Riedel, U. (2009). Chemical kinetic modeling in coal gasification overview. In Proceedings of the 5th international workshop on plasma assisted combustion(IWEPAC), Alexandria, Virginia.

Speight, J. G. (2008). Synthetic Fuels Handbook: Properties, Processes, and Performance. New York: McGraw–Hill.

Speight, J. G. (2013a). The chemistry and technology of coal(3rd ed.). Boca Raton, Florida:

CRC Press, Taylor & Francis Group.

Speight, J. G. (2013b). Coal - fired power generation handbook. Salem, Massachusetts: Scrivener Publishing.

Speight, J. G. (2014). The chemistry and technology of petroleum(5th ed.). Boca Raton, Florida: CRC Press, Taylor & Francis Group.

Sundaresan, S., & Amundson, N. R. (1978). Studies in char gasification - I: A lumped model. Chemical Engineering Science, 34, 345-354.

Van der Burgt, M. (2008). The thermodynamics of gasification. In C. Higman & M. van der Burgt(Eds.), Gasification(2nd ed.). Amsterdam, Netherlands: Gulf Professional Publishing, Elsevier(chapter 2).

第6章 合成气和氢气
气化法生产工艺

J. G. Speight

CD&W Inc., Laramie, WY, USA

6.1 前言

本章所用的气化工艺将含碳(碳质)物料转化成合成气(Syngas),即通常含有一氧化碳、氢气、氮气、二氧化碳和甲烷的混合物。不纯的合成气热值相对较低,大约在 100~300Btu/ft³ 之间。气化工艺可使用多种多样的气体、液体和固体原料,已被广泛应用于商业化生产燃料和化学品(见第1章和第10章)。气化装置已经成功应用了煤和石油等传统燃料以及低价值和负价值材料和废料,例如石油焦、炼油残渣、城市污水污泥、生物质、烃类污染土壤、氯代烃类副产物(Speight,2008,2013a,2013b)。此外,合成气被用作氢气来源,或者作为中间体利用费托合成工艺(FTS)生产各种烃类产物(表6.1)(Chadeesingh,2011)。气化法生产合成气体可以使用任何一种含碳材料,包括生物质和废弃材料。

表6.1 费托法合成气制碳氢化合物碳原子数及常用名

碳原子数	常用名	碳原子数	常用名
$C_1 \sim C_2$	合成天然气(SNG)	$C_{11} \sim C_{17}$	煤油、柴油等中间馏分
$C_3 \sim C_4$	液化石油气(LPG)	$C_{18} \sim C_{30}$	软蜡
$C_5 \sim C_7$	轻质石油	$C_{31} \sim C_{60}$	硬蜡
$C_8 \sim C_{10}$	重质石油		

1902年,Sabatier 和 Sanderens 二人发现了一氧化碳加氢合成烃,他们在镍、铁和钴催化剂上通入一氧化碳生产出甲烷。大约在同一时期,首次实现合成气通过蒸汽甲烷转化(SMR)制氢的商业化生产。1910年,Haber 和 Bosch

发现了用氢和氮合成氨的工艺实现合成氨，第一座商业化合成氨厂于 1913 年投入运行。1923 年，Fischer 和 Tropsch 开发了合成气通过铁催化剂转化成液态烃和含氧化合物。费托法合成路径很快发展成可选择性合成甲醇、混合醇和异构烃产物。费托法另一进展是在 1938 年发现烯烃氢甲酰化反应。

一般而言，合成气的生产原料可以是任何烃类原料，例如天然气、石脑油、渣油、石油焦、煤、生物质、城市或工业废料（第 1 章）。析出气流随后经过纯化（脱硫、氮和各种颗粒物），然后催化转化成液态烃混合物。此外，合成气还可用于生产一些其他产物，例如合成氨、甲醇。

在所有作为气化工艺原料使用的含碳物中，煤是使用最广泛的原料，相应地也是了解最多的原料。实际上，煤气化已经是市场上比较成熟的技术（Speight，2013a，2013b）（第 1 章和 10 章）。现代气化工艺是由三个一代工艺技术发展而成：①鲁奇固定床反应器（Lurge）；②高温温克勒流化床反应器（Winkler）；③柯柏斯-托切克气流床反应器（Koppers-Totzek）。在每种工艺中，蒸汽/空气/氧气与高温煤反应的环境可以是固定床、流化床或气流床。反应器出口气体的温度分别为 500℃（930℉）、900~1100℃（1650~2010℉）和 1300~1600℃（2370~2910℉）。除了将蒸汽/空气/氧气作为原料气以外，蒸汽/氧气混合物也可以用于采用膜技术和含氧压缩气体的工艺中。

选择合成气生产技术还取决于合成气体的生产规模。固体燃料生产合成气由于增加原料处理和较为复杂的合成气纯化装置而需要较多的资本投资。对提高气制油装置经济效益影响最大的是降低合成气生产的相关资本成本，以及通过更好的热量整合利用提高热效率。通过将气制油装置与发电厂相结合，利用可利用的低压蒸汽，可以获得更好的热效率。

本章介绍使用碳质原料生产合成气和氢气的生产方法。

6.2 合成气生产

对于合成气和氢气生产来说，不可再生能源和可再生能源都很重要。作为能源载体，氢气和合成气可以利用各种烃类燃料、醇类燃料以及各种生物燃料和生物质原料通过催化工艺生产而成。

大多数情况下，合成气的生产原料是煤（气化、干馏）、天然气和丙烷气等轻烃（蒸汽转化、部分氧化、自热转化、等离子体转化）、石油馏分（脱氢环化、芳构化、蒸汽氧化转化、热解）、生物质（气化、蒸汽转化、生物转化）和水（电解、光催化转化、化学和催化转化）（Liu，Song，&Subramani，2010；Speight，2008，2011a，2013a，2013b，2014；Wesenberg &Svendsen，2007）。

不同选择的相对竞争力取决于规定工艺的经济情况，包括：原料是否合适可用，催化剂效率，生产规模，所需氢气纯度，原料生产和加工步骤的经济情况。

现有的商业化合成气和氢气生产工艺主要取决于同时作为氢气来源，又作为生产处理能源来源的化石燃料。化石燃料是不可再生能源，但是在短期内是比较经济的制氢生产线路（未来 30 年），也许将继续在中期（从现在起可达 50 年）发挥重要作用（Speight，2011b）。无论是从氢气来源角度，还是作为能源使用，都需要开发不依赖化石油气资源的替代技术，并且要求这些技术经济性好，环境友好并且具有竞争力。能否从气态产物中有效分离出氢气也是必须要处理好的重要问题，在这方面，变压吸附（PSA）技术被用于当前的工业实践，而且还在开发多种类型的膜材料，使之能在应用于分离工艺时更有效地实现气体分离（Ho & Sirkar，1992）。

合成气生产工艺涉及三个主要组成部分：合成气的形成，废热回收，气体处理（Speight，2013a，2013b，2014）。每一部分都有多种选择。生产出来的合成气可以是从高纯度氢气到高纯度一氧化碳变化的一系列化学组成。高纯度氢气可以使用两种主要生产路线：变压吸附法，通过低温蒸馏实现气体分离的冷箱法。实际上，这两种路线也可以联合使用。但是，它们都需要较高的资本投资。然而，为了解决这些问题，研究开发一直在进行，并通过技术示范和商业化来验证所取得的进展，例如制造高纯氢气的渗透膜，这些进展本身可以用于调整所得到的合成气中 H_2/CO 的比率。

6.2.1 蒸汽甲烷转化（SMR）工艺

蒸汽甲烷转化作为制氢基准工艺已经有几十年的时间。该工艺涉及连续催化天然气转化工艺，其主反应是甲烷和蒸汽生成一氧化碳和氢气：

$$CH_4+H_2O \Longrightarrow CO+3H_2 \qquad \triangle H_{298K} = +97400Btu/lb$$

相对分子质量较高的原料也可以转化成氢气：

$$C_3H_8+3H_2O \longrightarrow 3CO+7H_2$$

即：

$$C_nH_m+nH_2O \longrightarrow nCO+(0.5m+n)H_2$$

在实际生产过程中，原料首先通过活性炭脱硫，也可以先经历碱和水洗处理。原料脱硫后与蒸汽混合，通过镍基催化剂[730~845℃（1350~1550℉），400psi]。排出气体通过加入蒸汽冷却，或冷却到 370℃（700℉）左右，这时候一氧化碳和蒸汽在转换反应器中氧化铁催化条件下反应，生成二氧化碳和氢气：

$$CO+H_2O \Longrightarrow CO_2+H_2$$

其中，二氧化碳用胺洗除去，氢气通常为高纯度气体（>99%）。

天然气蒸汽转化（也称蒸汽甲烷转化，SMR）是将天然气转化成合成气的气体精炼工艺组成部分，可进一步合成甲醇或费托法产物。富氢合成气还可直接用于氢气增浓。蒸汽转化技术代表了投资成本的实质性部分，因此非常受关注。转化段成本大约占整个气体精炼装置总成本的60%~80%。因此，转化段的技术进步和成本节约在总装置成本中变得非常重要。

蒸汽转化反应是将由甲烷（有时用高甲烷含量的天然气替代）和蒸汽组成的混合物预热后通过催化剂填充管发生的放热反应。反应得到氢气、一氧化碳和二氧化碳的混合物。为了最大化转化甲烷原料，常常使用一次转化炉和二次转化炉，一次转化炉转化90%~92%（体积分数）的甲烷。这时烃类进料和蒸汽在900℃（1650℉）温度和220-500psi的压力条件下，在镍铝催化剂作用下发生部分反应，生成氢气/一氧化碳（H_2/CO）比约为3：1的合成气。所有未转化的甲烷与氧气在第二自热转化炉的顶部发生反应，而镍催化剂位于该反应器较低的位置。

在自热（二次）转化炉中，甲烷氧化反应提供了必要的能量，它与转化反应同时进行或在其之前进行（Brandmair, Find, & Lercher, 2003；Ehwald, Kürschner, Smejkal, &Lieske, 2003；Nagaoka, Jentys, & Lecher, 2003）。蒸汽甲烷转化反应与水煤气变换反应之间的平衡决定了最佳制氢产率的条件。最佳制氢条件要求转化反应器出口为高温（800~900℃；1470~1650℉）、过量蒸汽（蒸汽/碳摩尔比为2.5~3）、相对较低的压力（低于450psi）。大部分商业化装置采用负载型镍催化剂。

解决蒸汽转化热力学限制问题的方法之一是将产生的氢气或二氧化碳除去，从而将热力学平衡向产品方向转化。吸收增强式蒸汽甲烷转化法是建立在氧化钙（CaO）等吸附剂原位消除二氧化碳的基础上。

$$CaO+CO_2 \longrightarrow CaCO_3$$

吸附增强可以实现较低的反应温度，这样催化剂就会很少焦化或烧结，同时还可以使用价格较低的反应器壁厚材料。此外，吸热转化反应所需要的热量大部分来自碳酸化反应释放的热量。然而，再生吸附剂（转化成它的氧化物）的煅烧反应是要消耗大量能量的：

$$CaCO_3 \longrightarrow CaO+CO_2$$

使用吸附剂则需要有能选择运行的平行反应器，且能在转化和吸附剂再生模式下脱离；或者吸附剂能在转化反应器/碳酸化反应器和再生反应器/煅烧炉之间连续转换（Balasubramanian, Ortiz, Kaytakoglu, & Harrison, 1999；

Hufton，Mayorga，&Sircar，1999）。

由天然气(或煤或其他含碳原料)得到的合成气是合成氨、甲醇、费托法燃料、炼油厂加氢裂化用氢气、含氧基醇以及其他精细化学品的基础材料。气体的组成随着合成气的目标用途而变；合成氨需要的 H_2/N_2 物质的量比为3，如果用于生产氢气，则氢气(H_2)的含量应尽可能高。由于是活性变换反应，一氧化碳和二氧化碳都成为甲醇合成和高温费托合成(FTS)的反应物，因此，合成气的组成由化学计量值[$SN=(H_2-CO_2)/(CO+CO_2)$]指定，约为2。另一方面，只有一氧化碳是低温费托法反应物，合成气的氢气/一氧化碳(H_2/CO)比接近2。不同类型的反应器技术，改变所添加的蒸汽量，或氧气或空气的量(后文讨论)，可以获得组成不同合成气。合成气的组成还取决于原料气的组成，以及转化反应器的出口温度和压力(Chadeesingh，2011)。

相对分子质量较高的烃，也是天然气的组成成分(Speight，2007，2014)，在蒸汽转化炉的绝热预转化炉上游设备中被转化成甲烷。在预转化炉中，所有相对分子质量较高的烃(C_2^+)被转化成甲烷、氢气和碳的氧化物的混合物：

$$C_nH_m+nH_2O \longrightarrow nCO+(n+m/2)H_2$$
$$3H_2+CO \Longleftrightarrow CH_4+H_2O$$
$$CO+H_2O \Longleftrightarrow H_2+CO_2$$

预转化反应使用含有高活性镍催化剂的绝热固定床反应器。反应大约在 $350\sim550℃$ ($660\sim1020℉$) 条件下进行，该条件下蒸汽转化炉中的原料可以预热到较高的温度，而不会出现相对分子质量较高的烃形成烯烃的问题。由于烯烃会使催化剂颗粒在高温条件下焦化，因此在蒸汽转化炉原料中不希望出现烯烃，这也有利于将转化装置按比例降低到最小规模(Aasberg-Petersen 等，2001；Aasberg-Petersen，Christensen，Stub Nielsen，& Dybkjær，2002；Hagh，2004)。

反应使用的是涂有镍的微球催化剂，总的来说是强吸热反应。因此，在蒸汽转化装置的设计和运行过程中，热量有效地向反应器管线以及进一步向催化固定床的中心传递非常重要。反应在多个直径/高度比较低的管式固定床反应器中进行，这样保证了径向方向上有效的热传递。反应压力一般为 $300\sim600psi$、入口温度为 $300\sim650℃$，出口温度为 $700\sim950℃$。经常会有大约 $5\sim20℃$ 的误差，这意味着出口温度要略高于由实际出口组成计算得到的平衡温度(Rostrup-Nielsen，Christiansen，& BakHansen，1988)。

在预转化炉中，甲烷或相对分子质量较高的烃会形成晶须碳。H_2O/C 比的下限取决于许多因素，包括原料气组成、操作温度和催化剂的选择。在低 H_2O/C 比下运行的预转化炉中，在温度最高的反应区，最为明显的就是甲烷生成碳。相对分子质量较高的烃只能在反应器第一部分，C_2^+ 化合物浓度最高的时候生成碳。

在二次转化炉的下游设备中使用两个水煤气转换反应器（WGS）调整 H_2/CO 的比值，其大小取决于蒸汽转化产物的最终用途。其中第一变换反应器使用的是铁基催化剂，它被加热到 400℃（750℉）左右；而第二变换反应器的反应温度大约为 200℃（390℉），使用的是铜基催化剂。

如果一次转化炉使用的是镍基催化剂，则炭沉积在催化剂上（焦化）会是一个严重的问题（Alstrup，1988；Rostrup-Nielsen，1984，1993）。积炭反应与转化反应同时发生，但是它会导致催化剂颗粒表面中毒，因此不希望出现积碳反应。这会降低催化剂活性，需要增加催化剂的添加频率。焦化反应包括 CO 减量、甲烷裂解和 Boudouard 反应，各个平衡反应方程如下：

$$CO+H_2+H_2O \longrightarrow C+H_2O$$

$$CH_4 \longleftrightarrow C+2H_2$$

$$2CO \longleftrightarrow C+CO_2$$

蒸汽稍微过量就会产生出现焦化的临界条件——焦化反应的平衡计算值作为有用的手段，可用于预测催化剂中毒。但是反应动力学太慢，焦化问题基本可以忽略。所以，完整的分析还应该包括动力学计算，并且这些反应方程与原料有关。

为了降低可能产生的焦化问题，蒸汽转化炉采用的蒸汽/碳之比为 2~4。如果是合成甲醇和费托法产物，需降低这一比值，因为这样能以较小的转化装置转化更多的甲烷，从而大大节约了成本。新型贵金属催化剂、预转化装置的使用等技术进步将不断降低蒸汽/碳的比值。

在原料气中，可使蒸汽/碳比不容许碳的生成，但是该反应的效率较低。另一种方法是使用硫钝化技术，即 SPARG 工艺（Rostrup-Nielsen，1984，2006；Udengaard，Hansen，Hanson，& Stal，1992）。该工艺的基本原理是积碳反应，要求在催化剂表面上存在比蒸汽转化多的相邻镍原子。第三种方法是使用不形成碳化物的第八族（Group Ⅷ）金属（例如铂）。

最常用的天然气蒸汽转化反应器是燃烧供热的蒸汽转化炉。天然气和合成环管出来的尾气在成排放置反应管的燃烧室内燃烧。反应管的数量为 40~400 根，反应管长度约为 33~40ft，直径约为 4~5in，在反应管的催化床上发生天然气转化成合成气。燃烧器可以放在不同的位置，如顶部、底部、管壁的水平台地或管壁位置（侧烧式供热）。

顶烧式供热蒸汽转化炉操作必须谨慎，这是因为管壁温度和热流会在转化炉上部出现峰值。底烧式转化炉的热流径向分布稳定，这样反应器出口位置就出现较高的管壁温度。梯台式燃烧供热转化炉是底烧式转化炉的改进版，金属温度高时会产生一些小问题。侧烧式转化炉的设计效率最高，无论是设计还是操作方面，都是最灵活的转化炉（Dybkjær，1995）。

这种结构转化炉可以在管壁温度最高的地方实现最高的总热流与最低的热流相互结合。这类转化炉可以实现低的蒸汽/碳比值与高出口温度相结合。最关键的运行参数是管壁上最大温差，而不是最大热流（Aasberg-Petersen 等，2001）。

6.2.2 自热转化工艺

自热转化工艺（ATR）是在反应器中利用氧气和二氧化碳或蒸汽与甲烷反应生成合成气。反应在单反应室中进行，甲烷在其中被部分氧化。氧化反应是放热反应。自热转化和蒸汽甲烷转化之间的主要差异是蒸汽甲烷转化不使用或不需要氧气。自热转化工艺的优势是 H_2/CO 的比值可以变化，这一点特别适用于生产某些二代生物燃料，例如二甲醚，它的合成反应需要 H_2/CO 之比为 1:1。

自热转化工艺开发于 20 世纪 50 年代，主要用于生产合成氨和甲醇的合成气。合成氨时，如果需要高的 H_2/CO 比值，则该工艺在高的蒸汽/碳比值下运行。生产甲醇时，通过控制二氧化碳循环实现所需要的 H_2/CO 比。实际上，随着工艺的发展与优化，已经能以非常低的蒸汽/碳原料比生产出富 CO 的合成气，这就是费托法（FTS）基础原理。使用自热法反应器的优点有：①反应器设计紧凑，占地空间较小；②操作灵活，启动周期短，负载变化快；③无烟灰工艺。④反应器具有较好的经济效益。

自热转化工艺中，有机原料（例如天然气）和蒸汽（原料中也可以有少量二氧化碳）在转化炉中与氧气和空气直接混合。转化炉是含有填装催化剂的耐火材料衬里容器，注入口位于容器顶部。在反应器燃烧区发生部分氧化反应，然后气态混合物流过催化剂床，在上面发生实际转化反应。燃烧区部分氧化产生的热量在转化区被利用，所以在理想情况下，实现完全热平衡是有可能的。

自热转化反应器由三部分组成：①燃烧炉，原料流在湍流扩散火焰中混合；②燃烧区，发生部分氧化反应，产生一氧化碳和氢气的混合物；③催化区，离开燃烧区的气体达到热力学平衡。反应器的关键部件是燃烧器和催化剂床，燃烧器实现原料流混合，天然气在湍流扩散火焰条件下发生转化：

$$CH_4 + 3/2O_2 \longrightarrow CO + 2H_2O$$

如果原料中出现二氧化碳，产生的 H_2/CO 比约为 1:1；如果反应使用蒸

115

汽,则产生的 H_2/CO 比大约为 $2.5:1$。

$$2CH_4+O_2+CO_2\longrightarrow 3H_2+3CO+H_2O$$
$$4CH_4+O_2+2H_2O\longrightarrow 10H_2+4CO$$

在自热转化反应器中形成烟灰的风险取决于诸多参数,如原料气组成、温度、压力,尤其是燃烧器设计。燃烧室在运行过程中会形成烟尘前体物,因此,在设计燃烧器、催化剂和反应器时,催化剂床必须能破坏前体物,从而避免形成烟灰。

许多研究认为,在低 H_2O/C 比值条件下,将绝热预转化和自热转化相结合是大型气制油装置生产合成气的首选设计。

6.2.3　联合转化工艺

联合转化是将蒸汽转化和自热转化相结合的工艺。在这类工艺配置中,烃(例如天然气)在相对较小的蒸汽转化炉中和温和条件下首先部分转化成合成气(Wang, Stagg-Williams, Noronha, Mattos, & Passos, 2004)。蒸汽转化炉出来的尾气进入燃烧氧气的二次反应器中,例如自热反应器,未反应的甲烷经过部分氧化和蒸汽转化制得合成气。

另一类工艺配置要求将烃原料分成两部分,然后平行进入蒸汽转化反应器和自热反应器(气体加热转化)。该工艺是燃烧蒸汽转化炉的替代选择,在商业上已经得到证明。对于气体加热蒸汽转化炉来说,费托法生产烃和甲醇也引起了人们的关注。

6.2.4　部分氧化工艺

部分氧化是指在少量空气条件下,甲烷或合适的烃类燃料等燃油原料发生放热反应的工艺过程(Vernon, Green, Cheetham, & Ashcroft, 1990; Rostrup-Nielsen, 2002; Zhu, Zhao, &Deng, 2004)。由于是不完全燃烧,生成含有氢气和一氧化碳的气体。氢气可用于延展柴油的贫熄边界,这意味着燃油效率更高、污染物排放更低。

当化学计量比的氢气-空气混合物在转化炉中部分燃烧时,出现部分氧化(POX, P_{OX})反应:

$$C_nH_m+(2n+m)/2O_2\longrightarrow nCO+(m/2)H_2O$$

因此,对于煤或各种含碳原料来说,可以将反应简化为(实际反应非常复杂):

$$[CH]_{煤}+O_2\longrightarrow CO+H_2$$

在反应过程中,原料在少量空气存在的条件下,在简单的预燃室中发生部分燃烧，生成一氧化碳和氢气。由于部分氧化是放热反应，有一部分燃烧的热量被释放出来。释放的能量转化成热量，将气体的温度提高到870℃（1600℉）左右。气体在其进入燃烧发动机之前需要降低温度，否则，由于气体密度太低而不能实现较好的容积效率。产生的气体可以在燃气发动机中燃烧。

部分热氧化反应器类似自热反应器，主要区别是未使用催化剂。在反应过程中，原料（可能含有蒸汽）通过反应容器顶部附近的注入口与氧气直接混合。在燃烧炉底部的燃烧区同时出现部分氧化和转化反应。

部分氧化工艺的主要优势是系统几乎能使用所有含碳原料，可以是相对分子质量非常高的有机成分，例如石油残渣和石油焦（Gunardson & Abrardo，1999；Speight，2014）。此外，由于氮氧化物（NO_x）和硫氧化物（SO_x）的排放量已经降至最低，部分氧化工艺不会造成较大的环境影响。

为了能达到完全反应，要求温度非常高，大约为1300℃（2370℉）。这就要求消耗一部分氢气和高于化学计量比的氧气（例如富氧条件）。

由于燃料能量减少，部分氧化工艺不能用于气化汽油、柴油、甲醇或乙醇。然而，部分氧化工艺产生的富氢气体（因而石油工业也会优先选择这类工艺）也会用于丰富其他品种燃料。对于制氢来说，部分氧化工艺经常会与蒸汽转化联合使用，将部分氧化释放的热量用于吸热的蒸汽转化。但是，如果可以用内燃机排出的废气中的能量完成蒸汽转化，则不需要首先部分氧化燃料。这么做会造成燃料热值下降，因而损失工艺过程中的总能量。

使用催化部分氧化（CPOX，CP_{OX}）技术可以作为提高合成气生产效率的一种手段，与蒸汽转化和热粒子氧化相比，它有多种优势，尤其是较高的能量效率（Enger，L deng，& Holmen，2008）。反应属于非吸热反应，这与蒸汽转化一样，但是会轻微放热。此外，通过该工艺可以得到接近2.0的H_2/CO比（即费托法和甲醇合成的理想比值），反应过程分为直接路线和间接路线两种。

间接路线是将甲烷完全燃烧生成二氧化碳和水，然后通过蒸汽转化和水煤气变换反应，在环境压力下平衡转化率可高达90%。然而，为了使该技术工业化经济可行，要求工作压力超过300psi。但在高压条件下，平衡转化率较低，且由于放热燃烧步骤很难控制工艺，还会造成飞温问题。

直接路线涉及到仅在催化剂上发生表面反应：

$$CH_4 + 0.5O_2 \longrightarrow CO + 2H_2$$

与传统的合成气生产方法相比，直接路线工艺将大幅度降低催化剂用量，因而反应器可以采用紧凑型设计。

6.2.5 膜反应器

膜技术是一种将空气分离和天然气转化工艺相结合的新技术，它能降低合成气和烃的生产成本（Carolan，Chen，& Rynders，2002；Khassin；2005）。这种膜技术（氧气输送膜）可以将五个当前在用的单元装置结合在一起：氧气分离，氧气压缩，部分氧化，蒸汽甲烷转化，热交换。催化技术与膜技术结合在一起可加快转化反应。

已经开发出两阶法合成气生产专利工艺（Nataraj，Moore，& Russek，2000），它能通过多种原料生产合成气，例如天然气、伴产气（来自原油生产）、炼油厂轻烃气体以及石脑油等中间烃馏分。第一阶段利用传统的蒸汽转化部分转化成合成气，然后在离子传输陶瓷膜（ITM）反应器中完全转化。由于相对分子质量较高的烃易使催化剂和膜发生裂解和降解，因此这种结合技术解决了相对分子质量比甲烷高的烃类原料蒸汽转化时相关的所有问题。

通过除去反应区的氢气，可改变蒸汽转化工艺的平衡，膜反应器还可用于提高甲烷转化平衡的极限。使用钯-银合金膜反应器可以使甲烷转化率达到完全（Shu，Grandjean，&Kaliaguine，1995）。

6.3 氢气生产

氢气和一氧化碳混合气体称为合成气，在前面章节中，作为生产一氧化碳必不可少的组成部分，必然会经常提及氢气生产。由于氢气在加氢处理（例如脱硫）和加氢转化（例如加氢裂化）工艺中的应用，氢气成为炼油工业中的重要商品。转化工艺过程可以产生一部分氢气，但已经无法满足现代炼油厂的氢气需求（Ancheyta & Speight，2007；Speight，2000；Speight，2014；Speight & Ozum，2002）。另外，通过保持较低温度下的脱硫动力和降低炭沉积、反应器入口最适宜的氢气纯度均可延长催化剂寿命。一般情况下，通过氢气纯化设备和/或更好地脱除硫化氢，以及调整氢气循环和净化速率，提高氢气的纯度，可以将催化剂的寿命延长高达 25% 左右。实际上，随着氢气在炼油厂的广泛应用，氢气生产已经从高科技特殊作业地位变成大多数炼油厂的一体化特征组成（Raissi，2001；Vauk 等，2008）。

未来 20 年，残渣油和焦炭气化制氢和/或发电将更多地应用于炼油厂（Speight，2011b），但是其他几种工艺技术可用于生产各种重质原料加氢处理工艺所需要的氢气（Speight，2014）。本章将概要介绍这些工艺技术。

6.3.1 重渣油气化和联合循环发电

重渣油经气化处理，产生的气体经过纯化，最终获得不含污染物的燃气（Gross & Wolff，2000）。例如，在大约 570psi 压力和 1300～1500℃（2370～2730℉）温度条件下，溶剂脱沥青渣油（脱沥青底油）通过部分氧化法被气化。高温产生的气流进入废热锅炉，其中高温气体经过冷却产生高压饱和蒸汽。然后废热锅炉出来的气体与燃气发生热交换，接着流向碳洗涤塔，产生的气体经过水洗除去其中未反应的炭颗粒。

炭洗涤塔出来的气体在燃气和锅炉给水的作用下被进一步冷却，进入硫化物脱除工段，将气体中的硫化氢（H_2S）和羰基硫化物（COS）除去，从而得到清洁燃气。清洁燃气在气化炉产生的高温气体作用下被加热，最后在 250～300℃（480～570℉）条件下被提供给燃气涡轮发动机。

减少废气中氮氧化物（NO_x）含量的方法有两种：第一种是向燃气轮机燃烧室中加水；第二种方法是在脱氮氧化物催化剂存在的条件下，通过注入氨气有选择性地降低碳氧化物含量，该催化剂被安置在余热回收蒸汽发生器的合适位置。就降低向空气排放氮氧化物来说，第二种方法要比第一种更有效。

6.3.2 混合气化工艺

在混合气化工艺中，煤/渣油浆被加进气化炉，在反应器上部发生热解，生成气体和半焦，然后，产生的半焦部分氧化变成灰分，灰分在反应器底部被连续除去。

在该工艺中，煤和减压渣油混合在一起形成油浆，然后产生清洁燃气。被加进增压气化炉的油浆在 850～950℃（1560～1740℉）条件下发生热裂解，然后转化成气体、焦油和半焦。在气化炉较低区域的氧气和蒸汽混合物将半焦转化成气态产物。离开气化炉的气体在流化床换热器中被冷却到 450℃（840℉），然后在 200℃（390℉）左右经过洗涤除去焦油、灰尘和蒸汽。

在离开气化炉后，灰尘通过蒸汽间接冷却，接着被排进灰斗。利用焚化炉将其燃烧得到生产用蒸汽。另外，脱除焚化炉中沉积在硅砂上的焦炭。

6.3.3 烃气化

烃气化制氢气是涉及烃部分氧化的连续非催化过程，它也是含碳燃料气化生产气态产物所用的多种工艺之一（Breault，2010）。

在该工艺中，在 1095～1480℃（2000～2700℉）温度条件下，与蒸汽或二氧化碳在一起的空气或氧气被用作氧化剂。在反应过程中产生的所有炭（原料的 2%~3%，质量分数)在炭分离器中以油浆的形式被除去，并经颗粒化处理，以便用作燃料或作为碳基产物的原料。

6.3.4 Hypro 工艺

由于原料来源丰富，并且氢/碳比值高(所有烃中最高)，甲烷很明显成为氢气的来源。甲烷蒸汽转化代表了当前氢气生产的趋势(Hypro 工艺)。其他主流的制氢方法还有自热转化法和部分氧化法。然而，如果希望得到的产品是氢气，则所有这些工艺都会涉及到大量不想要的副产物一氧化碳和二氧化碳。

对于生产高纯度氢气来说，希望是不需要复杂的碳氧化物脱除工序的制氢路线。因此，以甲烷为主要成分的天然气催化分解制氢引起了广泛的关注。考虑到分解过程只产生氢气和碳，产品分离不是问题。与传统方法相比，甲烷分解过程的优点是简单。例如，完全不需要高温和低温水煤气变换反应和二氧化碳脱除步骤(传统方法需要此步骤)。另外，对清洁氢气生产工艺的实际应用来说，催化剂再生非常重要。

Hypro 工艺是一种利用天然气或炼厂废气生产氢气，尤其是甲烷分解生产氢气和碳的连续法催化工艺(Choudhary & Goodman，2006；Choudhary，Sivadinarayana，&Goodman，2003)：

$$CH_4 \longrightarrow C+2H_2$$

氢气利用相分离回收，最终得到纯度为93%左右的氢气，其中主要污染物是甲烷。

6.3.5 热解工艺

近年来引起关注的是热解法生产氢气。具体来说，兴趣点集中在甲烷(天然气)和硫化氢的高温分解。

天然气易于获取，甲烷气体含量相对丰富，还含有少量乙烷、丙烷和丁烷。天然气烃馏分热催化分解(对照 hypro 工艺)提供了另一种制氢方法(Dahl & Weimer，2001；Uemura，Ohe，Ohzuno，& Hatate，1999；Weimer 等，2000)：

$$C_nH_m \longrightarrow nC+(m/2)H_2$$

研究人员还提出，硫化氢可直接分解生产氢气(Clark & Wassink，1990；Donini，1996；Luinstra，1996；Zaman &Chakma，1995)。硫化氢分解是强吸热过程，平衡产率较低(Clark，Dowling，Hyne，& Moon，1995)。温度低于1500℃(2730℉)时，热力学平衡不适宜制氢。但是，如果使用催化剂，例如

120

铂钴催化剂在 1000℃（1830℉）温度条件下，钼（Mo）或钨（W）的二硫化物在 800℃（1470℉）条件下（Kotera，Todo，& Fukuda，1976），或氧化铝负载的其他过渡金属硫化物在 500~800℃（930~1470℉）条件下，硫化氢开始分解。在大约 800~1500℃（1470~27300℉）温度范围，硫化氢热解可以简化成：

$$H_2S \longrightarrow H_2 + 1/xS_x \qquad \triangle H_{298K} = +34300Btu/lb$$

上式中，$x=2$。在此温度范围外，根据温度、压力以及氢和硫的相对丰度，会出现多重平衡（Clark & Wassink，1990）。

此外，水蒸气-铁工艺是已定型的工艺，早在 20 世纪初就被用于焦炭制氢。然而，它无法与后来开发的甲烷蒸汽转化工艺竞争，从而逐渐被淘汰。对水蒸气-铁工艺开发的再次关注主要集中于使用可再生能源，例如生物质。本文研究了热解油的水蒸气-铁工艺制氢。在制成氢气前，由生物质热解生产热解油方便了交通运输，而且还简化了气化和燃烧工艺。相比于其他的生物质热-化学路线，水蒸气-铁工艺的优势是氢气可以用两步氧化还原周期生产，不需要任何纯化步骤（例如变压吸附）（Bleeker，2009；Bleeker，Kersten，& Veringa，2007）。

6.3.6　壳牌气化工艺

壳牌气化工艺(部分氧化工艺)是灵活的合成气(以氢气和一氧化碳为主)生产工艺，可用于生产高纯度高压氢气、合成氨、甲醇、燃气、煤气，或用于通过气态或液态烃与氧气、空气或富氧空气反应得到还原气体。传统上，石油渣油按海洋船用燃料油出售，或作现场炉用燃料使用。然而，随着法律法规的日益严格，炼油企业不得不减少排放并降低其产品的硫含量。此外，燃料油的市场也在萎缩。壳牌气化工艺可以结合其他升级工艺和处理技术将不同低价值渣油转化为合成气。

重质残渣转化成工业用气的最重要步骤是添加蒸汽，使用氧气将油部分氧化。气化反应在空的、加有耐火材料衬里的反应器中进行，反应温度大约为 1400℃（2550℉），反应压力在 29~1140psi。在没有催化剂存在的情况下，它们在气化反应器中发生化学反应，生成碳含量占原料 0.5%~2%（质量分数）的气体。气体中的碳用水除去，在大多数情况下利用原料油从水中萃取出碳，然后碳回到原料油。转化气体较高的热量被废热锅炉。在 850~1565psi 压力条件下生成蒸汽。一部分蒸汽被用作工业用汽和氧气、油预热，其余的蒸汽被用于发电和供热。

6.3.7　蒸汽-石脑油转化工艺

如果存在天然气缩减的潜在可能，液体原料无论是液化石油气还是石脑油，也可以为蒸汽甲烷转化装置提供原料支持（Breault，2010；Rostrup-Nielsen & Christiansen，2011）。原料处理系统需要含有缓冲罐、进料泵和汽化室（通常是蒸汽加热），其次是需要在脱硫前进一步加热。液体原料中的硫以硫醇、噻吩衍生物或高沸点化合物的形式出现。这些化合物性能稳定，无法用氧化锌脱除，因此需要加氢单元。此外，和炼厂气一样，如果出现烯烃也必须加氢处理。

蒸汽-石脑油转化工艺是液态烃生产氢气的连续过程。实际上，它与甲烷蒸汽转化类似，也是除乙烷以外低沸点烃制氢的多种方法之一（Brandmair 等，2003；Find，Nagaoka，&Lercher，2003；Muradov，1998；Murata，Ushijima，& Fujita，1997）。该工艺还可以采用汽油沸程中各种石脑油类化合物，包括芳烃含量高达35%的原料。在预处理除去含硫化合物后，原料与蒸汽混合，并被送入转化炉（675~815℃，300psi），在炉中产生氢气。

6.3.8 德士古气化（部分氧化）工艺

德士古气化（部分氧化）工艺是生产合成气的部分氧化气化工艺（Breault，2010）。工艺特点是原料与二氧化碳、蒸汽或水一起注入气化炉。因此，溶剂脱沥青渣油或各种焦化工艺废弃的石油焦可以用作本气化工艺的原料，所产生的气体可用于生产高纯度高压氢气、氨和甲醇。高温气体回收得到的热量用于废热锅炉制蒸汽。如果不需要高压蒸汽，或者下游一氧化碳转化炉需要高转化率时，可以优选费用较低的急冷型工艺配置。

在生产过程中，碳回收工段回收的原料炭泥与原料一起被压缩到特定的压力，接着与高压蒸汽混合，然后与氧气一起通过燃烧器被吹进气体发生器。

气化反应指的是烃发生部分氧化生成一氧化碳和氢气的过程：

$$C_xH_{2y}+x/2O_2 \longrightarrow xCO+yH_2$$
$$C_xH_{2y}+xH_2O \longrightarrow xCO+(x+y)H_2$$

气化反应迅速完成，生成气主要成分为氢气和一氧化碳（H_2+CO≥90%）。离开气体发生器反应室的高温气体进入与气体发生器底部相连的急冷室，在水的作用下，温度降低到200~260℃（390~500℉）。

6.3.9 燃料气回收

从炼厂燃料气回收氢气有助于满足炼厂对氢气的高需求。深冷分离通常被视为最有效的热力学分离技术。炼厂气回收氢气的基本配置涉及两阶式部分冷凝工艺，并通过变压吸附技术进行后期净化处理（Dragomir 等，2010）。该工艺的主要步骤是粗炼厂气流冷冻至中间温度（-60~-120℉）前的一次压缩和预处理。然后，不完全冷凝的气流在闪蒸罐中发生分离，分离后的液态物流通过焦耳-托马斯阀（Joule-Thomson）膨胀产生制冷作用，被送入洗涤塔。根据情况，洗涤塔可以换成简单的闪蒸罐。

在塔底收集粗液化石油气（LPG），在塔顶获得富甲烷蒸汽。富甲烷蒸汽被送往压缩，然后到达燃料罐。闪蒸罐出来的蒸汽在送入第二闪蒸罐之前在第二换热器中进一步冷却，形成一股富氢气流和一股富甲烷液体。液体在焦耳-托马斯阀膨胀制冷，然后送出进一步冷却。接下来，富氢气体被送入变压吸附单元进一步纯化。该单元产生的尾气经过压缩，与富甲烷气体一起返回至燃料罐。

6.4　气化产物：组成与质量

气体组成随着原料类型和所采用的气化工艺而变化，因此气化工艺的产物组成各不相同（第1、2和10章）。另外，气态产物在进一步被利用之前，尤其是目标用途是水煤气变换反应或甲烷化反应时，必须除去各种污染物，例如颗粒物和硫化物，从而提高其质量（Speight，2007，2008，2013a，2013b）。

一般情况下，气化工艺产物有：①高纯度氢气；②高纯度一氧化碳；③高纯度二氧化碳；④系列 H_2/CO 混合物（第10章）。实际上，H_2/CO 比可以任意选择，在一定程度上可以根据所需要的产物组成选择合适的工艺方案。从一个极端考虑（即希望得到的产物是氢气），则通过将所有的一氧化碳变换成二氧化碳，使 H_2/CO 比值趋于无穷大。相比之下，从另一极端考虑，由于始终会产生氢气和水，因此该比值无法调整到零。

低热值气体（热含量低的气体）是未从空气中分离出氧气的产物，结果是气态产物总是低热含量（$150 \sim 300Btu/ft^3$）。而在中热值气体（中等热含量气体）中，热值在 $300 \sim 550Btu/ft^3$ 之间，除了几乎没有氮气外，其组成非常类似低热含量气体的组成，它的 H_2/CO 比从 $2:3$ 变化到近似 $3:1$，增加的热值与较高的甲烷和氢气含量以及较低的二氧化碳含量有关。高热值气体（高热含量气体）几乎全部是甲烷，常被称为合成天然气或代用天然气。但是，能成为代用天然气，产物中甲烷含量必须达到95%以上；合成天然气的热含量为 $980 \sim 1080Btu/ft^3$。氢气和一氧化碳催化反应合成高热含量气体是最常用的工艺方法。

含碳原料气化也能生成氢气。虽然气化炉有多种类型（第2章），但是气流床气化炉被认为最适合用于煤制氢气和发电。这是因为它的反应温度足够高(大约1500℃，2730℉)，使高的碳转化率成为可能，并避免了因为焦油和其他残渣而导致下游设备结垢。

另有一系列产物，它们的命名是按照早期煤气化技术演化而来的：①人工煤气；②水煤气；③城市煤气；④合成天然气。这些产物是典型的中低热值(Btu)气体(第10章)。

6.4.1 净化

已开发的气体净化工艺(Mokhatab，Poe，& Speight，2006；Speight，2007，2008)各种各样，有简单的单程洗涤工艺，也有可以选择气体循环的复杂多阶系统(Mokhatab等，2006)。有些情况下，需要回收消除污染物的材料，或者是需要回收原始形式或变化了的污染物，这些都使净化工艺变得比较复杂。

用更为通用的术语来说，气体净化分为颗粒物杂质的消除和气态杂质的消除。在本章，后者包括消除硫化氢、二氧化碳、二氧化硫以及与合成气和氢气生产无关的产物。然而，根据要求和工艺能力，还需要对所述两大类进行细分：①粗净化：通过最简单、最方便的方法除去大量不需要的杂质；②细净化:除去剩余杂质，使之足以用于大多数化工厂正常生产装置的运行，例如催化或制备正常的商业化产品，净化后足以通过烟囱向大气排放废气；③超细净化：满足后续装置运行特点要求的附加步骤(以及额外费用)，或者满足超纯产品的生产需要。

与有些科学家和工程师的普遍观点相反，所有气体净化系统都是不一样的，如果想要实施合适的解决方案，必须充分了解煤基工艺气体排放物的类型。由于每一种工艺都有特定的要求，所以气体净化系统的设计必须要始终考虑上游装置设备，例如，有些情况下，可能无法应用干式除尘单元，因而需要特殊工艺设计的湿法气体净化装置。因此，气态净化工艺必须始终是适用于上游和下游工艺的最佳设计。

气体处理的化学原理和/或物理原理虽然通常比较简单，但实际应用常常令人困惑(Mokhatab等，2006；Speight，2007，2008，2013a，2014)。虽然气体处理采用不同的工艺类型，但是不同的处理方法的概念之间总是有重叠的地方。并且，随着组成和工艺运行条件的多种可能性变化，无法规定一个适用于所有情况并且经济的通用净化系统。

气体净化的第一步通常是通过设备除去携带(夹带)的大颗粒原料煤及其他固态材料(Mokhatab等，2006；Speight，2007，2008)；接着通过冷却、急冷或水洗，使焦油和轻油冷凝，并除去气流中的灰尘和水溶性物质。满足气体净化需要的水洗步骤，但气体净化所用的水洗步骤比较复杂。

净化步骤及其顺序受所生产气体的类型及其最终用途影响（Mokhatab 等，2006；Speight，2007，2008）。最基本的净化要求是将低硫无烟煤产生的低热值气体作为燃料气使用。气体可以直接从气化炉传送到燃烧炉，这种情况下，燃烧炉成为净化系统。净化系统包括许多变量，且净化阶段的顺序也不一样。

选择特殊的气体净化工艺并不简单，必须考虑多种因素，而不仅仅只需考虑气流的组成。选择何种净化工艺，意味着一种酸性气体馏分相对于另一种气体除去或优先除去。例如，有些工艺将硫化氢和二氧化碳同时除去；其他工艺仅用于消除硫化氢（Mokhatab 等，2006；Speight，2007，2014）。

在化学和流程工业，利用液体吸附或使用固体吸附剂吸附是应用最广泛的气体净化技术（Mokhatab 等，2006；Speight，2007）。有些技术可以实现吸附剂再生，但是在少数情况下，净化技术使用的是非再生的方式。吸着物和吸附剂之间的相互作用可以是物理性质，也可以是物理吸附结合化学作用。还有一些气流处理技术的基本原理是化学转化污染物，产生"无害"（非污染）产物或者相比于其来源杂质更易消除的物质（Mokhatab 等，2006；Speight，2007，2008）。

胺洗法可以除去煤化工产生的所有气体，例如硫化氢和/或二氧化碳。

$$2RNH_2+H_2S \longrightarrow (RNH_3)_2S$$
$$(RNH_3)_2S+H_2S \longrightarrow 2RNH_3HS$$
$$2RNH_2+CO_2+H_2O \longrightarrow (RNH_3)_2CO_3$$
$$(RNH_3)_2CO_3+H_2O \longrightarrow 2RNH_3HCO_3$$

溶剂萃取也是生产低硫、低矿物质煤的一种方法，需要对煤的馏出物进行加氢处理。这类方法是从煤中的无机物中提取出有机物。一项研究表明，在未来的几年里，溶剂精炼煤不太可能大规模地进入发电行业。

除了硫化氢和二氧化碳，气流还可能含有其他污染物，例如二氧化硫、硫醇、羰基硫化物。有一些脱臭工艺可以消除这些污染物，会除去大量的酸性气体，但是达不到足够低的浓度。另一方面，还有一些工艺不是用于除去（或者无法除去）大量酸性气体，然而它们能够将气流中中低浓度水平的酸性气体杂质降低到非常低的水平。

已经开发出很多不同的二氧化碳和硫化氢脱除方法，这里简要讨论其中的一些方法。常使用部分氧化法将气体脱硫后的副产物硫化氢浓缩物转化为元素硫（克劳斯法脱硫）（Mokhatab 等，2006；Speight，2007，2013a，2014）。

变压吸附方法使用多层固体吸附剂将杂质从氢气流中分离出来，得到高纯度高压氢气和含有杂质和少量氢气的低压尾气流。然后吸附层通过减压和清洗再生。尾气中有可能损失部分氢气(高达20%，体积分数)。

由于要生产高纯度氢气，蒸汽转化装置常常选择变压吸附作为其净化方法。它还用于净化炼厂尾气，并与膜系统竞争。

以前许多使用湿法洗涤工艺净化氢气的制氢装置现在都使用变压吸附(PSA)净化工艺(Speight，2007，2014)。变压吸附工艺是使用多层固态吸附剂除去气体中杂质，生产高纯度氢气(相对于低于97%的纯度，体积分数，达到了99.9%)的循环过程。净化后的氢气通过吸附剂床，只有很少一部分被吸收，并且通过减压，吸附剂床通过减压，继而再在低压条件下净化实现再生。

吸附剂床减压时，形成由原料中的杂质(一氧化碳、二氧化碳、甲烷和氮气)和一些氢气组成的废气(或尾气)流。这股气流在转化炉中作为燃料烧掉，由于变压吸附装置中的转化炉操作条件的设定，使作为转化炉燃料的尾气不超过85%(体积分数)。由于尾气比常规燃气难以燃烧，并且高含量的一氧化碳会干扰火焰的稳定性，上述设定就使燃烧器易于控制。

提高转化炉的运行温度，可转化平衡移动，在转化炉的出口产生更多的氢气和更少的甲烷，因而尾气中的甲烷较少。

膜系统利用的是穿透膜的扩散速率差异分离气体(Brüschke，1995，2003)。扩散快的气体(包括氢气)成为渗透流，可在低压侧获得；而扩散慢的气体成为非渗透流，在压力接近入口点原料压力的条件下离开膜系统。膜系统含有非移动部件或转换阀，有着极高的可靠性。主要威胁来自气体中破坏膜材料的成分(例如芳烃)或造成堵塞的液体。

膜是由相对较小的模块制造而成；对于较高的生产负荷，则要增加更多的模块。因此，成本与负荷能力成线性关系，这使其在负荷较低的条件下更显竞争力。膜系统设计需要在压力降(或扩散速率)与表面积之间以及在产品纯度和回收率之间做出权衡。表面积增加时，扩散快的馏分回收率提高；然而，回收更多扩散慢的馏分，则降低了纯度。

深低温分离方法是通过冷却气体，冷凝部分或全部气流成分。根据所需的产品纯度，可能会用到闪蒸或蒸馏。深冷单元的优势是能够分离单次进料各种各样的产物。从氢气流中分离轻烯烃就是例证。

氢气回收率在95%(体积分数)左右，可获得高于98%(体积分数)的纯度。除了前边提出的净化工艺一般性说明以外，达到该纯度水平的四个主要工艺技术如下：

① 深冷加甲醇化工艺：它利用深冷工艺经多步骤液化一氧化碳直至产生纯度达到98%左右的氢气。然后将冷凝的一氧化碳(可能含有甲烷)蒸馏产生纯一氧化碳以及一氧化碳和甲烷的混合物。氢气流被送至转化炉，剩余的一

氧化碳被转化成二氧化碳和氢气。二氧化碳被脱除，利用甲烷化反应将所有更深层次的一氧化碳或二氧化碳除去，最终产生的氢气流纯度通常能达到99.7%(体积分数)。

② 深冷加变压吸附(PSA)：它利用类似的一氧化碳连续液化过程，直至获得纯度达98%的氢气。将一氧化碳气流进一步蒸馏除去甲烷，直至基本上完全纯化。然后将氢气流送至多重变压吸附循环，直至氢气纯度高达99.999%(体积分数)。

③ 甲烷洗涤深冷工艺：它利用了液体甲烷流体吸附一氧化碳的原理，产生的氢气流仅含有低水平(百万分之一水平)的一氧化碳，但是大约有5%~8%(体积分数)的甲烷，因此，氢气流的纯度可能只能达到95%(体积分数)左右。然而，可以蒸馏液态一氧化碳/甲烷流体产生纯的一氧化碳气流和一氧化碳/甲烷混合气流，它们可以作为燃料使用。

④ COsorb法：利用甲苯中铜离子(四氯亚铜铝，$CuAlCl_4$)生成化学络合物，使一氧化碳从氢气、氮气、二氧化碳和甲烷中分离出来。这种方法可以捕获大约96%一氧化碳，产生纯度超过99%的气流。另一方面，水、硫化氢以及其他微量化合物会使铜催化剂中毒，因此必须在进入反应器前将其除去。虽然深冷分离法的效率因为原料中存在低含量的一氧化碳而降低，但是COsorb法能更有效地分离一氧化碳含量低的气流。

6.4.2 油水分离

典型的油水分离工艺主要用于分离油气加工废水中的全部油类和悬浮体。最常用的分离器是API分离器，它是一种重力分离装置，它的设计原理是油水以液体的形式分离时，利用油水之间的密度差异(取决于压力，气体仍然保持挥发态)(Mokhatab等，2006；Speight，2007)。根据此原理，全部悬浮体沉淀到分离器底部，形成沉积物层；油上升到分离器顶部，废水将位于顶部油层和底部固体层之间的中间层。

一般情况下，油层被撇去，随后被再加工或处理，底部沉积层用链板式刮料装置(或类似设备)和污泥泵除去。水层被送至溶气浮选单元进一步处理，除去各种渣油，然后转移至某种类型的生物处理装置，除去不想要的溶解化合物。

平行板式分离器类似API分离器，它含有倾斜式平行板组件，并在每个平行板下方设置较多的表面，使悬浮油滴汇聚成较大的油滴。所有沉积物滑到各个平行板上面。这类分离器仍然利用了悬浮油和水之间的密度差异。但是，平行板提高了油水的分离效率，最终达到相同的分离效果，平行板分离器对空间的要求要大大低于传统的 API 分离器。

6.5 优点与存在的问题

在石油工业的早期阶段，延迟焦化单元被认为是炼油厂的垃圾桶，它能将所有高沸点石油基原料转化为馏分油。有一段时间气化炉也被认为如此，但情况并非如此。优点很明显，但是缺点也并非无法克服。本章内容涉及气化工艺中应考虑的优点和存在的问题，以便有效运行与本章所考虑的两大主要产品(一氧化碳和氢气)生产有关的气化装置。

气化工艺能以环境友好的方式获得存在于各种低等级含碳材料、废料或生物质中的价值。没有气化反应，这些材料可能不得不采用另一种可能破坏环境、忽视或放弃有价值能源的路线处理。虽然在大规模工业化工厂中仍然使用传统原料包括煤和石油焦，但是小规模工厂已经越来越多地使用城市固体废弃物、工业废料和生物质，它们将这些材料转化成能源。

实际上，日益增加的传统废料管理和处理成本，加上大多数发达国家因为环境原因希望改变垃圾填埋处理过程中越来越多的混合有机废物，会使投资废料转能源项目越来越有吸引力。的确，与焚化相比，气化可以从废料中回收更多的产物。如果废料在焚化炉中燃烧，能量是唯一实用的产物，而热解和气化产生的气、油和半焦固体不仅可以用作燃料，而且还可以纯化用作石油化工及其他应用领域的原料。许多工艺不仅生成灰，还生成稳定的颗粒，这样使利用起来就更加方便和安全。此外，还有些工艺专门以生产特殊的可再生材料为目标，例如金属合金和炭黑。特别是通过废料气化生产氢气是可行的，这已经被很多人视为越来越有价值的资源。

大部分利用各种含碳原料(包括废料，例如城市废弃物)回收能量的新项目都会安装专门设计的新型焚化车间，并配置热回收和发电设施。以热解或气化工艺为基础的城市固体废弃物热法处理工艺拥有显著的环境优势以及其他吸引力，并且有可能发挥越来越大的作用。

煤作为气化原料使用具有很多优势，但也仍然面临多重环境挑战，例如空气质量、气候变化和开采的影响。已经证明在标准污染物排放方面，煤气化技术能达到数量级水平的下降，并且当碳捕获与储存(CCS)相结合时，二氧化碳排放量也有可能大幅减少。因此，虽然煤是有限的不可再生资源，但是煤通过碳捕获与储存得到的氢气可以提高国内能源的独立自主，并带来近期的二氧化碳和标准污染物减排效益，有利于过渡到更加可持续的氢气基运输系统。碳捕获与储存是能够将煤制氢气生产引导到运输燃料应用的关键性启动技术之一，但还存在需要解决的其他环境风险。

虽然不是工艺限制因素，但是许多形式的生物质含有高比例的水分（连同碳水化合物和糖类一起）和矿物成分，它们都会影响气化工艺的经济性和可行性。生物质中的水分含量高降低气化炉内部的温度，进而降低气化炉的效率。因此，许多生物质气化工艺要求生物质在进入气化炉前须进行干燥，降低其中的水分。另外，生物质大小尺寸不同，在许多生物质气化系统中，必须将生物质处理成相同的尺寸或外形，然后以相同的速率送入气化炉，以保证气化尽可能多的生物质。

煤-生物质原料中有矿物质的存在，也不适用流化床气化。木质生物材料中的低熔点灰分会产生凝聚作用，造成灰分流态化作用停滞及其烧结、沉积和气化炉金属床的腐蚀（Vélez 等，2009）。含碱金属氧化物和盐的生物材料以及灰分产率通常在 5%（体积分数）以上的生物材料会产生烧结/熔渣问题（McKendry，2002），因此，在使用流化床气化炉时，必须要了解生物材料灰渣的熔融及其在气化床（无流化床、硅/沙流化床或钙流化床）内的化学反应以及碱金属元素最终的型态变化。

从环境角度出发，传统的处理手段（垃圾填埋）已经不能满足需要，城市与工业废料的处理已经变成一个重要的问题。新的、更为严格的废料处理规章制度将使废料处理、资源回收更具经济效益。废料处理的一种方法是将可燃烧废料的能量值转化成燃料。用废料可实现的一类燃料是低热值气体，大小一般在 100 ~150Btu/ft^3，可用于工业用汽或发电。与煤共同处理这类废料也是一种选择（Speight，2008）。

不考虑原料因素，越来越严格的环境因素也是气化装置的主要不利条件之一。关注点不仅仅是控制二氧化硫（SO_2）、氮氧化物（NO_x）和细颗粒物（PM）等污染物，还包括二氧化碳排放物控制。为了延缓全球暖化效应，越来越需要降低释放到大气中的二氧化碳排放物。这样面临的重大挑战就是高效发电，还需要达到近乎为零的二氧化碳排放。

在这个过程中，可捕获二氧化碳、氢气和其他煤的副产物，加以有效利用。目前，还在开发更为洁净的煤技术，精制煤技术可除去现有煤中的许多杂质。新技术在释放更多能量潜力的同时，也可脱除煤中的汞和有害气体。

在煤与其他原料或混合原料（不含煤）共气化过程中，由于具体使用地点不同，技术也不同，而且高度依赖原料（Brar，Singh，Wang，& Kumar，2012）。大规模装置可能采用经过验证的固定床和气流床气化工艺，对于较小的规模，主要采用最接近商业化生产的技术。热解与其他先进的热转化技术属于可发电的技术；它使用的是现场生产的原料（第 1 章）。

气化工艺的一个主要优点是它适合安装以气化工艺作为中心，或至少作为传统炼油装置组成部分的气化提炼装置（Speight，2011b）。提炼装置将（通过含碳原料）生产合成气，费托法通过合成气将生产出液体燃料。

生产一氧化碳和氢气的气态混合物的化工技术已有大约100年的历史。最初，这种混合物是利用蒸汽与炽热的焦炭反应生产而成，被称为水煤气。在蒸汽转化工艺中，蒸汽与天然气（甲烷）或石油来源的石脑油在镍催化剂作用下发生反应，使合成气生产得到广泛的应用。

随着石油供应的减少，希望通过其他含碳原料生产气体的需求也在不断增加，尤其是在天然气供应不足的地区。预计天然气的成本会增加，这给煤气化工艺成为经济可行的工艺提供了机会。正在开展的实验室和中试规模的研究应该能在21世纪末带来新的工艺技术，进而推动煤气化的工业化应用。

气化工艺气态产物的合成气（氢气和一氧化碳混合物）在纯化后需要再经过其他处理工序。一氧化碳、二氧化碳、氢气、甲烷和氮气等气态产物可以用作燃料，也可以作为化学品或肥料的生产原料。

最后，任何气化工艺产生的气体本身是有毒的，这是因为它们的主要成分（例如一氧化碳）具有毒性。然而，这种固有毒性不是气体净化的原因，这些气体绝对不能直接释放到大气中。

参 考 文 献

Aasberg‐Petersen, K., Bak Hansen, J. ‐H., Christiansen, T. S., Dybkj 8 130,8AB, Seier Christensen, P., Stub Nielsen, C., et al. (2001). Technologies for Large‐Scale Gas Conversion. Applied Catalysis A: General, 221, 379–387.

Aasberg‐Petersen, K., Christensen, T. S., Stub Nielsen, C., & Dybkj 8 r308A3(2002). Recent Developments in Autothermal Reforming and Pre‐reforming for Synthesis Gas Production in GTL Applications. Preprints of Papers–American Chemical Society, Division of Fuel Chemistry, 47(1), 96–97.

Alstrup, I. (1988). A New Model Explaining Carbon Filament Growth on Nickel, Iron, and Ni‐Cu Alloy Catalysts. Journal of Catalysis, 109, 241–251.

Ancheyta, J., & Speight, J. G. (2007). Hydroprocessing of Heavy Oils and Residua. Taylor & Francis Group, Boca Raton, Florida: CRC Press, 2007.

Balasubramanian, B., Ortiz, A. L., Kaytakoglu, S., & Harrison, D. P. (1999). Hydrogen from Methane in a Single‐Step Process. Chemical Engineering Science, 54, 3543–3552.

Bleeker, M. F. (2009). Pure Hydrogen from Pyrolysis Oil by the Steam‐Iron Process. Enschede, Netherlands: Ipskamp Drukkers B. V.

Bleeker, M. F., Kersten, S. R. S., & Veringa, H. J. (2007). Pure Hydrogen from Pyrolysis Oil Using the Steam‐Iron Process. Catalysis Today, 127(1–4), 278–290.

Brandmair, M., Find, J., &Lercher, J. A. (2003). Combined Autothermal Reforming and Hydrogenolysis of Alkanes. In Proceedings of DGMK Conference on Innovation in the Manufacture and Use of Hydrogen. Dresden, Germany. October 15-17. Page 273-280.

Brar, J. S., Singh, K., Wang, J., & Kumar, S. (2012). Cogasification of Coal and Biomass: A Review. International Journal of Forestry Research, Article ID 363058; accessed July 31, 2013http: //dx. doi. org/10. 1155/2012/363058.

Breault, R. W. (2010). Gasification Processes Old and New: A Basic Review of the Major Technologies. Energies, 3(2), 216-240.

Brüschke, H. (1995). Industrial Application of Membrane Separation Processes. Pure and Applied Chemistry, 67(6), 993-1002.

Brüschke, H. (2003). Separation of Hydrogen from Dilute Streams (e. g. Using Membranes). In Proceedings of DGMK Conference on Innovation in the Manufacture and Use of Hydrogen. Dresden, Germany. October 15-17. Page 47.

Carolan, M. F., Chen, C. M., & Rynders, S. W. (2002). ITM Syngas and ITM H2: Engineering Development of Ceramic Membrane Reactor Systems for Converting Natural Gas to Hydrogen and Synthesis Gas for Liquid Transportation Fuels. In Proceedings of the 2002 U. S. DOE Hydrogen Program Review NREL/CP − 610 − 32405. National Renewable Energy Laboratory, Golden, Colorado.

Chadeesingh, R. (2011). The Fischer − Tropsch process. In J. G. Speight, (Ed.), The Biofuels Handbook (pp. 476-517). London, United Kingdom: The Royal Society of Chemistry (Part 3, Chapter 5).

Choudhary, T. V., & Goodman, D. W. (2006). Methane Decomposition: Production of Hydrogen and Carbon Filaments. Catalysis, 19, 164-183.

Choudhary, T. V., Sivadinarayana, C., & Goodman, D. W. (2003). Production of Cox−Free Hydrogen for Fuel Cells via Step−Wise Hydrocarbon Reforming and Catalytic Dehydrogenation of Ammonia. Chemical Engineering Journal, 2003(93), 69-80.

Clark, P. D., Dowling, N. I., Hyne, J. B., & Moon, D. L. (1995). Production of Hydrogen and Sulfur from Hydrogen Sulfide in Refineries and Gas Processing Plants. Quarterly Bulletin, 32(1), 11-28.

Clark, P. D., & Wassink, B. (1990). A Review of Methods for the Conversion of Hydrogen Sulfide to Sulfur and Hydrogen. Quarterly Bulletin, 26(2/3/4), 1.

Dahl, J., & Weimer, A. W. (2001). Preprints of Papers − American Chemical Society, Division of Fuel Chemistry, Page 221.

Donini, J. C. (1996). Separation and Processing of Hydrogen Sulfide in the Fossil Fuel Industry. In Minimum Effluent Mills Symposium, (pp. 357-363).

Dragomir, R., Drnevich, R. F., Morrow, J., Papavassiliou, V., Panuccio, G., & Watwe, R. (2010). Technologies for Enhancing Refinery Gas Value. In Proceedings of AIChE 2010 SPRING Meeting. San Antonio, Texas. November 7-12.

Dybkj 8 13Q8A3(1995). Tubular Reforming and Autothermal Reforming of Natural Gas-An Overview of Available Processes. Fuel Processing Technology, 42, 85-107.

Ehwald, H., Kürschner, U., Smejkal, Q., & Lieske, H. (2003). Investigation of Different Catalysts for Autothermal Reforming of i-Octane. In Proceedings of DGMK Conference on Innovation in the Manufacture and Use of Hydrogen. Dresden, Germany. October 15-17.

Enger, B. C., Ldeng, R., & Holmen, A. (2008). A Review of Catalytic Partial Oxidation of Methane to Synthesis Gas with Emphasis on Reaction Mechanisms over Transition Metal Catalysts. Applied Catalysis A: General, 346(1-2), 1-27.

Find, J., Nagaoka, K., & Lercher, J. A. (2003). Steam Reforming of Light Alkanes in Micro -Structured Reactors. In Proceedings of DGMK Conference on Innovation in the Manufacture and Use of Hydrogen. Dresden, Germany. October 15-17. Page 257.

Gross, M., & Wolff, J. (2000). Gasification of Residue as a Source of Hydrogen for the Refining Industry in India. In Proceedings of Gasification Technologies Conference. San Francisco, California. October 8-11.

Gunardson, H. H., and Abrardo, J. M. 1999. Produce CO-Rich Synthesis Gas. Hydrocarbon Processing, April: 87-93

Hagh, B. F. (2004). Comparison of Autothermal Reforming for Hydrocarbon Fuels. Preprints of Papers-American Chemical Society, Division of Fuel Chemistry, 49(1), 144-147.

Ho, W. S. W., & Sirkar, K. (1992). Membrane Handbook. New York: Van Nostrand Reinhold.

Hufton, J. R., Mayorga, S., &Sircar, S. (1999). Sorption-Enhanced Reaction Process for Hydrogen Production. AIChE Journal, 45, 248-256.

Khassin, A. A. (2005). Catalytic Membrane Reactor for Conversion of Syngas to Liquid Hydrocarbons. Energeia, 16(6), 1-3.

Kotera, Y., Todo, N., and Fukuda, K. 1976. Process for Production of Hydrogen and Sulfur from Hydrogen Sulfide as Raw Material. U. S. Patent No. 3, 962, 409. June 8.

Liu, K., Song, C., & Subramani, V. (Eds.), (2010). Hydrogen and Syngas Production and Purification Technologies. Hoboken, New Jersey: American Institute of Chemical Engineers. John Wiley & Sons Inc.

Luinstra, E. (1996). Hydrogen from Hydrogen Sulfide-A Review of the Leading Processes. In Proceedings of 7th Sulfur Recovery Conference. Gas Research Institute, Chicago. Page 149-165.

McKendry, P. (2002). Energy Production from Biomass Part 3: Gasification Technologies. Bioresource Technology, 83(1), 55-63.

Mokhatab, S., Poe, W. A., & Speight, J. G. (2006). Handbook of Natural Gas Transmission and Processing. Amsterdam, Netherlands: Elsevier.

Muradov, N. Z. (1998). CO2 - Free Production of Hydrogen by Catalytic Pyrolysis of Hydrocarbon Fuel. Energy & Fuels, 12(1), 41-48.

132

Murata, K., H. Ushijima, K. Fujita. 1997. Process for Producing Hydrogen from Hydrocarbon. United States Patent 5, 650, 132.

Nagaoka, K., Jentys, A., & Lecher, J. A. (2003). Autothermal Reforming of Methane over Mono-and Bi-metal Catalysts Prepared from Hydrotalcite-like Precursors.

In Proceedings of DGMK Conference on Innovation in the Manufacture and Use of Hydrogen. Dresden, Germany. October 15-17. Page 171.

Nataraj, S., Moore, R. B., Russek, S. L. 2000. Production of Synthesis Gas by Mixed Conducting Membranes. United States Patent 6, 048, 472. April 11.

Raissi, A. T. (2001). Technoeconomic Analysis of Area II Hydrogen Production. Part 1. In Proceedings of US DOE Hydrogen Program Review Meeting, Baltimore, Maryland.

Rostrup-Nielsen, J. R. (1984). Sulfur-Passivated Nickel Catalysts for Carbon-Free Steam Reforming of Methane. Journal of Catalysis, 85, 31-43.

Rostrup-Nielsen, J. R. (1993). Production of Synthesis Gas. Catalysis Today, 19, 305-324.

Rostrup-Nielsen, J. R. (2002). Syngas in perspective. Catalysis Today, 71, 243-247.

Rostrup-Nielsen, J. R. (2006). 40 Years in Catalysis. Catalysis Today, 111, 4-11.

Rostrup-Nielsen, J. R., & Christiansen, L. J. (2011). Concepts in Syngas Manufacture. In Catalytic Science Series Volume 10. London, United Kingdom: Imperial College Press, World Scientific Publishing(UK) Ltd.

Rostrup-Nielsen, J. R., Christiansen, L. J., & Bak Hansen, J. -H. (1988). Activity of steam reforming catalysts: Role and assessment. Applied Catalysis A: General, 43, 287-303.

Shu, J., Grandjean, B. P. A., & Kaliaguine, S. (1995). Asymmetric Pd-Ag Stainless Steel Catalytic Membranes for Methane Steam Reforming. Catalysis Today, 25, 327-332.

Speight, J. G. (2000). The Desulfurization of Heavy Oils and Residua(2nd ed.). New York: Marcel Dekker Inc.

Speight, J. G. (2007). Natural Gas: A Basic Handbook. Gulf Publishing Company, Houston, Texas: GPC Books.

Speight, J. G. (2008). Synthetic Fuels Handbook: Properties, Processes, and Performance. New York: McGraw-Hill.

Speight, J. G. (Ed.), (2011). The Biofuels Handbook. London, United Kingdom: Royal Society of Chemistry.

Speight, J. G. (2011b). The Refinery of the Future. Elsevier, Oxford, United Kingdom: Gulf Professional Publishing.

Speight, J. G. (2013a). The Chemistry and Technology of Coal 3rd Edition. Taylor & Francis Group, Boca Raton, Florida: CRC Press.

Speight, J. G. (2013b). Coal - Fired Power Generation Handbook. Salem, Massachusetts: Scrivener Publishing.

Speight, J. G. (2014). The Chemistry and Technology of Petroleum 5th Edition. Taylor&Francis Group, Boca Raton, Florida: CRC Press.

Speight, J. G., & Ozum, B. (2002). Petroleum Refining Processes. New York: Marcel Dekker Inc.

Udengaard, N. R., Hansen, J. H. B., Hanson, D. C., & Stal, J. A. (1992). Sulfur Passivated Reforming Process Lowers Syngas H2/CO Ratio. Oil & Gas Journal, 90, 62–67.

Uemura, Y., Ohe, H., Ohzuno, Y., & Hatate, Y. (1999). Carbon and Hydrogen from Hydrocarbon Pyrolysis. In Proceedings of the International Conference on Solid Waste Technology Management, 15: 5E/25–5E/30.

Vauk, D., Di Zanno, P., Neri, B., Allevi, C., Visconti, A., & Rosanio, L. (2008). What Are Possible Hydrogen Sources for Refinery Expansion? Hydrocarbon Processing, 87(2), 69–76.

Ve'lez, F. F., Chejne, F., Valde's, C. F., Emery, E. J., & Londoño, C. A. (2009). Cogasification of Colombian Coal and Biomass in a Fluidized Bed: An Experimental Study. Fuel, 88(3), 424–430.

Vernon, P. D. F., Green, M. L. H., Cheetham, A. K., & Ashcroft, A. T. (1990). Partial Oxidation of Methane to Synthesis Gas. Catalysis Letters, 6(2), 181–186.

Wang, W., Stagg–Williams, S. M., Noronha, F. B., Mattos, L. V., & Passos, F. B. (2004). Partial Oxidation and Combined Reforming of Methane on Ce-promoted Catalysts. Preprints of Papers–American Chemical Society, Division of Fuel Chemistry, 49(1), 132–133.

Weimer, A. W., Dahl, J., Tamburini, J., Lewandowski, A., Pitts, R., Bingham, C., et al. (2000). Thermal Dissociation of Methane Using a Solar Coupled Aerosol Flow Reactor. In Proceedings of the 2000 the DOE Hydrogen Program Review, NREL/CP-570-28890.

Wesenberg, M. H., & Svendsen, H. F. (2007). Mass and heat transfer limitations in a heterogeneous model of a gas heated steam reformer. Industrial and Engineering Chemistry Research, 46(3), 667–676.

Zaman, J., & Chakma, A. (1995). Production of Hydrogen and Sulfur from Hydrogen Sulfide. Fuel Processing Technology, 41, 159–198.

Zhu, Q., Zhao, X., & Deng, Y. (2004). Advances in the Partial Oxidation of Methane to Synthesis Gas. Journal of Natural Gas Chemistry, 13, 191–203.

第 7 章 气化法合成液体燃料生产

J. G. Speight

(CD&W Inc., Laramie, WY, USA)

7.1 前言

不断变化的原油价格、石油政治以及其他复杂多变的经济因素使得用煤、天然气和生物质材料生产液态燃料备受关注(Hu, Yu, & Lu, 2012; Speight, 2008, 2011a, 2011b)。上述原料生产燃料的技术各不相同,最主要的是间接法工艺,它首先将原料转化成气体(特别是合成气),费托法工艺通过该气体生产液体产品(Kreutz, Larson, Liu, & Williams, 2008)。

目前的环境几乎和 20 世纪 70 年代一样,那时候由石油禁运造成的对能源安全的担忧刺激了联邦政府在合成燃料上的投资。虽然投资非常大,但是到了 20 世纪 80 年代,随着对能源供应的担忧缓解,许多国家的政府支持被取消。目前比较受欢迎的合成燃料生产方法(费托法)使用的是含碳原料(化石燃料或有机衍生原料)气化产生合成气(一氧化碳和氢气的混合物)(Gary, Handwerk, & Kaiser, 2007; Hsu & Robinson, 2006; Speight, 2008, 2013a, 2013b, 2014; Speight & Ozum, 2002)。

许多国家已经尝试过将费托法气化工艺反应资本化运作,但是上下起伏不定的石油价格(尤其是石油价格较低时),因为经济回报率差,而不利于这种尝试。此外,美国及全球多家企业目前正在研究以石油残渣、煤、天然气和生物质材料为原料建设费托法合成燃料工厂的可行性。这需要政府下决心支持这些工作,而不是等机会过去并且出现地方性燃料短缺时才行动。政府应该有先见之明,也许这样要求有点过了。

费托法非常适合生产石脑油(汽油前体)以及柴油和航空煤油等中间馏分燃料。生产的柴油在辛烷值和硫含量方面优于传统的炼制柴油。总体而言,在许多炼油装置中,中间馏分燃料占比大约为四分之一,一般情况下受汽油的需求影响。为了让合成燃料工业(不论是煤、天然气还是生物基材料)开始竞争甚至替代传统炼油工业，需要政治观发生重大转变。

最近的能源法目标之一就是推动温室气体排放物的捕获与储存以及提高汽车燃料效率的研究工作。费托法燃料呈现出生产高碳排放物与其使用产生低碳排放物之间的矛盾。

因此，随着原油生产下降，油价上涨，在能源结构中，通过含碳原料生产合成烃的费托技术正变得越来越有吸引力。费托法产品是超清洁燃料，不含芳烃，没有硫化物，也没有含氮化合物。本质上，与石油衍生汽油和柴油相比，类似的费托法产品燃烧会产生极少的多环芳烃(PNAs)，不产生硫氧化物(SO_x)和氮氧化物(NO_x)。随着全球加强温室气体排放物的减排压力，欧洲和美国已经制定了法律架构，强制液体运输燃料的生产企业遵守更为严格的排放标准，最终使得用更清洁的费托法燃料稀释石油衍生燃料，从而满足越来越严格的环保要求。因此，费托法在全球可持续发展所需要的能源构成中占据显要的地位。

本章从更广泛的角度向读者介绍将各种基础原料(油砂沥青、煤、油页岩和生物质材料等作为使用实例)转化成馏分油产品的热解技术，以供读者对比本书重点介绍的气化技术和费托技术。因此，本章综合介绍了费托技术以及合成原油的生产与升级(图7.1)，另外还介绍了合成燃料生产热解技术的最新进展，并且为了进行对比，本章还介绍了非费托法合成原油转化成合格燃料的生产技术。

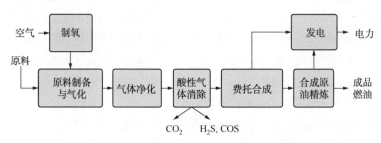

图7.1　费托法生产合成原油的气化工艺流程简图

7.2　费托工艺

费托合成工艺众所周知，已经在世界上得到了商业化验证，并且许多国家建成了中试规模示范项目(Chadeesingh，2011)。在许多非产油国，煤炭资源丰富，长期以来一直作为固体化石燃料开采。经历过去的两个世纪，石油和天然气替代了煤，发展了将煤转化成其他燃料的技术。支持扩大费托工艺应用的支持者认为，美国及其他许多国家将非石油原料转化成交通运输燃料可以缓解对进口石油的依赖以及炼油能力不足的问题。

费托法(尤其是以煤为基础的工艺)也提出了多项挑战：①该工艺由于效率低、成本高受到批评；②该工艺的副产品二氧化碳是与全球气候变化有关的温室气体；③费托法使用煤与天然气作为原料会与电力行业竞争；④生产的燃料主要是柴油和航空煤油，不可能广泛替代首选的交通运输燃料汽油；⑤使用生物质材料作为燃料会与纤维素乙醇生产竞争。这些观点有部分正确，但不是全部，有可能通过明智的规划克服这些挑战，从而说服持怀疑论者。

费托法并不是新工艺，实现商业化生产已经有超过75年的历史，合成气除了含有一氧化碳和氢气以外，还含有水分、二氧化碳、氮气(如果使用空气作为气化氧化剂时)和甲醇。

7.2.1 费托法液化产品

可以使用任何含碳原料生产合成气(一氧化碳和氢气为主要成分)，例如天然气、石脑油、渣油、石油焦、煤和生物质材料，它们都能产生许多反应和产物(Wender，1996)。目前使用合成气生产液体燃料，随着使用其他原料的经济效益不断提高，如今的经济考虑要素要求将其改为使用煤或天然气为烃类原料。尽管如此，还是有超过一半以上的资本成本都投入到合成气生产运营的气体液化装置(Spath & Dayton，2003)。合成气的生产工艺选择还取决于合成生产的规模。提高原料液化装置的经济效益可以：①降低合成气生产的相关资本成本；②通过更好的热量整合与利用提高热效率。将气体液化装置与发电装置相结合，利用现成的低压蒸汽可以取得更好的热效率。

费托合成工艺的两个主要特征是：生产的烃类产物范围广泛(例如烯烃、链烷烃和氧化产物)；强放热合成反应释放出大量的热量。影响产品分布的因素有：①温度；②原料气组成(H_2/CO)；③压力；④催化剂类型；⑤催化剂组成。费托法产物有四个主要生产步骤：合成气产生、气体净化、费托合成和产物升级。根据希望得到的产品类型和数量，费托法可以采用低温(200~240℃，390~465℉)或者高温(300~350℃，570~660℉)合成，催化剂可以选择铁(Fe)或钴(Co)。

合成气生产工艺分为三个组成部分：①合成气的产生；②废热回收；③气体处理。其中每一个组成部分又可以有多种选择，例如，生产得到的合成气可以是从高纯度氢气变化到高纯度一氧化碳的一系列组成成分。高纯度气体的生产路线主要有两条：①变压吸附；②利用冷箱，通过低温蒸馏实现分离。这两种方法还可以结合使用，但这两种方法都需要较高的资本支出。为了消除这些缺点，正在开展研究开发工作。其成果评价可以通过技术的示范和商业化进行，例如生成高纯度氢气的渗透膜，它本身还可用于调节所产生的合成气的 H_2/CO 比。

从本质上来看，费托合成指的是生成直链烃，依赖的是一氧化碳在催化剂条件下氢氧互换的机理（Chadeesingh，2011）。在计量好的氧气（或空气）条件下，含碳原料气化产生一氧化碳和氢气。同时，蒸汽与含碳原料反应生成水煤气，煤燃烧生成一氧化碳，与高温煤反应的蒸汽分离产生氢气。反应式如下：

$$C_{煤}+O_2 \rightarrow CO+H_2+H_2O+CO_2+CH_4$$
$$C_{煤}+H_2O \rightarrow CO+H_2$$
$$CO+H_2O \rightarrow CO_2+H_2$$

然后：

$$2H_2+CO \rightarrow H(CH_2)_n H+H_2O$$
$$CO+H_2O \rightarrow CO_2+H_2$$
$$2CO+H_2 \rightarrow H(CH_2)_n H+CO_2$$

这些简单的方程式并不能真正代表复杂的气化过程以及之后的费托合成反应。烃产品 $[H(CH_2)_n H]$ 的组成会随着反应器结构、工艺参数、催化剂变化而变化。

通常情况下，费托反应使用的催化剂是以金属铁和钴为基础（Khodakov，Chu，& Fongarland，2007）。金属钌也是有效的费托合成催化剂，但是由于成本高、全球储备不足，而在经济上行不通。铁已成为费托合成的传统催化剂选择。它是利用合成气混合物合成清洁燃料最为经济的活性催化剂。与金属钴相比，铁倾向于产生更多的烯烃，还可以催化水煤气变换反应。铁基催化剂通常用于高温反应（300～350℃，570～660℉）（Steynberg，Espinoza，Jager，& Vosloo，1999）。

在费托反应中，钴的活性比铁高，但是成本也比铁高。由于钴的稳定性好、烃产率高，低温费托合成（200～240℃；390～465℉）经常使用钴类催化剂。已经使用的催化剂载体有二氧化硅（SiO_2）、氧化铝（Al_2O_3）、二氧化钛（TiO_2）、氧化锆（ZrO_2）、氧化酶（MgO）、碳和分子筛。催化剂载体、催化剂金属和催化剂制备构成了费托合成催化剂的成本，它们还是费托技术总成本的重要组成部分。在费托合成工业中，已经安装了不同类型的反应器，例如固定床反应器、多管式反应器、绝热固定床反应器、浆液反应器、流化床反应器和循环流化床反应系统（Chadeesingh，2011；Steynberg 等，1999）。如果费托合成是强放热反应，温控和除热成为两个最重要的费托反应器设计要素（Hu 等，2012）。

7.2.2　费托法液化产品升级

费托法生成四种产物：①费托法粗产品中的低分子气体(未转化的合成气和 $C_1 \sim C_4$ 气体馏分)，从烃回收步骤的液体馏分中分离出来；②石脑油，分为轻质石脑油和重质石脑油；③中间馏分油；④蜡，分为软质蜡和硬质蜡。它们共同产生，并构成合成原油(表 7.1)(Chadeesingh，2011)。

表 7.1　费托法系列产物

产物	碳原子数	产物	碳原子数
合成天然气(SNG)	$C_1 \sim C_2$	中间馏分油	$C_{11} \sim C_{20}$
液化石油气(LPG)	$C_3 \sim C_4$	软质蜡	$C_{21} \sim C_{30}$
轻质石脑油	$C_5 \sim C_7$	硬质蜡	$C_{31} \sim C_{60}$
重质石脑油	$C_8 \sim C_{10}$		

馏分 2~4 构成了合成原油的基础，它们通过蒸馏形成独立馏分，然后采用适合各个馏分沸程的一系列精炼步骤进行处理(Speight，2014)。

合成燃料产品升级工艺源自炼油工业，在合适的催化剂作用下得到高度优化(De Klerk，2011；De Klerk & Furimsky，2010)。因此，石脑油馏分被首先加氢处理，生产出氢饱和液体(链烷烃为主)，其中一部分通过异构化从正链烷烃转化成异构烷烃，使辛烷值增加。另一部分加氢处理的石脑油通过催化转化，使最终汽油调和料的芳烃含量(以及辛烷值)得到一定程度的增加。中间馏分油也经加氢处理，直接形成柴油调和料成品。蜡馏分经加氢裂化形成馏分油成品，石脑油馏分被送至异构化处理单元和催化裂化单元。所有未转化的蜡在加氢处理段内循环，直至完全转化(Collins，Joep，Freide，& Nay，2006)。

由于费托法产品不含硫、氮和金属(镍和钒)，并且环烷烃和芳烃含量很低，因此费托合成工艺特别适合生产合成石脑油和柴油燃料。可以在现有的炼油厂或联合炼油装置中精炼费托法液化产品(合成原油)直接形成最终产品。合成原油无硫、无氮，仅仅含有很少或几乎不含芳烃成分，产品有液化石油气、汽油、柴油、航空煤油和煤油。这些产品完全可兼容石油基产品，而且能适应当前的销售网络。此外，从环境角度看，费托法产品特别适用于车用燃料。

费托合成过程中产生的烃类产品分布符合 ASF 产物分布规律(Anderson-Schulz-Flory)，其表达式如下：

$$W_n / n = (1-a)^2 a^{n-1}$$

其中，W_n 表示碳原子数为 n 的烃的质量分数；a 是链增长几率或分子继续反应生成更长分子链的几率，取决于催化剂类型和工艺参数。

如果 a 值趋于一致，则增加长链烃的产生，这些长链烃通常是蜡类产物，室温条件下呈固态。因此，对于液体运输燃料生产来说，必须热力学分解（裂化）这些蜡类产品。有研究认为，使用沸石催化剂（或其他孔大小固定的催化剂）可以抑制超过某个特定长度的烃的形成（通常 $n<10$）。

7.2.2.1 汽油生产

费托法利用合成气生产各种烃类产品：

$$(2n+1)H_2+nCO \rightarrow C_nH_{(2n+2)}+nH_2O$$

链烷烃或饱和烃（$C_nH_{(2n+2)}$）往往会转化成正烷烃或直链异构体。n 的平均值由催化剂、工艺条件、停留时间决定，一般情况下以最大化 $C_5 \sim C_{21}$ 链烷烃产率为目标选择这些条件。沸点较低的馏分（$C_5 \sim C_{12}$）被分离出来作为石脑油，可以对其进一步加工形成汽油（通常含有芳烃和支链烃馏分）。

已经开发出在 350℃（660℉）和高达 400 psi 压力条件下反应生成汽油和轻烯烃的高温循环流化床反应器（Synthol 反应器）。组合原料气体（新鲜原料和再生原料）从反应器底部进入，同时携带着通过立管流下来并穿过闸阀的催化剂。高速气体将携带的催化剂带进反应区，其中产生的热量通过换热器除去。然后析出气体和催化剂被送进大直径催化剂料斗中，其中催化剂沉积下来，析出气体通过旋风分离器排出。这类 Synthol 反应器已成功应用很多年，然而，它们也存在不足之处：物理构造非常复杂，大量催化剂循环流动，会导致反应器特定区域出现严重的腐蚀。

沸程较高的馏分（$C_8 \sim C_{21}$）属于直链烃类，它们适合直接掺入到柴油燃料池。还会生成相对分子质量较高的链烷烃（蜡），但是一般情况下不希望产生。费托合成反应不可避免的问题是产生的水比烃多（按质量）。析出的水相对于价格高、有价值的氢气来说，必然会被认为是不符合要求的析出物，也是不想要的废液。

石脑油馏分一般情况下不适于销售，它必须转运到炼油厂进一步加工产生汽油调和料。比较好的做法是将商业化费托合成装置与炼油联合体相互结合在一起，但石脑油馏分（$H(CH_2)_nH$，其中 n 大约为 $5 \sim 12$）的组成是一个问题。费托合成主要产生直链烷烃，因此产生的汽油辛烷值都低（<85）。

石脑油馏分含有与典型炼油厂石油产品相对应的成分。C_3、C_4 和 C_5 烯烃组分与异丁烷反应生成的烷基化合物是汽油中辛烷值最高的成分。异构油是由正戊烷与己烷异构化反应生产而成，它的辛烷值适中，但是比较容易挥发。另一方面，重整汽油辛烷值较高，但是含有不想要的芳烃成分。所有汽油调和组分都不含硫和烯烃，这一点非常有利于生产符合规范等级和环保要求的燃料。

目前，消费者购买的车用汽油辛烷值在 87~93 之间，它主要是用不同的石油馏分掺混以及汽油沸程烃转化而成，还会使用乙醇或其他助剂提高辛烷值（Gary 等，2007；Hsu & Robinson，2006；Speight，2014；Speight & Ozum，2002）。费托合成不能直接产生类似异辛烷的支链烷烃。因此，当用费托工艺生产汽油时，已经掺混炼油产品达到需要的辛烷值。

由美孚石油公司开发的甲醇转汽油工艺（MTG）利用沸石催化剂将甲醇转化成烃类，从而生产出质量更好的石脑油转制汽油（Hindman，2013）。

甲醇合成也是很长的历史，实际上要比费托合成工艺更早。1923 年，巴斯夫公司首先实现了甲醇的工业化规模生产，也是利用了煤制合成气原料：

$$H_2 + CO \rightarrow CH_3OH$$

甲醇转汽油工艺分两步完成：第一步，将粗甲醇[含 17%（体积分数）的水]加热到 300℃（570℉），然后在 400psi 压力和氧化铝催化剂作用下部分脱水生成甲醇、二甲醚和水的平衡态混合物（75% 的甲醇被转化）。第二步，流出物与高温循环合成气，并被引入到含 ZSM-5 型沸石催化剂的反应器中，在 350~365℃（660~690℉）温度和 280~340psi 压力条件下生成烃组分（44%）和水（56%）（Spath & Dayton，2003）。因此整个反应过程通常由多个并行汽油转化反应器组成，这是因为沸石催化剂必须经常再生烧掉反应过程中生成的焦炭。反应器循环运行，这样才能在反应过程不停止的情况下完成各个反应器的再生（Kam，Schreiner，& Yurchak，1984）。该工艺反应可以简单归纳为：

$$2CH_3OH \rightarrow CH_3OCH_3 + H_2O$$

$$CH_3OCH_3 \rightarrow C_2 \sim C_5 (烯烃)$$

$$C_2 \sim C_5 (烯烃) \rightarrow 链烷烃、环烷烃、芳烃$$

汽油馏程烃类的选择性大于 85%，剩余的产物主要是低沸点烃类（例如液化石油气组分）（Wender，1996）。该工艺产生的汽油 40%（体积分数）左右是含有以下分布特征的芳烃：4% 苯、26% 甲苯、2% 乙苯、43% 混二甲苯、14% 三甲基取代苯，加上 12% 其他芳烃产物（Wender，1996）。沸石催化剂的择形性产生相对较高的杜烯（1,2,4,5-四甲基苯）浓度，约占所产生汽油的 3%~5%（MacDougall，1991）。

7.2.2.2　柴油生产

费托合成特别适合生产柴油和航空煤油等中间馏分燃料。生产的柴油优于传统石油炼制的柴油，拥有更高的辛烷值和较低的硫含量。因此，费托工艺更适合生产柴油燃料[H(CH$_2$)$_n$H，其中 n 大约为 7~24]和不同类型的航空煤油[$H(CH_2)_nH$ ，其中 n 大约为 5~18]。

费托合成燃料用传统升级方法得到的柴油是由加氢处理的直链馏分和蜡加氢裂化馏分混合而成。与石脑油/汽油一样，与石油炼制的柴油相比，费托合成柴油拥有相当独特的性能：不含硫，几乎都是链烷烃类产物，并且辛烷值通常在可接受范围内，甚至更高。

柴油在发动机汽缸中压缩自动着火燃烧，不需要火花塞，这被当成是柴油燃料的标准。规定正十六烷的十六烷值（ $C_{16}H_{34}$ ）为 100，表示石蜡系中的直链烃含量。费托合成最适合生产这类烃。柴油十六烷值在 40~45 之间，在轻型乘用车普遍采用高速柴油发动机的欧洲地区柴油十六烷值高达 55。

在费托合成工艺改进方面，最新的研究重点是提高柴油馏分的选择性和最小化石脑油馏分。可用烃组分的分布说明柴油馏分选择性，经过后处理，费托工艺可以产生：75%（体积分数）的柴油（煤油），20%（体积分数）的石脑油（汽油），还有 5%（体积分数）的液化石油气（LPG）（Lewis，2013）。

7.3　Sabatier-Senderens 工艺

1902 年，Sabatier 和 Senderens 发现一氧化碳通过加氢反应可以产生烃，他们将一氧化碳和氢气通过含镍、铁和钴的催化剂生产出甲烷。大约在同年代，首次利用蒸汽甲烷转化得到的合成气实现氢气的商业化生产。1923 年，费托二人（Fischer 和 Tropsch）发现利用合成气在铁催化剂作用下转化成液态烃和含氧化合物。费托合成路径的不同变体很快就转向到选择性生产甲醇和混合醇。1983 年发现的烯烃加氢甲酰化反应是费托合成的另一发展分枝。

Sabatier 反应（Sabatier-Senderens 工艺）是指氢气与二氧化碳在高温（最佳温度是 300~400℃，570~750℉）、高压条件下，通过镍基催化剂反应生成甲烷和水的反应：

$$CO_2 + 4H_2 \rightarrow CH_4 + 2H_2O$$

氧化铝（ Al_2O_3 ）负载金属钌已被证实是非常有效的催化剂。该反应是放热反应，必须加入一些初始能量/热量才能开始反应。

近年来，由于越来越关注全球气候变化，并且 Sabatier 反应/工艺代表了一种减少二氧化碳排放物的手段，因此该反应越来越受关注。目前，正在开展大量的研究工作，希望开发出经济实用的方式，能从气化工厂等主要的点污染源捕获二氧化碳，并通过地质封存的方法处理这些二氧化碳。

Sabatier 反应常用于洗脱含氢气体中的痕量二氧化碳。因此，可以利用该工艺减少发电厂和气化工厂等污染源的二氧化碳排放物。对解决温室气体排放物的紧迫性不断增加，这为进一步通过 Sabatier 反应研究发电厂和气化工厂排放物中的二氧化碳循环应用提供了保证。

应用于气化工业时，该反应将采用特殊设计的反应器和高效催化剂。为了达到最佳的反应温度，含有二氧化碳的废气不得不采用换热器冷却。在甲烷燃烧和 Sabatier 反应过程中生成的水从甲烷化反应器流出的产物中除去，会用于冷却废气和甲烷化反应器。热量被回收后，水会被送至水分解器，其中生成的氢气会在进入甲烷化反应器之前与反应器产生的废气混合在一起。产生的甲烷会与按期望产能运行所需的所有新天然气混合在一起。

二氧化碳没有必要隔离和压缩。二氧化碳和氢气会在气态条件下发生反应，甲烷的生成量取决于水分解产生的氢气量（Brooks，Hu，Zhu，& Kee，2007；Du 等，2007；Fujita，Nakamura，Doi，& Takezawa，1993；Görke 等，2005；Takenaka，Shimizu，& Otsuka，2004；Zhilyaeva，Volnina，Kukuna，& Frolov，2002）。在温度 350℃（660°F）和超过 15000h^{-1} 的空速条件下，二氧化碳转甲烷已经实现 98%（体积分数）的高转化率。

7.3.1 甲醇生产

1905 年，法国化学家 Paul Sabatier 首次提出由合成气生产甲醇的路线。8 年后，德国巴斯夫公司（Badische Anilin und Soda Fabrik）获得首个合成专利（Cheng & Kung，1994）。巴斯夫公司开发的合成工艺运行温度在 300~400℃ 之间，压力在 100~250bar（1bar = 10^5Pa）之间，使用的是耐硫的氧化锌-氧化铬（$ZnO-Cr_2O_3$）)催化剂。10 年后，首个商业化甲醇合成装置建成。这作为唯一的甲醇生产技术持续了很多年，但是它的能效不高。合成气通过这一放热反应转化成甲醇：

$$CO+2H_2 \rightarrow CH_3OH$$

1927 年，第一次使用二氧化碳替代一氧化碳和氢气反应生产出甲醇，两种原料都来自发酵气：

$$CO_2+3H_2 \rightarrow CH_3OH+H_2O$$

同一年，杜邦公司利用更有效的锌/铜催化剂改进了巴斯夫工艺。两种工艺都利用煤作为原料继续生产甲醇，直至 1940 年天然气资源丰富起来。从这时起，由于天然气作为原料经济有效并且较为有益，天然气重整工艺被用于生产甲醇（Lee，1990）。1966 年，帝国化学公司（ICI，现为 Synetix 公司）开发出了 $Cu/ZnO/Al_2O_3$ 催化剂，第一次真正取得了甲醇节能生产的突破性进展（Weissermel，2003）。反应在相对较低的温度（250~300℃，480~570°F）和较低的压力（700~1500psi）下运行。反应在第一次运行时，新的进口气体只有

10%~15%(体积分数)转化成甲醇和水；剩余的保持未反应状态。为了获得高转化率，从而实现较高的能效，帝国化学公司开发出一种新工艺，它将未反应的气体回收并送回到反应器的催化剂中。另一改进是进口气体和回收气体在送入反应器之前通过换热器进行预热。转化反应释放的热量在反应器中被回收，并用于预热锅炉给水。甲醇合成新工艺是巴斯夫和杜邦公司开发的低效甲醇生产技术的终结者(Lee，1990)。几年后，鲁奇(Lurgi)低压工艺开发问世。总体来看，它使用了同类催化剂。与帝国化学公司的 ICI 工艺的不同之处，是进口气体的温度由反应器中的沸水控制，而不是在反应器外预热合成气。

2006 年，60%商业化甲醇产自 ICI 工艺，27%由鲁奇工艺生产而成(Olah，Goeppert，& Surya Prakash，2003)，其余甲醇一般来自 Kellog 工艺或实验室。根据冰岛公司 CRI 的专利显示，它将采用以氢气和二氧化碳作为原料的鲁奇甲醇生产工艺。氢气由水电解产生，二氧化碳回收自冰岛史瓦特森吉市(Svar-tsengi)的地热发电厂。这两种气体被压缩至 50bar 左右，温度大约为 225℃ (435℉)。离开反应器后，未反应的氢气、二氧化碳、甲醇和水(副产品)混合物流过换热器，预热进口气体。在此之后，混合气流向供蒸馏系统使用的预热器，然后甲醇在冷凝器中冷凝。

7.3.2　二甲醚生产

可以在中等温度和压力，即 250℃ (480℉) 和 1000psi 条件下利用合成气生产工艺合成二甲醚(DME)。反应过程属于一步法反应，需要将双功能催化剂与含油液体介质混合成浆液。双功能催化剂是由甲醇合成催化剂($Cu/ZnO/Al_2O_3$)和甲醇脱水催化剂($\gamma\text{-}Al_2O_3$)组成的混合物。反应过程可以用下列化学方程表示(它们可能不符合比较复杂的真实反应过程)：

$$CO_2+3H_2 \rightarrow CH_3OH+H_2O$$

$$CO+H_2O \rightarrow CO_2+H_2$$

$$2CH_3OH \rightarrow CH_3OCH_3+H_2O$$

一步法液相工艺降低了合成气合成甲醇可能遇到的化学反应平衡限度，尤其是在催化剂活性、单程转化率和反应器生产能力等方面。

相比于传统的蒸汽相合成甲醇，一步法反应在换热器、放热特征和甲醇选择性方面有相当大的优势。然而，该工艺也受不利条件影响，即甲醇合成是受热力学影响的平衡反应，由于甲醇溶解性低，而在催化剂活性中心附近的液相中出现浓度非常高的甲醇。因此，液相中甲醇局部浓度过高会造成化学平衡位垒，液相甲醇合成以及合成气转化的生产能力会受到抑制。缓解方法之一是甲醇原位脱水生成二甲醚，这样就可以大大提高甲醇反应器的生产能力。该双功能催化形式的生产方法使用了两个功能性不同但彼此兼容的催化剂。

无论是从技术视角，还是从商业化视角看，利用合成气一步法液相合成二甲醚都非常重要。相对于甲醇合成，该方法几个关键优势包括：较高的甲醇反应生产能力，更高的合成气转化，较少的双功能催化剂失活和晶体生长。

另外，还开发出一种通过沸石催化剂将二甲醚转化成汽油轻烃或低相对分子质量烯烃的工艺（Lee，Gogate，Fullerton，& Kulik，1995）。如果与一步法二甲醚工艺相结合，它就能得到一条现成的汽油轻烃生产路线：

$$CH_3OCH_3 \rightarrow C_2 \sim C_4 烯烃 \rightarrow 芳烃 + 链烷烃$$

使用低酸性催化剂（高 SiO_2/Al_2O_3 比）以及最适宜的温度、分压和二甲醚空速等运行条件可以提高轻烯烃的选择性。沸石催化剂（ZSM-5）含有分子尺寸的微孔和通道，它们对反应物/反应产物产生空间约束作用。择形性是影响产品分布和催化剂活性的一项重要性质。沸石表现出产品择形性，它限制了一些烃类产物在孔外的扩散，因而能够生产出特制的产品范围。过渡态择形性是该反应的另一个重要方面，它能基于分子尺寸和取向影响过渡态的形成，即形成高相对分子质量和大空间位阻分子的产品（尤其是使催化剂失活的焦炭前体）。

7.4 热、催化与加氢裂化工艺

有很多反应工艺是通过热分解（热解）将不同的原料转化成液体产品，常被称为合成原油和高附加值产品（Ringer，Putsche，& Scahill，2006；Speight，2008，2011b，2013a，2014）。正因为如此，热解技术（以焦化工艺的形式）在很多炼油厂发挥着基础性作用，扩大了石油与其他原料的产品选择范围。

本章以更广泛的视角向读者介绍了将各种原料（例如油砂沥青、煤、油页岩和生物质材料）转化成馏分产品的热分解技术，让读者去与本书重点介绍的气化反应和费托合成工艺进行对比。

合成燃料生产工艺通常都涉及到化石燃料和生物质材料的热裂解、催化裂解或加氢裂化。一旦生产，燃料产品必须加氢处理（或其他方面改进）除去非烃类副产物，否则就会使产品不适合以符合规范要求的燃料销售。另外，合成燃料的组成和性质差异很大，这与它的原料和所使用的生产工艺有很大关系。

气态燃料在前文已有探讨。在本节中，固态燃料一词指的是作为燃料使用并常常通过燃烧释放能量和热量的各种固体材料。焦炭作为最常用的煤基固体燃料，是由低灰、低硫烟煤产生的一种固体碳质残渣，通过这种材料在温度高达1000℃(1832℉)、无氧环境的烘箱中烘烤可以除去挥发性成分，结果是固定碳和灰渣熔融在一起。与气态燃料一样，这里不考虑固体燃料，但是会另做详细介绍(Speight，2008，2011b，2013a，2013b，2014)。

从煤和油页岩等化石燃料生产炼化产品的角度来看，炼油厂虽然看起来像比较简单的体系，但实际上是复杂的系列装置联合体，它使用低价值原料生产高价值、适于销售的产品(Speight，2014)。生产工艺也是所有炼油厂的必要组成部分，它涉及各种各样结构复杂、价格昂贵的催化剂的使用。这些生产工艺将在使用非石油化石燃料和生物质材料的产品加工中发挥重要的作用(Speight，2008)。

例如，催化裂化生产工艺的目标是：希望通过铝硅酸盐类催化剂，利用瓦斯油等较重的原料生产出汽油、供热油以及类似产品。然而，发生的反应多种多样，尤其是使用较重的原料或芳烃含量较多的原料，不可避免地会在催化剂上出现炭沉积(焦炭)，同时还伴随着催化剂活性的下降。另外，加氢裂化工艺实现的是与催化裂化工艺相同的目标，但是氢气的存在常常可以更好地控制反应，进而取得更好的产品分布。加氢裂化装置在高压条件下运行(重质原料时高达几千psi的压力)，使用的是催化活性中心能促进加氢反应以及裂化反应的双官能团催化剂。

因此，虽然现有的炼化技术能够满足市场对石油化工产品的需求，但是如果加入其他化石燃料作为炼化原料生产液态产品时，仍然有很多需要改进的生产问题。这些改进甚至可能创造或进化出全新的炼油技术。

7.4.1 油砂沥青

油砂沥青(也称焦油砂沥青)是黏稠的非流动含碳材料(根据沉积特征而定，通常不超过10°API)；它的黏度非常高。传统原油的黏度通常是几个泊(P)(40℃，105℉)，但是油砂沥青在沉积物(形成)温度时(根据季节而定，大约0~10℃，32~50℉)的黏度为$(5~100)×10^4$cP或更高，这给沥青回收带来了很大的阻碍。

主要的商业化沥青回收装置集中在加拿大阿尔伯特省东北部地区。一旦通过开采或者现场作业技术回收(Speight，2009)，油砂沥青可以成为液体燃料来源。

7.4.1.1 液化生产

沥青回收后被送到炼油厂利用焦化工艺进行加工，这些炼油厂通常配有

146

两套焦化工艺，主要用于亚大巴斯卡河地区沥青的液体生产。加拿大森科公司(前身为加拿大大油砂公司)采用的是延迟焦化工艺，而加拿大 Syncrude 公司采用的是流化焦化工艺，产生的焦炭比延迟焦化的少，但得到的是更多的液体和气体产物。在每一种工艺情况下，沥青都被转化成馏分油、焦炭和低沸点气体。焦炭成分和析出气体可用作装置燃料。馏分油(粗合成原油)是部分升级产品，也可作为原料用于加氢脱硫，生产可作成品销售的低硫合成原油。

7.4.1.2 液化产品升级

硫分布在延迟焦化各个沸程的馏分油中，和直接焦化产生的馏分油一样。氮气主要集中在高沸点馏分中，也出现在大多数馏分油中。粗焦化石脑油含有大量的烯烃和双烯烃，因此必须在下游装置中通过加氢处理饱和。瓦斯油芳烃含量高，这也是焦化瓦斯油的典型特征。

二次升级采用催化加氢处理，除去其中的杂质并提高最终合成原油成品的质量。在典型的催化加氢处理装置中，原料与氢气混合，在燃烧加热器中预热，然后在高压条件下导入流化床催化反应器。加氢处理过程将原料中的硫和氮化合物转化成硫化氢和氨。加氢处理器出来的含硫气体经过处理，作为装置燃料使用。更进一步的选择是在该阶段采用加氢裂化提高产品产率和质量。

因此，初级液体产品(合成原油)必然会被加氢处理(二次升级)除去其中的硫和氮(分别变成硫化氢和氨)，同时在转化工艺作用下不饱和位置发生加氢反应。也有必要采用单独的加氢处理装置处理高、中、低三个沸点的馏分油。例如，沸点较高的馏分油需要较高的氢气分压和较高的反应温度才能实现期望的脱硫脱氮效果。因此在商业化应用领域，为了得到需要的产品质量和工艺效率，在合适的反应强度条件下单独处理两种或三种馏分油是主要的使用方法。

合成原油是石脑油、中间馏分油和瓦斯油沸程组分的混合物，没有残渣(1050℉，565℃以上的材料)。1967 年，加拿大合成原油首次商业化，这一年，加拿大森科公司开始在市场上推出由延迟焦化生产的石脑油、馏分油和瓦斯油加氢处理得到的混合燃料。目前，加拿大森科公司在市场上推出的轻质低硫原油被称为 SUNCOR OSA(OSA)。加拿大 Syncrude 公司于 1978 年开始生产，在市场上推出以流化床焦化技术为初级升级工艺的完全氢化合成原油，该产品被称为 Syncrude 低硫轻质合成原油(SSB)。

7.4.2 煤

煤是一种化石燃料，它是在沼泽生态系统中被水和泥保存下来的残留植物通过氧化反应和生物降解反应生成的有机沉淀物。它在全世界以一种可燃烧的黑色或褐黑色有机岩形式出现，主要组成是碳，还混杂有硫等其他元素。煤炭开采方法主要有地下开采和露天开采两种（Speight，2008，2013a，2013b）。

7.4.2.1 煤液化

由煤生产液态燃料不属于新技术。作为一种液体燃料的替代生产路线，煤液化已经受到非常广泛的关注（Speight，2008，及其中引用的参考文献）。实际上，煤液化经常作为一项可行的选择方案，可以缓解预测的液体燃料短缺，还可以为那些具有丰富煤炭资源的原油净进口国提供某种能源独立措施。

煤液化可以生产出按汽油和柴油等交通运输燃料销售的清洁液体燃料，因此煤转化成液体产品具有固有的技术优势。用固体煤生产液体燃料有三条主要路线：①热裂化直接转化成液体；②煤加氢裂化；③使用费托工艺间接转化成液体。第三条路线包括将煤气化生成一氧化碳和氢气混合物（合成气），然后在高温高压和催化剂条件下利用费托工艺将合成气转化成烃类。本节重点介绍利用直接液化技术将煤转化成液体。

煤直接液化还可以利用 Bergius 工艺（加氢液化）。在这个反应过程中，将煤磨成细颗粒，然后与工艺循环回收的重油混合在一起。通常是将催化剂添加到混合物中，混合物用泵输送到反应器中。反应在 400~500℃和 20~70MPa氢气压力条件下进行。反应生成重油、中间馏分油、汽油和气体：

$$nC_{煤}+(n+1)H_2 \rightarrow C_nH_{2n+2}$$

近年来已经开发出许多种催化剂，例如含有钨、钼、锡或镍的催化剂。

低温干馏工艺（LTC，也称 Karrick 工艺）是另一种煤制液态烃的生产工艺。煤在 450~700℃（840~1290℉）焦化，而冶金焦在 800~1000℃（1830℉）焦化。由于低温下轻质烃中的煤焦油要比高温下的煤焦油多，因此较低的温度可以优化煤焦油的生产。然后，煤焦油被进一步加工成燃料。四十多年来，还开发出了几种应用程度各不相同的其他直接液化工艺（Speight，2013a）。

商业化规模的煤热分解法称为煤干馏，干馏使用的温度通常高达 1500℃（2730℉）。煤在这些温度下的降解程度非常高，并产生（除了想要的焦炭）大量的气态产物。然而，干馏本质上是通过有机物热分解（同时脱除馏分油）生产碳质残渣的过程。

$$[C]_{有机碳} \rightarrow [C]_{焦炭/半焦/碳}+液体+气体$$

反应过程是一个复杂的过程，可以用多个重要的物化变化来说明，例如煤受热开始软化和流动（煤的塑性或与炭类型的关系）。实际上，有些煤在 400~500℃（750~930℉）时流动性变得非常大；对于不同类型的煤来说，最大塑性温度以及塑性温度范围变化很大。煤焦油和低相对分子质量液体的产率在一定程度上也是变量，在很大程度上取决于工艺参数，尤其是温度以及煤的类型。

7.4.2.2 煤液化升级

煤的液体产物不同于石油炼化产物，尤其是含有大量酚类化合物的煤。尽管 20 世纪 70~80 年代出现了对煤液化工艺的关注，但由于石油价格始终保持足够的低位，使得以非石油来源为基础的合成燃料工业兴起不会成为商业上的现实。

不同的馏分不适合直接作为燃料使用，必须送到炼油厂进一步加工生产符合质量要求的合成燃料或调和燃料。据报道，可以将高达 97% 的煤炭转化为合成燃料，但是这很大程度上要取决于煤的类型、反应器结构和工艺参数。

通常情况下，液体需要加氢处理，不同工艺之间能够发生加氢反应的方式也不一样；甚至使用一种氢气氛、一种能给系统提供氢气的溶剂、所采用的催化剂类型，都可以成为煤液化工艺的组成部分（Speight，2013a，2014）。然而，就一般意义而言，在某个操作阶段，液态产品需要通过加氢处理的方式进行稳定化处理（也就是不含不饱和材料以及氮、氧和硫成分）。

目前，煤液化工艺产品精炼主要依靠现有的石油炼厂，但煤制油的酸度（即酚含量）以及煤制油与传统石油原料（甚至是重质油）之间潜在的不兼容会给炼油系统造成严重的问题。因此，精炼煤制油的第一个关键步骤是严格的催化加氢，除去大部分氮气、硫和氧，并且至少将部分高沸点馏分油转化成可以进一步精炼的低沸点馏分油。这类似于使用初步裂解技术完成重油加氢脱硫，这样在产品（通过蒸馏）分离后，可以确定最适合的工艺条件选择（An-cheyta & Speight，2007；Speight，2000）。

精炼煤制油的主要限制因素源自于高芳烃含量和许多芳环体系的冷凝性质（Speight，2013a）。因此，为了满足当前生产需要的液体燃料，各个冷凝的芳环烃必须加氢（饱和），并裂化产生低沸点馏分油。这类转化反应的氢气需求以及这些多环芳烃（尤其含氮和其他杂环原子的）体系对催化剂的影响非常大，但可以通过各种工艺条件来应对这些影响。

7.4.3 油页岩

与油砂一词（在美国称为焦油砂）一样，油页岩（oil shale）一词也属于不恰当的用词，因为矿物不含油，而且也不永远是页岩（Speight，2008）。这类有机材料大部分是油母岩质（kerogen），页岩（shale）是相对较硬的岩石，常被称为泥灰岩（marl）。油母岩质经过适当处理可以转化成有点类似石油的物质，它的品质常常优于传统油藏生产的最低等级石油，但是质量比传统的轻油低。

7.4.3.1 油页岩液化

高温干馏(约500℃，930℉)是油页岩加热工艺，主要用于回收液体产物(页岩油)等有机材料。干馏炉只是加热油页岩并能使析出的气体和蒸汽进入收集器的一种容器(岩质原位干馏反应器或专业化表面干馏反应器)。

干馏是将油页岩在无氧条件下进行的破坏性蒸馏(热解)。在500℃(930℉)以上的温度条件下，热解是使油母岩质(油页岩的有机成分)发生热力学分解或破坏(裂解)，并释放出烃产物，然后将烃裂化成相对分子质量较低的烃。

油页岩在350~400℃左右开始有效脱挥，大约在425℃达到出油的峰值速率，在470~500℃之间基本上完成脱挥(Speight，2008)。在500℃(930℉)左右温度条件下，以钙、镁和碳酸钙为主要组成的矿物质开始分解，释放出主要产物二氧化碳。粗页岩油的性质取决于干馏温度，但是由于在产生液体和气体产物的同时还有次级反应，更主要地取决于温度和时间的变化关系。产生的页岩油为深褐色有特殊气味的蜡油状液体。

页岩衍生油被称为合成原油，因此与合成燃料的生产有密切的关系。但是，页岩油干馏工艺与传统的炼油工艺(例如延迟焦化工艺)之间的相同之处要多于合成燃料工艺。在本章中，油页岩馏分油一词是指油页岩干馏得到的中间馏分烃类。为了能大规模发展油页岩，废油页岩处理也是一个必须以经济的方式解决的问题。干馏过的页岩含有的炭，作为一种半焦相当于一半以上的页岩固有碳价值。半焦有可能会发生自燃，如果高温条件下倾倒在露天环境中会燃烧。加热工艺会得到比新开采页岩更占体积的固体，这主要是由于颗粒随机填料的问题。

油页岩热处理首选的方法会用到活动床反应器，接着是通过分馏工序将页岩油产生的宽沸程原油分成两组独立馏分。较轻的馏分经加氢处理除去残留的金属、硫和氮，而较重的馏分在以高强度条件运行的第二固定床反应器中裂化。

流化床加氢干馏工艺减少了传统页岩升级的干馏阶段，碎油页岩在上升流的流化床反应器中(例如重质渣油加氢裂化使用的反应器)直接发生加氢干馏。这种工艺是一步法干馏及升级工艺，该工艺包括：①油页岩破碎；②碎油页岩与烃类液体混合，形成可泵送的浆液；③浆液与含氢气体一起以足以保证混合物通过反应器向上流动的表面流体流速进入上升流的流化床反应器中；④油页岩加氢干馏；⑤从反应器中移出反应混合物；⑥将反应器流出物分离成多个组分。

7.4.3.2 页岩油精练升级

页岩干馏工艺生产的油几乎不含重渣油(高沸点)馏分。页岩油经过升级成为比大多数原油更有价值的轻沸点优质产品。然而，页岩油的性质也会随着生产(干馏)工艺不同而变化。干馏工艺携带的细矿物质以及现有干馏工艺产生的页岩油黏性高、不稳定，因此，成为页岩油运送到炼油厂之前必须进行升级处理。

页岩油含有各种各样的烃类化合物，氮含量也比石油的典型值(0.2% ~ 0.3%，质量分数)高。此外，页岩油的烯烃和二烯烃含量也较高。正是存在这些烯烃和二烯烃，再加上高氮含量，使页岩油具有难精炼的特点，并且容易形成不溶性的沉淀物。粗页岩油还含有相当数量的砷、铁和镍，影响炼油效果。

为了改进粗页岩油的质量，在除去无机细颗粒后，可以使用不同的工艺选择升级或部分炼制粗页岩油。可以选择加氢处理生产出与基准原油相当的稳定性产品。对于炼油和催化剂活性来说，页岩油的氮含量是一个不利因素。但是，就页岩渣油作为沥青改性剂使用来说，氮元素可以加强与无机材料的黏结性能，氮含量又成为一个有利因素。如果不除去氮，页岩油中的砷和铁会使加氢处理所用负载型催化剂污染或中毒。

将精炼的页岩油产品与相应的原油产品掺混在一起，再利用通过温和加氢处理的页岩油产生的页岩油馏分，从而生产出性能符合要求的煤油和柴油燃料。因此，无论是单独使用还是与相应原油组分混合使用，加氢处理的页岩油产品都是不可或缺的。但是，加氢处理的强度必须根据原料的特殊性能和所需要的产品稳定性级别进行调整。

页岩油生产的汽油通常含有不受各种处理工艺影响的高含量芳烃和环烷基化合物。大多数情况下，炼油加工会使烯烃含量下降，但不明显；通过合适的处理工艺可以除去汽油产品中的二烯烃和碳数更高的不饱和组分，同样，含氮和硫的组分也可以除去，但是程度要低一些。

由于页岩油自身的硫含量高，并且硫化物常常平均分布在不同的页岩油馏分中，因此粗页岩汽油的硫含量非常高。研究硫化物对含硫汽油胶质生成趋势的影响时，不仅仅是浓度，而且硫化物的类型也很重要。

如果汽油中存在大量不饱和组分，催化加氢脱硫工艺不适合汽油脱硫。可以使用大量氢气加氢饱和不饱和组分。因此，需要加氢处理不饱和烃时，催化加氢工艺会比较常用。

页岩油生产的石脑油馏分(汽油前体)拥有不同含量的含氧化合物。产品中存在氧，则易形成自由基，这也是它被关注的原因。形成羟基自由基后，

151

聚合链反应快速发展到链增长阶段，除非采用有效的手段终止聚合过程，链增长阶段很有可能造成不可控的氧自由基形成，从而产生胶质物和其他聚合产物。

页岩油生产的柴油燃料还会受到不饱和度的大小以及二烯烃、芳烃和氮、硫化合物等因素的影响。此外，页岩油生产的航空煤油也必然会面临合适的精炼处理和特殊的工艺问题。产品在性能上必须与传统原油获得的相应产品相同。页岩油产品在严格的催化加氢工艺作用下，然后添加助剂确保其抗氧化性能，最终获得所要的产品。

因此，和煤制油一样，页岩油不同于传统的原油，为此开发出了多种炼油工艺。过去遇到的问题主要是粗合成原油的砷、氮以及蜡质特征。氮和蜡问题的解决方法包括：用加氢处理的方法，基本上是传统的加氢裂化法；消除或异构化处理蜡状材料生产高质量润滑油料。但是，砷的问题仍然存在。

一般来说，油页岩馏分的高沸点化合物非常高，这有利于生产中间馏分油（例如柴油和航空煤油），而不是石脑油。与原油相比，油页岩馏分含有较高的烯烃、氧和氮，还具有较高的倾点和黏度。一般情况下，地上干馏工艺生产的馏分油比重指数（°API）低于原位工艺（产品最高比重指数是 25）。也会使用相当于加氢裂化的其他工艺将油页岩馏分转化成轻沸程烃（汽油），但是，脱除硫和氮可能需要采用加氢处理工艺。

通过加氢处理从页岩油中除去的砷会留在催化剂上，形成致癌物、急性毒物或慢性毒物。当砷达到最大容纳能力时，必须清除并替换催化剂。

7.4.4　生物质材料

生物质材料是指：①专门作为燃料生长的能源作物，例如速生林或柳枝稷；②农业废料和副产物，例如稻草、甘蔗纤维和稻壳；③林业、建筑业和其他木材加工业产生的残留物（Speight，2008，2011b）。

生物质材料是一个术语，包括树木、草、农作物等植物材料，甚至包括动物粪便，其他还有一些通常以少量形式出现的生物质材料，例如甘油三酯、固醇、生物碱、树脂、萜烯、类萜和蜡。本书中包括以下三类来源的所有材料：直接从土地收获/采集的农作物及残留物（一次来源），锯木厂残留物（二次来源），经垃圾填埋处理的消费后残留物（三次来源）。

生物质原料和燃料具有广泛的物理、化学和农艺/工艺工程特征。因此，生物质材料可形成具有现成的燃料合成路径的含碳原料，但是由于生物质材料性质不同，合成路径也不同。

7.4.4.1　生物质材料液化

生物质材料（除了发酵生产乙醇燃料）通常通过快速热解转化成液体——

转化过程中有机物材料在隔绝空气条件下被快速加热到 450~600℃（840~1110℉）的一种工艺。在此条件下，产生有机物蒸气、热解气，木炭，其中蒸气冷凝得到生物油。根据生物质原料的不同，预计可以得到 50%~70%（质量分数）产率的液体。快速热解是非平衡过程，且生物油的性能随温度、压力、停留时间、反应器结构和冷却方法而变化。

在快速热解过程中，生物质快速分解，产生大量的蒸气和气溶胶以及一些木炭和气体。冷凝后形成深褐色、均匀的易流动液体，热值大约是传统燃料油的一半。例如，生物质材料颗粒的进料位置位于流化床反应器的底部附近（类似于流化床催化裂化装置）（Speight，2008，2011b，2014），连同一起加入的还有高流量的高温热载体材料，如沙子。热解反应器被统一于沙循环系统中，该系统还包括提升管、流化床半焦燃烧炉、热解反应器和下降管。生物油（通常是旋风分离器）经过处理除去颗粒物质，然后进入冷凝器，通过循环生物油将挥发性产物冷却下来。产生的所有半焦与空气燃烧产生热解工艺需要的热量，不凝性热解气燃烧形成额外气流以及供生物质原料干燥使用的热量。

由于存在氧化成分，生物油表现出极性，不易与烃类混合在一起。生物质降解的产物含有有机酸，例如甲酸（HCO_2H）和乙酸（CH_3CO_2H），它们会给生物油带来低 pH 值和亲水性能。亲水生物油通常含有 15%~35%（质量分数）的水，如果含水量高于 30%~45%（质量分数），则会出现相分离。

7.4.4.2 生物油升级

生物油的高酸性和化学不稳定性会给炼油厂的加工能力带来非常大的影响。因此，解决方法之一是在酸催化剂条件下利用低成本乙醇（例如甲醇、乙醇或丁醇）处理生物油，将羧基和羰基基团分别转化成酯和缩醛或缩酮。酯化反应和乙酰化反应是平衡反应，提高酯、缩醛和水的浓度会使反应平衡向原始反应物方向转移。另一种解决该问题的方法是通过共沸脱水或反应蒸馏将形成的反应产物除去（Moens，Black，Myers，& Czernik，2009）。

生物质材料热解油是自由流动的液体，通常为深褐色，常有烟味。液体产率和性能取决于生物质材料的类型、温度、热蒸气停留时间、半焦分离和生物质原料的矿物质含量。最后两个因素对蒸汽裂解具有催化效应（Bertero，de la Puente，& Sedran，2012；Bridgwater，2012；Lédé 等，2007；Zheng & Wei，2011）。

含氧量高、储存不稳定、微粒物和腐蚀性给生物油下游的升级带来了困难。影响生物油燃料质量的最重要性质包括：高含氧量生物油与传统燃料的不相容性、高固含量、高黏度和化学不稳定性。减轻这些影响因素需要了解或实现：①降低含氧量；②有效去除颗粒物；③气体中的硫、氮和其他污染物的分布；④降低潜在的腐蚀性。此外，生物油可以在表面活性剂的帮助下使用传统燃料进行乳化处理，该方法的主要不足之处在于表面活性剂成本高、乳化需要高能量、对引擎过高的腐蚀作用（Baglioni 等，2003）。

加氢处理可除去氧、氮和硫，还能使烯烃和芳烃双键饱和。根据操作的强度不同，还可以使酚类成分完全脱氧。快速裂解油分两步升级为稳定的烃：第一反应器使用温和加氢处理条件除去一部分氧，并避免造成催化剂失活的次级反应（例如聚合反应）；第二反应器的反应条件比第一反应器更强，它使用较高的温度和/或较低的空速实现低氧含量（<1%，质量分数）。

典型反应条件是高压中温（高达 400℃，750℉），产品类似石脑油，获得传统的运输燃料需要传统的炼油方法。反应一般使用以氧化铝或硅酸铝为载体的双金属 CoMo 或 NiMo 硫化物催化剂。在较为温和的条件下，可以通过雷尼镍催化剂使酮和醛发生加氢反应生成醇。在还原型催化剂 Mo-10 Ni/γ-Al$_2$O$_3$条件下，在生物油升级过程中发生加氢反应和酯化反应。生物油加氢最佳条件完全不同于石油衍生品。必须采取由较温和的稳定化处理步骤和较强的升级处理步骤组成的两步加氢处理法。

催化裂解反应在沸石催化剂条件下通过同时脱水、脱羧和脱羰反应实现脱氧过程。通常，生物油升级最好使用 HZSM-5 或 ZSM-5 型催化剂，因为它们可提高液体产物和丙烯的产率（Alonso，Bond，& Dumesic，2010）。复合催化裂解提高生物油的质量也越来越受关注，据报道，生物质材料在 ZSM-5 型催化剂条件下热解产生石脑油和煤油、取暖油以及苯、甲苯和二甲苯等可再生化学品（Williams & Nugranad，2000）。

7.5 产品质量

合成原油的组成很难说得清楚，它有多种不同的含义，主要取决于合成燃料的来源。合成燃料的组成还对其质量起着重要的作用，在某一环境中质量得到认可，在另外一个环境中就可能不被接受。

更广泛地说，合成原油一词意味着石脑油、馏分油和瓦斯油系列组分的混合物，但不包括残渣（1050℉，565 ℃以上的材料）。不同来源的合成原油可能含有会影响其直接作为燃料销售的污染物，需要采取附加精制工艺（通常是加氢纯化或污染物脱除）将合成原油转化为符合技术要求的产品。

化石燃料和生物质材料热分解产生的馏分产品主要取决于化石燃料/生物质材料和精制工艺。气化法/费托法得到的产品不含氮、氧、硫和金属等污染物。重要的是费托工艺石脑油辛烷值具有可加工的特点，可以通过掺混和添加助剂的方法进行升级，但石脑油馏分、柴油馏分和高沸点馏分在掺混成可销售商品前，可能需要加氢处理。性能稳定的烃类合成原油也可以作为替代产品，可作为替代燃料油销售。

合成燃料的主要特征是：①原料类型；②原料转化成满足大气污染物法规要求的合规燃料所需要的物理工艺。一般情况下，质量较高的粗燃料（例如费托工艺液化产品）降低了精炼和环境成本，因此价值也较高。降低的生产成本不仅仅只是弥补获得高质量燃料支付的高交货价格。因此，生产合成燃料的成本与原料质量以及商品价格成函数关系。

选择何种工艺主要取决于合成燃料的生产国以及将粗燃料精炼成合规燃料的可用资源。需要制定认可不同原料合成燃料的协议，每份协议必须确定具体的原料。通常情况下，合成燃料必须满足购买方或法规提出的要求，或者合成燃料的生产企业必须证明燃料拥有的性能和特征符合传统石油燃料的性质。

7.6 结论

随着能源需求的不断增加，传统燃料的未来可持续性也越来越受到关注。人们越来越需要找到可替代燃料，例如合成燃料。传统交通运输燃料是由原油精炼加工而成，但是合成燃料的生产可以使用各种各样化石燃料和生物质材料。事实上，市场上已经出现不同来源的合成燃料，预计在未来几年将不断增加供应。

许多国家可能会使用煤、天然气、油页岩、生产合成燃料的非食品农作物以及含碳废料作为替代材料，不再需要原油。合成燃料易于配合交通运输体系，它可以直接应用于汽车引擎，几乎等同于原油精炼的燃料产品。这使其有别于乙醇等现行市场上的生物燃料，它们必须与气体相混合，或要求特殊的引擎才能使用。

合成燃料技术将逐步推广应用，美国可能需要 30~40 年的时间才能充分实施合成燃料生产，在一定程度上可以补充石油供应（Speight，2008，2011a，2011b）。合成燃料生产的经济性在评价时经常喜忧参半，有有利的一面，也有不利的一面，但从实际情况看，包括资本成本在内，根据原料和所使用的工艺，合成燃料仍然可以获得利润。通常政府并未下决心支持国家合成燃料工业，这时他们就可能告知民众汽油/柴油加工量要增长了。这就引出了多年来的问题：为了能源独立，国家愿意付出什么代价？

多年以来，不断的调整和改进大大提高了费托合成的效率和接受能力（表7.2）。费托反应器生产出来的烃类产品常被称为合成原油。这已经表明炼油厂使用的标准产品升级技术也适用于费托石蜡的升级（Marano，2007）。

表 7.2　费托合成燃料的优势

项目	内容
组成	无硫，芳烃含量低，无味，无色
排放物	可以大幅减少限制的和非限制的汽车污染物排放（NO_x、SO_x、PM、VOC、CO、CO_2） 合成气生产过程中分离 CO_2，有利于实行碳捕获
能源供应多元化	有助于石油替代 多元化与能源供应安全
配套基础设施	可使用现有的燃料基础设施与现有发动机兼容： 可用于现有的汽车和柴油车发动机 可生产超低硫、高辛烷值柴油 可生产可改进的低辛烷值汽油
对未来发动机的潜在作用	能够开发出新一代内燃机技术 带来更好的发动机效率 进一步降低汽车污染物排放
对生态环境的影响	易生物降解 无毒性 不伤害水生有机物

气化反应结合费托工艺生产燃料的优点有：①费托合成燃料可兼容当前的汽柴油动力车和燃料配套基础设施，这些燃料不需要建或修改管道、储油罐或加油站油泵；②降低对进口石油的依赖度，提高能源安全；③费托合成燃料不含硫和芳烃，很少或几乎没有颗粒排放，而且烃和一氧化碳排放物也很少（表7.2）（Chadeesingh，2011；Speight，2008，2013a）。

在很多方面，费托液化产品得到的合成燃料都要比化石燃料和生物质材料热解得到的燃料清洁。在合成装置中，化石燃料的重金属和硫化物可以在燃料外运前捕获除去。费托合成燃料不需处理（或少量改进）就能在汽柴油发动机中使用。这些燃料不必与传统的石油燃料相竞争，而是可以作为附加值高、环境问题较少的调和料，帮助减少目前所有行驶车辆的碳排放。

然而，应该牢记的是：费托法生产合成燃料仅仅是一个开端，它开始使用清洁（无污染）原料生产（无硫、氮、金属）的清洁合成燃料，使用的气体原料必须没有污染物，否则催化剂会被污染，造成效率下降。

参 考 文 献

Alonso, D. M. , Bond, J. Q. , & Dumesic, J. A. (2010). Catalytic Conversion of Biomass to Biofuels. Green Chemistry, 12, 1493-1513.

Ancheyta, J. , & Speight, J. G. (2007). Hydroprocessing of Heavy Oils and Residua. Taylor & Francis Group, Boca Raton, Florida: CRC Press.

Baglioni, P. , Chiaramonti, D. , Gartner, K. , Grimm, H. P. , Soldaini, I. , & Tondi, G. (2003). Development of Bio Crude Oil/Diesel Oil Emulsions and Use in Diesel Engines-Part 1: Emulsion Production. Biomass and Bioenergy, 25, 85-99.

Bertero, M. , de la Puente, G. , & Sedran, U. (2012). Fuels from Bio-Oils: Bio-Oil Production from Different Residual Sources, Characterization and Thermal Conditioning. Fuel, 95, 263-271.

Bridgwater, A. V. (2012). Review of Fast Pyrolysis of Biomass and Product Upgrading. Biomass and Bioenergy, 38, 68-94.

Brooks, K. P. , Hu, J. , Zhu, H. , &Kee, R. J. (2007). Methanation of Carbon Dioxide by Hydrogen Reduction Using the Sabatier Process in Micro - channel Reactors. Chemical Engineering Science, 62(4), 1161-1170.

Chadeesingh, R. (2011). The Fischer - Tropsch Process. In J. G. Speight (Ed.), The Biofuels Handbook(pp. 476-517). London, United Kingdom: The Royal Society of Chemistry, Part 3, Chapter 5.

Cheng, W. H. , & Kung, H. H. (Eds.), (1994). Methanol Production and Use. New York: Marcel Dekker Inc.

Collins, J. P. , Joep, J. H. M. , Freide, F. , & Nay, B. (2006). A History of Fischer-Tropsch Wax Upgrading at BP - From Catalyst Screening Studies to Full Scale Demonstration in Alaska. Journal of Natural gas Chemistry, 15, 1-10.

De Klerk, A. (2011). Fischer-Tropsch Refining. Weinheim, Germany: Wiley-VCH.

De Klerk, A. , & Furimsky, E. (2010). Catalysis in the Refining of Fischer - Tropsch Syncrude. In RSC Catalysis Series: 4. London, United Kingdom: Royal Society of Chemistry.

Du, G. , Lim, S. , Yang, Y. , Wang, C. , Pfefferle, L. , & Haller, G. L. (2007). "Methanation of Carbon Dioxide on Ni-incorporated MCM-41 Catalysts: The Influence of Catalyst Pretreatment and Study of Steady-State Reaction. Journal of Catalysis, 249(2), 370-379.

Fujita, S. , Nakamura, M. , Doi, T. , & Takezawa, N. (1993). Mechanisms Of Methanation Of Carbon Dioxide And Carbon Monoxide Over Nickel/Alumina Catalysts. Applied Catalysis A: General, 104, 87-100.

Gary, J. H. , Handwerk, G. E. , & Kaiser, M. J. (2007). Petroleum Refining: Technology and Economics(5th). Boca Raton, Florida: CRC Press, Taylor & Francis Group.

Görke, O. , Pfeifer, P. , & Schubert, K. (2005). Highly Selective Methanation by the Use of a Micro-channel Reactor. Catalysis Today, 110(1-2), 132-139.

Hindman, M. L. (2013) . Methanol to Gasoline Technology. In Proceedings of the 23rd International Offshore and Polar Engineering Conference. Anchorage, Alaska. June 30 – July 5 (P. 38).

Hsu, C. S. , & Robinson, P. R. (Eds.) , (2006) . In Practical Advances in Petroleum Processing Vols 1 and 2. New York: Springer.

Hu, J. , Yu, F. , & Lu, Y. (2012) . Application of Fischer – Tropsch Synthesis in Biomass to Liquid Conversion. Catalysts, 2, 303–326.

Kam, A. Y. , Schreiner, M. , &Yurchak, S. (1984) . Mobil Methanol – to – Gasoline (MTG) Process. In R. A. Meyers (Ed.) , Handbook of Synfuels Technology. New York: McGraw – Hill Book Company, Chapter 2-3.

Khodakov, A. Y. , Chu, W. , & Fongarland, P. (2007). Advances in the Development of Novel Cobalt Fischer – Tropsch Catalysts for Synthesis of Long – Chain Hydrocarbon and Clean Fuels. Chemical Reviews, 107(7), 1692–1744.

Kreutz, T. G. , Larson, E. D. , Liu, G. , & Williams, R. H. (2008). Fischer–Tropsch Fuels from Coal and Biomass. In Proceedings of the 25th Annual International Pittsburgh Coal Conference. Pittsburgh, Pennsylvania. September 29–October 2.

Lédé, J. , Broust, F. , Ndiaye, F. –T. , & Ferrer, M. (2007). Properties of Bio–Oil Produced By Biomass Fast Pyrolysis In A Cyclone Reactor. Fuel, 86, 1800–1810.

Lee, S. (1990). Methanol Synthesis Technology. Boca Raton, Florida: CRC Press.

Lee, S. , Gogate, M. R. , Fullerton, K. L. , and Kulik, C. J. 1995. Catalytic Process for Production of Gasoline From Synthesis Gas. United States Patent 5, 459, 166. October 17.

Lewis, P. E. (2013) . Gas to Liquids: Beyond Fischer Tropsch. In Paper No. SPE 165757 Proceedings. SPE Asia Pacific Oil & Gas Conference and Exhibition held in Jakarta, Indonesia. October 22–14.

MacDougall, L. V. (1991) . Methanol to Fuels Routes – The Achievements and Remaining Problems. Catalysis Today, 8, 337–369.

Marano, J. J. (2007) . Options for Upgrading and Refining Fischer – Tropsch Liquids. Proceedings. 2nd International Freiberg Conference on IGCC and XtL Technologies, Freinerg, Germany. May 8 – 12. http: //www. iec. tu – freiberg. de/conference/conf07/pdf/8. 2. pdf.

Moens, L. , Black, S. K. , Myers, M. D. , & Czernik, S. (2009). Study of the Neutralization and Stabilization of a Mixed Hardwood Bio–oil. Energy and Fuels, 23(2009), 2695–2699.

Olah, G. A. , Goeppert, A. , & Surya Prakash, G. K. (2003). Beyond Oil and Gas: The Methanol Economy. Weinheim, Germany: Wiley–VCH.

Ringer, M. , Putsche, V. , and Scahill, J. 2006. Large – Scale Pyrolysis Oil Production: A Technology Assessment and Economic Analysis. Report No. NREL/TP–510–37779. National Renewable Energy Laboratory. Golden, Colorado. November.

Spath, P. L. , & Dayton, D. C. (2003). Preliminary Screening–Technical and Economic Assessment of Synthesis Gas to Fuels and Chemicals with Emphasis on the Potential for Biomass-Derived Syngas. Golden, Colorado: National Renewable Energy Laboratory(NREL).

Speight, J. G. (2000). The Desulfurization of Heavy Oils and residua. (2nd). New York: Marcel Dekker Inc.

Speight, J. G. (2008). Synthetic Fuels Handbook: Properties, Processes, and Performance. New York: McGraw-Hill.

Speight, J. G. (2009). Enhanced Recovery Methods for Heavy Oil and Tar Sands. Houston: Gulf Publishing Company.

Speight, J. G. (2011a). An Introduction to Petroleum Technology, Economics, and Politics. Salem, Massachusetts: Scrivener Publishing, 2011.

Speight, J. G. (Ed.), (2011b). The Biofuels Handbook. London, United Kingdom: Royal Society of Chemistry.

Speight, J. G. (2013a). The Chemistry and Technology of Coal(3rd). Boca Raton, Florida: CRC Press, Taylor & Francis Group.

Speight, J. G. (2013b). Coal - Fired Power Generation Handbook. Salem, Massachusetts: Scrivener Publishing.

Speight, J. G. (2014). The Chemistry and Technology of Petroleum(5th). Boca Raton, Florida: CRC Press, Taylor & Francis Group.

Speight, J. G., & Ozum, B. (2002). Petroleum Refining Processes. New York: Marcel Dekker Inc.

Steynberg, A. P., Espinoza, R. L., Jager, B., & Vosloo, A. C. (1999). High Temperature Fischer-Tropsch Synthesis in Commercial Practice. Applied Catalysis A., 186(1-2), 41-54.

Takenaka, N., Shimizu, T., & Otsuka, K. (2004). Complete Removal of Carbon Monoxide in Hydrogen-Rich Gas Stream through Methanation over Supported Metal Catalysts. International Journal of Hydrogen Energy, 29, 1065-1073.

Weissermel, K. (2003). Industrial Organic Chemistry(4th). Weinheim, Germany: Wiley-VCH.

Wender, I. (1996). Reactions of Synthesis Gas. Fuel Processing Technology, 48(3), 189-297.

Williams, P. T., & Nugranad, N. (2000). Comparison of Products from the Pyrolysis of Rice Husks. Energy, 25, 93-513.

Zheng, J. L., & Wei, Q. (2011). Improving the Quality of Fast Pyrolysis Bio-Oil by Reduced Pressure Distillation. Biomass and Bioenergy, 35, 1804-1810.

Zhilyaeva, N. A., Volnina, E. A., Kukuna, M. A., & Frolov, V. M. (2002). Carbon Dioxide Hydrogenation Catalysts(a Review). Petroleum Chemistry, 42, 367-386.

第8章 气化工艺燃料评价：煤分析与质量控制

J. G. Speight

（CD&W Inc., Laramie, WY, USA）

8.1 前言

矿物质、水分、固定碳和热值等不同的煤特征会影响煤的气化过程。因此，煤分析数据可用于准确确定工艺的可行性和效率（Speight，2013a，2013b）。大量的研究工作以及不同国家标准协会的成立推动了煤评价方法的发展。例如，美国材料试验协会（ASTM）已经在这一领域不间断地工作了很多年（表8.1），而所有主要产煤国家都在研究开发标准化煤评价方法。

气化工艺中煤的最重要性能有：①煤的类型；②工业分析，确定水分、灰分、挥发物和固定碳；③最后分析或元素分析，确定煤的元素组成；④热值或热含量；⑤粘结性，仅适用于烟煤；⑥可磨性，确定煤研磨的难易程度。

此外，煤在从煤堆向磨粉机输送时，有一部分气化过程直接接触煤处理，影响这部分气化工艺的煤的性能有：①比能量，确定特定工厂产量所需的煤数量；②表面水分，影响煤的流动性；③细物质的尺寸分布，尤其是比例，影响表面水分；④矿物质尤其是黏土矿物的性质，影响流动性能。

除了美国材料试验协会，还有一些组织在国家层面从事分析方法的开发与标准化，例如英国标准化组织（BS）和德国标准化组织（DIN）。此外，二战后不同产煤国之间的贸易越来越多，这意味着交叉引用已认可的标准是必然的，并且这类工作的委托管理由瑞士日内瓦的国际标准化组织（ISO）负责。国际标准化组织将成员资格分配给各积极成员国（与观察员国）。

对于煤产品来说，比较合适的做法是在讨论具体的煤评价方法时，应参考相关的实验。相应的，应加上必要的 ASTM 试验编号，在已知的情况下再加上其他国家标准化组织的试验编号。作为煤的多方面评价程序组成部分，不断有新方法被开发出来，而且已认可的方法可能需要定期修改，以便提高测试方法的准确性以及结果的精度(Speight，2005，2013a，2013b)。

表 8.1　ASTM 标准煤质测试方法的试验步骤与目的

试验步骤	试验结果
热值	可能产生的能量
煤的等级分类	煤在开采、制备和利用时的性能评价
煤灰	特定温度下产生的灰分量
平衡水分	煤的水分保持能力(天然储层水分)
硫的种类	硫的形式——有机硫、无机硫(黄铁矿、硫酸盐)
主要元素与少量元素	识别主要元素与少量(微量)元素
工业分析	水分、挥发物、灰和固定碳的量
煤显微组分分析	煤中显微组分的类型与量
总水分	固有水分和所有其他形式存在的水分
微量元素	确定微量元素
最后分析	碳、氢、氮、氧、硫和灰的量
挥发物	生成的气体或蒸汽产物

分析方法有两种：元素分析和工业分析。元素分析确定固态或气态的所有煤组成元素；工业分析仅以原始煤的百分比形式确定固定碳、挥发物产率、含水量和灰分产率。煤的工业分析和元素分析为特定的煤提供了总体特征相关的重要信息。元素分析包括煤的元素分析，并且已经用于评价煤的热力学特征以及硫氮氧化物的最大排放量。在很多参考文献中可以找到这方面分析的详细介绍(Gupta，2007；Raask，1985；Sharkey & McCartney，1981；Speight，2005；Speight，2013a，2013b)。

本章介绍了不同的煤组成分析方法。类似于石油行业(Speight，2014)，有一些气化工厂可以对工厂接收的每一批次新原料(煤)进行全面分析，而有一些公司可能会对原料进行部分分析，从而确定煤在气化过程中影响比较大的具体性能。

8.2　取样

气化炉中煤的性能优化与煤的成分有关。通过取样确定效率、输入的热量和运行需求就很必要。因此，煤炭取样成为选煤厂工艺控制的重要组成部分。无论是出于标准还是研究需要，大多数煤分析使用的都是在整批煤基础上精心收集的样品(代表性煤样)。抓斗采样是在反应物料某一个点采集的单次煤样，一般情况下不是特别具有代表性。常规样品是按固定频率采集的样品，可以是一段时间，也可以是按装货批次。

总样品采集完后经破碎，然后分解得到净样品，随后送至独立实验室测试，测试结果将与购买方和供应方分享。很多情况下，为了确保数据质量，购买方会要求重复分析或另一实验室的二次分析。分析形成包括煤的灰分、水分、热值、硫分、铁、钙、钠以及其他元素成分的连续检测报告。

此外，对代表性煤样制备相关问题的重视，最终形成正确的煤制样方法（ASTM D346；ASTM D2013；ASTM D2234；ISO 1988；ISO 2309）。利用这些方法可以将非常大的交付物(可达到数千磅数量级)降低到少量试样作为代表，从而得到实验室测试样品。

8.3　工业分析

煤的工业分析得到的是固定碳、挥发物(确定为矿灰)以及煤的含水量的质量分数。固定碳和挥发物的量直接构成了煤的热值。固定碳直接在燃烧过程中充当主要发热源。挥发物含量高，说明煤易于燃烧和脱挥。设计炉篦、气化炉体积、污染物控制设备以及灰分处理系统时，煤的成灰性能非常重要。

煤的工业分析包括一系列实验，它们已被广泛用作与煤炭利用相关表征的基础(ASTM D3172)。本节会讲到确定含水量、挥发物含量、灰分产率和(差减法)固定碳产率，对比提供元素组成的煤元素分析(图 8.1)。

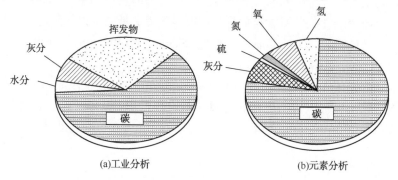

图 8.1　工业分析与元素分析的数据分布图(Speight，2005，2008，2013a，2013b)

进行煤质分析时，各个变量测量值以质量分数的形式表示(%)，有多种不同的计算基准：①收到基(AR)：以收到状态的煤为基准，这是工业领域使用最广泛的基础，它将所有变量考虑在内，使用总质量作为测量基础；②空气干燥基(AD)：以与空气湿度达到平衡状态的煤为基准，含内在水分，不含外在水分；③干燥基(DB)：以假想无水状态的煤为基准，不含外在水分、内

162

在水分或其他水分；④干燥无灰基（DAF）：以假想无水、无灰状态的煤为基准；⑤干燥无矿物质基（DMMF）：以假想无水、无矿物质状态的煤为基准，例如石英、黄铁矿、方解石和黏土。

8.3.1 含水量

含水量是煤的非常重要的性能（ASTMD1412；ASTMD2961；ASTMD3173；ASTM D3302），煤中存在的水分（0.5%～15%，质量分数）必须在气化前迁移、处理和存储。如果水分代替了有机挥发物，则会：①降低煤的热值；②因为水蒸气蒸发与过热会增加热损耗；③有助于辐射热传递。此外，煤中水分含量越高，越容易产生造成自燃和着火燃烧的热量（Speight，2013a）。干煤和湿煤一起堆放时，干湿之间的界面形成热交换器，这是最危险的自燃环境。如果煤完全干燥，或者全部含有水分，则风险大大降低。一般情况下，煤的含水量随着煤的等级下降而增加。

8.3.2 挥发物

通常情况下，原始的粗煤自然挥发分含量不高。煤的挥发物是指煤在隔绝空气的条件下高温加热（即热解过程或热处理的最初阶段）除水分以外释放的成分。在最初加热阶段得到的挥发物主要由氢气、一氧化碳、甲烷、较高相对分子质量碳氢化合物、挥发油、挥发性焦油、二氧化碳和水蒸气组成的气体，它们影响煤气化的起始反应。所有能产生大量挥发物的煤都容易点燃，这也是选择煤作为气化系统原料的一个重要因素。

与含水量一样，挥发物含量（ASTM D3175；ISO 562）取决于煤的等级，无烟煤通常 <5%（质量分数），而次烟煤和褐煤通常>50%（质量分数），煤的挥发物含量一般在这两者之间。而某一位置某一煤层的气体含量变化较大。煤炭气孔中含有气体，它们主要通过吸附力吸附在气孔表面。

就所有煤的标准测试方法来说，都是在严格控制的条件下测量煤的挥发物。在澳大利亚和英国的标准测试方法中，测试程序要求将煤样放入马弗炉圆形石英坩埚，加热到（900±5）℃，保持7min。标准分析测试方法要求将煤放入垂直铂坩埚，加热到（950±25）℃（ASTM D3175；ISO 1350）。不同等级的煤产生的挥发物组成变化也很大。

8.3.3 灰分

煤不含有灰分，但是含有成灰的矿物成分（Speight，2005，2013a，2013b）。灰分可进一步分成飞灰和底灰。飞灰是在气化过程（和燃烧）中随着烟道气上升的细颗粒物，而底灰是不上升的灰分。气化和燃烧过程中产生的飞灰数量还取决于煤的等级。

煤中含有无机物(矿物材料)会使煤的热值下降。在矿物质材料中，黏土材料失去水分、碳酸盐类物质失去二氧化碳、黄铁矿(FeS_2)失去硫、氯矿物产生氯化氢等，这些性能都有助于挥发物的形成。黏土矿物、石英矿物、硫化物矿物和碳酸盐矿物是煤炭中最常见的矿物。

煤在受热时，蒙脱土等黏土矿物会分解(分裂)，有时候也不分解。如果发生分解，那么冷却后它会与其他元素或矿物材料重新结合，在加热炉和锅炉的内表面形成矿物沉淀物(熔渣或结垢)。受影响的设备就会出现换热困难，从而大大降低换热效率，同时还需大量维护费用。组成较为简单的伊利石在正常运行条件下不会使炉体出现这类问题。

煤的矿物质含量以及气化时的灰分产率(大约为 5%～40%，质量分数)会造成结渣、结垢和腐蚀。结渣是指飞灰(不下落到气化炉底部的灰分)沉淀在换热器表面和耐火面。结垢包括灰分和挥发物的沉淀以及灰的硫化反应。结垢造成热交换效率下降和气流通道的堵塞。腐蚀造成金属壁厚变薄，有可能造成泄漏和设备停工。

确定煤的矿物质含量(矿灰产率)非常重要，它直接影响工艺的效率(ASTM D3174；ISO 1171)。人们提出了好几个计算方程，以灰化技术获得的数据作为计算基础，计算煤炭中矿物质的最初含量。在这些方程中，有两个还在继续使用，而且经常用于煤的矿物质含量评价：Parr 方程和 King-Mavies-Crossley 方程。

Parr 方程通过以下表达式计算煤炭的矿物质含量：

$$矿物质含量(\%, 质量分数) = 1.08A + 0.55S$$

式中，A 是按实验方法得到的灰分质量分数；S 是煤中硫的总含量。

King-Mavies-Crossley 方程比较复杂：

$$矿物质含量(\%, 质量分数) = 1.09A + 0.5S_{黄铁矿硫} + 0.8CO_2 - 1.11SO_{3(灰分中)} + SO_{3(煤中)} + 0.5Cl$$

式中，A 为灰分的质量分数；$S_{黄铁矿硫}$ 为煤中黄铁矿硫的质量分数；CO_2 为煤中矿物型(非有机)二氧化碳的质量分数；$SO_{3(灰分中)}$ 为灰分中三氧化硫的质量分数；$SO_{3(煤中)}$ 为煤中三氧化硫的质量分数；Cl 为煤中氯的质量分数。

8.3.4 固定碳

煤中的固定碳含量(FC)(更准确的称谓是固定碳产率或碳质残渣产率)与脱挥工艺产生的半焦预期产率有关(第 5 章)。挥发物脱除后留下来的材料就是碳。因此：

$$固定碳(FC) = 100\% - (\%水 + \%VM + \%灰分)$$

由于有一些碳在挥发物中以烃的形式损失掉，因此煤中固定碳的含量不同于煤最终的碳含量。

测量固定碳(ASTM 3172；ISO 1350)时，拿走前一次挥发物实验坩埚的盖子，将坩埚放在本生灯上加热，直至碳被完全燃烧。残留物称重，与前一次称重的差额是固定碳的量。

8.4 热值

煤的热值是能含量的直接指标，也是确定煤在煤气化工厂是否有用的最重要的性能(Speight，2013a，2013b)。它是指规定数量的煤燃烧时产生的能量。可以使用热值确定煤的等级以及生产蒸汽时可获得的燃料能量最大理论值。热值还可用于计算锅炉必须处理、粉碎以及燃烧的燃料数量。

可以使用弹式量热器，静态等温法(ASTM D3286；ISO 1928)或绝热法(ASTMD2015；ISO 1928)测量热值。煤的热值一般采用 Btu/lb；kcal/kg 或 kJ/kg 表示(1.8Btu/lb = 1.0kcal/kg = 4.187kJ/kg)。

煤的热值测量实验条件要求初始氧压力为 300~600psi，最终温度范围在 20~25℃(68~95℉)之间，产物有灰分、水、二氧化碳、二氧化硫和氮气。因此，一旦总热值(GCV)确定，就可以用 GCV(20℃，68℉)减去水的汽化热 1030Btu/lb(2.4×10^3kJ/kg)得到净热值(NCV)计算值(即燃烧净热量)。扣除项实际上不等于水的蒸发热(1055Btu/lb)，因为计算是将体积不变条件下总热值降低到压力不变条件下的净值。因此总热值(GCV)和净热值(NCV)之间的差别为：

$$NCV(Btu/lb) = GCV - (1030 \times 总氢气 \times 9)/100$$

无论哪一种测试方法，热值都用总热值表示，如果对净热值感兴趣，附上修正值(ASTM D121；AST M D2015；ASTM D3286；ASTM D5865；ISO 1928)。

如果没有煤的热含量测量值(热值)，可以通过不同的方程近似预测热值(CV)，其中使用最多的方程包括(Selvig，1945)：

Dulong 热值方程：

$$CV = 144.4(\%C) + 610.2(\%H) - 65.9(\%O) - 0.39(\%O)$$

Dulong-Berthelot 热值方程：

$$CV = 81370 + 345[\%H - (\%O + \%N - 1)/8] + 22.2(\%S)$$

%C、%H、%N、%O 和%S 表示煤的碳、氢、氮、氧和有机硫含量，它们的计算基准都是干燥无灰基。两种情况下的热值计算值与实验值都相当吻合。

最后，为了消除各种可能的误解，经常使用低热值（LHV）或高热值（HHV）表示煤的化学能，单位为 Btu/lb、MJ/kg 或 Btu/lb（1 MJ/kg 约等于430Btu/lb）。高热值将水蒸气冷凝释放的热量（潜热/蒸发热/冷凝热）考虑在内，而低热值不考虑这一点。

8.5 元素分析

元素分析的目的（ASTM D5373；ASTM D4239）是以化学元素所占比例的形式确定煤的组成。因此，元素分析（图 8.1）（ASTM D3176）确定了碳（C）、氢（H）、氧（O）、硫（S）的量以及硫（ASTM D2492，ISO 157）和其他元素在煤样中的存在形式（Speight，2005，2013a，2013b）。碳的数量包括存在于煤有机质中的部分和最初以无机碳酸盐形式存在的部分。同样，氢的数量包括煤有机质中的氢和以水分和硅酸盐矿物结构水的形式存在的氢。

因此，对于煤气化体系来说，元素分析可以（结合煤的热值）评价气化炉的性能标准，例如煤的进料速度、空气需要量、硫的排放量（Speight，2005，2013a，2013b）。

煤中还含有氯，它也是造成结垢和腐蚀问题的一个因素（Canfield，Ibarra，& McCoy，1979；Slack，1981）。煤中的氯会反应生成氯化氢，含氯化氢的水（盐酸）冷凝在设备冷却部件上，会造成严重的金属表面腐蚀。煤中的氯含量通常较低，大部分以钠、钾和钙的氯化物形式存在，在有些类型的煤中还含有镁和铁的氯化物。

根据煤的总含氯量，结垢分类（ASTM D2361；ASTM D4208；ISO 352；ISO 587）如下：

氯/%（质量分数）	结垢类别
<0.2	低
0.2~0.3	中
0.3~0.5	高
>0.5	严重

煤中含有的汞（Speight，2005，2013a，2013b；Tewalt，Bragg，& Finkelman，2001；Wang 等，2010）会在食物链中累积，因此已经被确认为是非常危险的环境污染物。

汞实验（ASTM D3684）时，将煤样在含有稀硝酸的氧弹中燃烧，然后通过无火焰冷蒸汽原子吸收确定汞含量。由于不同形态的汞具有不同的化学性质，汞在气化炉排放物中的形式也不一样，需要按照汞的存在形态处理（Cao 等，2008a，2008b；Lee，Serre，Zhao，Lee，& Hastings，2008；Lee 等，2006；Meij，Vredendregt，& Winkel，2002；Park，Seo，Lee，& Lee，2008；Pavlish 等，2003；Srivastava，Hutson，Martin，Princiotta，&Staudt，2006）。

一般情况下，元素分析主要分析煤中的微量元素（ASTM D6349；ASTM D6357）。煤中都存在少量微量元素，但是它们的存在状态却不一样，既有有机形态，也有无机形态，并发现大部分微量元素同时存在两种形态（Speight，2013a，2013b，其中引用的参考文献）。在煤气化过程中，微量元素会以颗粒物形式释放到大气中。研究表明，微量元素在煤的有机成分和无机成分中的分布和浓度影响煤气化副产物的质量。

8.6 物理性能

煤的颜色、密度和硬度等物理性能变化很大（表 8.2）（Speight，2005，2013a，2013b）。最初研究时，可能认为在煤的物理、力学、化学性能之间即使有关系，也较弱，但实际情况却相反。例如，煤的孔隙尺寸（实际上是物理性能）是决定煤化学活性的重要因素。另外，造成煤膨胀和粘接的化学效应会对煤气化之前或之后的处理方式产生实质性的影响。

表 8.2　煤气化相关的物理、力学和热性能

项目		内容
物理性能	密度	真密度
	孔隙率和表面积	孔结构的性质
	表面积	表面性能
力学性能	强度	承受外部作用力的能力
	硬度指数	测量划痕硬度
	易碎性	处理时耐降解能力
	易磨性	粉碎或磨碎煤需要的能量
热性能	热容	能含量指标
	导热系数	通过单位面积的热传递速率
	塑性特性	煤受热或加热时的变化
	凝聚性能	煤受热或加热时的变化
	粘结指数	确定加热后残留物的性质
	自由膨胀指数	煤受热时体积的增加值

8.6.1 密度

密度是反应器工程的重要参数，它表示气化反应的反应器尺寸和生产能力。与自由膨胀指数(FSI)一起，密度还可用于预测脱挥过程中半焦的产量。

因此，煤密度一词有多种不同的含义。必须将它与影响处理、运输和储存的不同松密度区别开来，决定煤松密度的因素有平均颗粒(或块)尺寸、尺寸分布和紧密度。

真密度(ASTM D167)通常使用液体置换法测量。由于煤存在多孔性和物理化学作用，密度观测值随着所采用的特定流体而变化(Agrawal，1959；Mahajan &Walker，1978)。

将称重的煤样浸入某一种液体中，然后准确测量被置换出来的液体可以得到煤的表观密度。为此，选择的液体应满足：①润湿煤的表面；②不强烈吸附煤表面；③不造成膨胀；④渗透煤的孔隙。煤的等级越低，与水的润湿能力越强；煤的等级越高，与(煤)焦油或非挥发性沥青的润湿能力越强。

松密度(ASTM D291)不属于煤的固有特性，并且随着煤的处理方式不同而变化。煤颗粒的总质量除以颗粒占有的总体积得到松密度。总体积包括颗粒的体积、颗粒间的空隙体积和内部孔隙体积。由于组成结构不相同，所以煤的密度可以用每立方英尺的碎煤质量来表示，而且它随着煤的颗粒尺寸和容器中的填装变化而变化。

8.6.2 孔隙率和表面积

煤是多孔性材料，煤的孔隙率和表面积(Mahajan & Walker，1978)对煤气化过程中的性能有很大的影响，随着煤的孔隙率和表面积增加，煤的活性也增加。孔隙率决定了(在气化炉中)挥发物向煤外扩散的速率，还决定了氧或其他气化剂与煤相互作用的速率。

正如前面介绍煤密度时所提到的，煤的孔隙率随着煤的碳含量增加而降低，当碳含量增加到89%左右时，孔隙率达到最低值，然后孔隙率明显增大。在等级较低的煤中，经常以大孔隙为主，而在等级较高的煤中，以小孔隙为主。因此，可以通过以下方程计算孔体积：

$$V_p = 1/\rho_{Hg} - \rho_{He}$$

式中，ρ_{Hg}代表汞的密度；ρ_{He}代表氦密度。它们都随着碳含量增加而下降。另外，煤的表面积在$10 \sim 200 m^2/g$之间变化，还表现出随着碳含量增加而下降的趋势。煤的孔隙率可通过下列方程计算：

$$\rho = 100\rho_{Hg}(1/\rho_{Hg} - 1\rho_{He})$$

除非已经知道，测量煤在不同液体中的表观密度，可以计算初孔隙的大小(孔隙体积)分布。开孔体积(V，即可通过特定液体的孔隙体积)可通过下列方程计算：

$$V = (1\rho_{Hg} - 1\rho_a)$$

其中，ρ_a是煤在流体中的表观密度。

将煤浸入汞中，同时不断增加压力，可以计算出孔隙在煤中的尺寸分布。在任何一个特定压力 P 条件下，则表面张力效应不会让汞进入直径小于特定值 d 的孔隙中，关系方程如下：

$$P = 4\sigma \cdot \cos\theta / d$$

式中，σ 是表面张力；θ 是接触角(Van Krevelen，1957)。

然而，这一方法计算出来的孔隙总体积明显小于通过氦气密度计算出来的值，从而产生煤含有两类孔隙体系的观点：①汞在压力条件下可以通过的大孔隙体系；②汞无法通过，但是氦气可以通过的微孔体系。

8.7 力学性能

相对于煤的工业分析、元素分析和某些物理性能而言，可以考虑利用煤的力学性能(表8.2)预测在气化工厂使用情况下的开采、处理和制备过程中煤的性能。

8.7.1 强度

有多种方法可以计算煤的强度和硬度：抗压强度、断裂韧性和易磨性能。这些性能都与煤的等级、类型和品种有关。影响煤强度测量值的因素有试样尺寸、相对于条理方向的应力方向和实验围压(Hobbs，1964；Medhurst & Brown，1998；Zipf & Bieniawski，1988)。

烟煤试样的强度也受其横向尺寸影响，尺寸小的煤样获得的强度值大于尺寸大的煤样，这可能是由于大尺寸煤样中存在断裂面或割理。事实上，尺寸较小的煤样能产生比较准确的煤强度值。实验发现，强度随着煤级不同而变化；通过强度与挥发物的变化关系图发现，无论是垂直于层理面还是平行于层理面，干燥无灰基挥发物最低值通常为20%~25%(Speight，2013a)。

测量焦炭活性和反应后的焦炭强度的实验方法 ASTM D5341 是唯一可以使用的标准实验方法。本方法介绍了实验所用的仪器和方法，即测量高温条件下焦块在二氧化碳气体中的活性，并在反应后通过在转鼓中滚动的方法测量焦炭在二氧化碳砌体中的强度。

8.7.2 硬度

虽然煤的耐磨性没有明显的商业价值，但当煤在气化炉中使用时，它又是非常重要的因素。煤的磨蚀作用会造成研磨元件磨损，从而增加维护成本，并构成煤研磨成粉煤燃料的主要支出项目之一。此外，由于煤的耐磨性差异非常大，因此当工厂选择使用粉煤作为原料时，必须考虑这一因素（Speight，2005，2013a）。

煤的耐磨性更多地是由相关杂质的性质决定，而不是煤的物理性质。例如，黄铁矿物质的硬度是煤的 20 倍，砂岩颗粒是煤中的另一种常见杂质，也具有坚硬耐磨性能。

8.7.3 脆性

脆性之所以受到关注，主要是因为易粉碎的煤不易产生大颗粒煤，它（根据用途）满足了人们的预期要求。易粉碎煤还会产生更多的表面积，这样表面就能实现更快的氧化反应，从而在环境中更利于自燃（着火），引起焦煤焦化质量下降，伴随着氧化反应还会产生其他变化。

滚筒实验（ASTM D441）采用圆筒形瓷制罐磨机（大小为 7.25in，18.4cm）测量煤的脆性，并装有辅助煤滚动的三个提升机构。将经过 1.5～1.05in 方孔筛网筛选的 1000g 煤样放入转速为 40r/min（无研磨介质）的罐磨机中滚动处理 1h。然后取出煤样，使用开口为 1.05in、0.742in、0.525in、0.371in、0.0369in 和 0.0117in 的方孔筛网进行筛选。

煤的脆性测试使用类似焦炭粉碎跌落试验的标准方法（ASTM D3038）的粉碎跌落试验（ASTM D440）测试。在本方法中，大小为 2～3in 的 50lb 煤样从活底箱跌落到距离箱底下方 6in 的钢板上，如此重复两次，然后用开口为 3.0in（76.2mm）、2.0in（50.8mm）、1.5in（38.1mm）、1.0in（25.4mm）、0.75in（19.05mm）和 0.5in（12.7mm）的圆孔筛筛选两次跌落实验破坏的煤样，最终计算出平均颗粒尺寸。

8.7.4 可磨性

煤的可磨性（即煤研磨成粉煤的难易程度）包括了硬度、强度、韧性和断裂等其他具特殊性能在内的综合物理性能。评价相对可磨性的几种方法都利用了瓷制罐磨机，其中每种煤可以被研磨（假设）400 转。通过原料和研磨产物的筛网分析，可以预测出新表面值。然后将通过对比实验发现的新的表面值与标准煤得到的表面值相比较，确定煤可磨性的级别。

哈德格罗夫可磨性指数(HGI)是特别重要的力学指标,它可以测量煤相对于其他标准参比煤样的研磨难易程度。可磨性随煤级不同而变化,换句话说,煤级非常低的和非常高的煤都比中等煤级的焦煤难研磨。可磨性实验(ASTM D409;ISO 5074)采用的是球环型研磨机,它先将 50g 大小均匀的煤样研磨 60 转,然后通过 200 目筛网筛分研磨的产物。

将结果转换成等效的 HGI 值,HGI 值表示易于研磨的煤级。在低、中、高三种挥发性含量的烟煤中,挥发物产率和可磨性之间存在大致对应关系。其中,低挥发性烟煤的 HGI 值最高,一般在 100 以上。高挥发性烟煤的 HGI 值范围在:最高值大约在 54~56 之间,最低值大约在 36~39 之间。一般情况下,软质的易于研磨的煤可磨性指数(GI)相对较高。如果需要比较准确的评价可磨性,可以使用两种标准的可磨性实验方法:ASTM D440 粉碎跌落试验;ASTM D441 滚筒试验。

8.8　热性能

煤的热性能(表 8.2)表示的是煤在加热过程中的性能,它们主要用于设计煤气化所用的设备。例如,气化反应时,当粉煤样品隔绝空气条件下加热时,在不到 100℃(212℉)的温度条件下,它失去了含有甲烷、乙烷、氮气和二氧化碳的封闭气体(也可能包括其他气体);在 100~150℃(212~300℉)时产生水分。烟煤在 200~300℃(390~570)开始分解,而这些煤在 300~375℃(570~705℉)时分解开始活跃。一次脱挥过程(300~550℃;570~1000℉)产生热解水分、原焦油和气体,而气体(氢气为主)在二次脱挥过程中产生(大约700℃,1290℉)。

脱挥过程的动态特征包括颗粒软化、起泡、膨胀、产生挥发物和收缩等现象。此外,煤在受热分解时,残留物中的碳含量会增加。如果是黏接性煤,在 300~350℃(570~660℉)到 500~550℃(930~100℉)的范围内,残留物会经历塑性状态。塑性物质的流动性开始呈现上升状态,达到一个最大值,接着下降到零。如果进一步加热焦炭,大约在 2000℃(3630℉)左右发生显著变化,获得类似石墨的产物。非焦煤不出现石墨化反应。

煤在加热时孔隙率下降,在塑性状态下达到最小值。重新变成固态后,孔隙率再次大幅上升,焦炭的孔隙率不低于 40%。这一特性保证了焦炭在燃烧炉内平稳燃烧。由于塑性状态和挥发性热分解产物同时形成,碳质残留物开始收缩,同时孔隙率下降,接着膨胀、扩大,最后孔隙率增加。

8.8.1 热容

热容是单位质量物质温度上升1℃所需要的热量，比热表示一种物质与水在15℃（60℉）条件下的热容之比。煤的热容可以用适用于混合物的标准量热法测量（ASTM C351）。

热容单位是 Btu/（lb·℉）或 cal/（g·℃），但比热是两个热容的比值，因此无量纲。水的热容是 1.0Btu/（lb·℉）[折合 $4.2×10^3$J/（kg·K）]，因此，所有材料的热容都会在数值上等于比热。结果，人们倾向于将热容和比热这两个词当作同义词使用。

通过不同类型的煤资料，可以推导出能够反映比热和与煤的元素分析之间的关系方程[以无矿物质状态（MMF）的煤为基准]：

$$C_p = 0.189C + 0.874H + 0.491N + 0.360O + 0.215S$$

式中，C、H、N、O 和 S 分别指的是煤中各元素的含量，%（质量分数）。

8.8.2 导热系数

导热系数是指通过单位面积，两侧单位温差条件下穿过单位厚度的热传递速率：

$$Q = kA(t_2 - t_1)/d$$

式中，Q 为热量，kcal/（s·cm·℃）或 Btu/（ft·h·℉）[1Btu/（ft·h·℉）= 1.7J/（s·m·K）]；A 为面积；t_2 和 t_1 为距离（d）之间的温差；k 为导热系数（Carslaw & Jaeger，1959）。

然而，煤的条理和层理平面（Speight，2013a）会使材料变得复杂，很难甚至不可能推导出特定煤样单一值的导热系数。但是，通过数据得出相关结论是有可能的。

8.8.3 塑性和凝聚性能

塑性和凝聚性能以及黏接指数等煤的特有性能描述了它在气化反应器中的性能。例如，煤在加热时会经历被称为塑性状态（焦化）的过渡态。如果某种特殊的煤未经历塑性状态，则将它称为烧结体（非焦化）。虽然煤的塑性性能是混合煤生产冶金焦炭时的关键性能，但是它还影响煤的气化，而且煤的黏性和流动性不论在什么条件下都影响煤在煤电厂气化炉中的性能（Speight，2013a，2013b）。

所有煤受热时都会发生化学变化，但是有一些煤受热时会发生物理变化。这些特殊的煤通常被称为黏结性煤，而其他的煤被称为非黏结性煤。

黏结性煤在加热过程中会发生一系列物理变化，即在特定的温度区间发生软化、熔融、结合、膨胀以及重新固化。这段温度被称为煤的塑性区，因而在这段区域内煤出现的物理变化称为煤塑性（塑性）。另一方面，非黏结性煤（非塑性煤）受热后的剩余物呈干粉状，黏接性煤产生的剩余物黏接在一起，表现出程度不等的脆性和膨胀性能。在塑性区域内，黏接性颗粒煤容易形成附聚物（结块），甚至会黏附到加工设备的表面上，产生反应器堵塞问题。因此，煤塑性作为一项重要指标，可用于设计和预测煤在不同工艺条件下的性能以及工艺设备选择。

吉式（吉泽勒，Gieseler）实验是尝试测量实际流动度的标准测试方法（ASTMD2639）。吉式实验主要用于表征煤热塑性方面的特征，是煤混合生产焦炭商品所使用的重要方法。吉氏实验测量的最大流动度对煤的耐候氧化性能特别敏感。

8.8.4　黏接指数

黏接指数是在挥发物实验（ASTM D3175）中以 1g 煤样加热到 950℃（1740℉）时残留物的性质为基础的分级指数。

黏接指数是半无烟煤区别于低挥份烟煤必不可少的物性，也是高挥分 C 级烟煤区别于次烟煤必不可少的物性（Speight，2013a，2013b）。从煤在气化炉中的结块机理看，黏接指数引起了一定的关注。例如，指数为 NAa 或 NAb 的煤（例如无烟煤、半无烟煤）必然不会因为结块而产生问题，然而指数为 Cg 的那些煤则为高黏接性煤。

Roga 实验（ISO 335）可以测量煤发生黏接（或凝集）的趋势。Roga 指数（特殊的煤与和无烟煤混合加热后测量其耐磨性得到的值）反映了煤的凝聚趋势。

8.8.5　自由膨胀指数

煤的自由膨胀指数（FSI）是煤在规定条件下（无约束力）受热时的体积增加值（ASTM D720；ISO 335）。ISO 标准实验（ISO 335）和 Roga 实验表征的是焦块的力学强度，而不是它的尺寸型态变化；另一 ISO 标准实验（ISO 501）表征的是煤的坩埚膨胀序数。

体积变化特征与煤塑性有关。受热时没有塑性的煤不会发生自由膨胀。自由膨胀与塑性之间的关系可能特别复杂，但煤在塑性（或半流动）状态时，热分解时在流体材料内部生成的气泡会产生膨胀现象。如果实验条件下出现气泡的话，气泡壁的厚度、煤的流动性、流体材料与固体颗粒之间的界面张力又会影响气泡的膨胀。

煤的自由膨胀指数实验需要将多个 1g 煤样在规定的时间内加热到 820℃（1508℉）产生焦块。焦块的大小、形状决定了煤的自由膨胀指数（英国标准协会，2011）。一般情况下，无烟煤不熔化，也不发生自由膨胀；而烟煤的自由膨胀指数会随着煤的等级增高（即从高挥分烟煤到低挥分烟煤）而增加。

煤的耐候（氧化）性能也是影响煤的自由膨胀指数的因素。因此，比较好的做法是煤样采集和制备后尽快测试。研究还表明，样品尺寸也会影响煤自由膨胀实验的结果，样品中大量粉煤的存在（100 目）会造成过度膨胀，其程度甚至能使 FSI 值达到真实情况的两倍以上。

8.8.6　灰熔温度

煤灰渣的高温性能是气化时选择煤的关键因素。如果煤灰熔化成硬质玻璃状熔渣（渣块），则这种煤通常不满足气化炉的要求，但是可以设计出气化设备，让它能像移动熔融态液体一样的方式处理渣块。

可以通过高温炉观察窗口观察模制煤灰样品的方式确定灰熔温度（ASTM D1857）。试验中，将锥形、金字塔状或立方体形式的煤灰稳步加热到 1000℃（1832℉）以上，然后尽可能继续升高温度，最好能达到 1600℃（2910℉）。

煤灰的熔融性能有助于了解气化炉中的熔渣和积垢的形成过程。灰熔温度可表征燃灰的软化和熔融性能，因此可以用它们预测不同煤之间的熔融性能变化。灰熔温度还能表示煤灰正逐步熔融成熔渣。

虽有不足之处，但表征燃油无机物高温性能时，熔融温度仍然是非常有价值的指标。灰熔温度与煤灰的矿物成分及化学组成有关（Vassilev，Kitano，Takeda，& Tsurue，1995）。

8.9　实时质量控制分析

8.9.1　发展历程

由于煤的固态材料具有不均匀的特点，煤的实时分析曾经被看成是一件很困难的事情。实时分析可以直接了解煤中各种无法预料的、未知的和无法监控的质量变化。煤的组成千变万化，煤的不同类型之间，甚至同一煤层不同样本的性质差异显著。几十年来，使用一系列标准实验方法，严格地遵守标准采样方法，才能得到可靠的性能数据（Speight，2005，2013a，2013b；Zimmerman，1979）。为了不影响效率，还需要气化工艺的操作人员修改设备参数。虽然分析数据来自标准方法，但是根据实时数据做出的可靠决定能改变根据推测做出的结果。

煤炭工业持续盈利、长期发展需要：①提高能效；②改进煤在现有工厂的使用；③提高产品质量和安全裕度；④降低废料和污染物水平。为此需要全方位提高工业领域，包括从开采到加工以及使用在内的控制系统。而这些领域能否应用适合的在线工艺仪器设备，并得到完成这些工作所必需的数据和反馈非常重要。

过去，测试煤的性质需要(现在仍然需要)人工取样，然后制样(干燥、掺混、粉碎和分类)并进行线下实验室分析。往往由于程序太慢而无法达到控制目的。对比之下，在线分析能实现快速、准确地实时检测，这就为工艺控制提供了新的可能。在线分析还能降低制样和分析成本，结果就是在过去的几十年内，在线分析仪表的工业化应用迅猛增长(Snider, 2004; Woodward, Empey, & Evans, 2003)。本章会列出可以使用的、或者正在进一步开发的煤实时分析方法。

目前煤矿采用的在线分析方法是瞬发 γ 射线中子活化分析(PGNAA)技术。它利用中子流轰击样品中各元素的原子核，然后样品释放出特征能谱的 γ 射线。然后将 γ 射线引向能识别谱图的 γ 射线谱仪。峰值位置代表样品的组成元素，峰值大小代表各组成的浓度。测量响应时间大约在 1min 左右(Gaft, Nagli, Fasaki, Kompitsas, & Wilsch, 2007; Gozani, 1985; Romero 等, 2010)。这种分析工具可以安装在传送带上连续分析煤样。但是它的缺点是需要保持产生中子流的核同位素源，还需要给操作人员提供安全的环境。

激光诱导击穿光谱(LIBS)是一种脉冲激光技术，它在煤气化实时领域有着广阔的应用前景。所有元素在高温激发条件下会发出特征频率的光，LIBS技术利用了这一原理，它将高能激光脉冲聚焦到研究样品上。如果是固体目标，激光脉冲会在目标表面烧蚀少量材料。加热到足够高的温度，被烧蚀的材料发生离子化，形成局部的目标元素等离子体。离子体一旦形成就会发出连续光频，这一阶段之后不久，等离子体开始冷却，目标组分的特征发射谱线逐渐开始显现。通过光谱仪收集并分析这些光线，从而确定目标材料的化学组成(Cremers & Radziemski, 2006; Gaft 等, 2007; Gaft 等, 2008)。

对煤矿的煤矿石进行在线分析可以帮助工程师确定正确的采矿方向。煤的组成成分会随着煤矿的位置和深度不同而变化。快速分析组成成分可以知道选择的采矿方向是否保持稳定的质量，还是正朝着不合适的组成方向移动(Yin, Zhang, Dong, Ma, & Jia, 2009)。

8.10 优势与局限性

煤的性能是煤表征的重要组成部分，作为确定煤是否适合商业化应用的一种手段已经有几十年的历史。因此，考虑煤是否适用于气化炉，将煤中的化学能转化成热能以及气态产物时，必须始终牢记煤的性能。

各种煤的性能分析数据是气化炉性能评价的必要条件。灰分处理、污水控制和最后修复也是燃煤电厂的成本项目。影响煤灰渣处理的性能有：①煤的活性，如果飞灰被卖到水泥行业，它会影响灰分中的残余碳；一般情况下灰分中的残余碳不能低于规定限值（一般为 5%（质量分数）左右），如果灰分的残余碳高于限值，则需要增加成本采取其他措施来处理；②矿物质含量，会影响灰分的处理质量；③微量元素含量及浸出到环境中的问题，会产生环境违法问题。

公用工程受有关气态污染物、氮氧化物（NO_x）和硫氧化物（SO_x）最大允许排放量的法规要求约束。在发电厂的设计和施工阶段，可能需要联合氮氧化物和/或硫氧化物脱除的废气处理装置（Speight，2013a，2013b，2014），这会对资本成本和运行维护成本产生很大的影响。

前面所述的所有性能测试都可以在分析实验室中完成。煤的质量与气化炉影响因素之间不存在相互关系，如果不了解煤的特性，就会影响气化炉原料分析数据的可靠性。数据分析的精度和准确性应保证，但最重要的是产生这些数据所需的时间。这种情况下就需要实时分析，实时分析还能补充原始实验室数据，而原始数据作为开展工作的基础。实时分析起到针对不同性能（质量）煤的抽查作用。实际上，实时分析的潜在优势还包括：①跟踪煤质量的影响因素；②直接反馈气化炉的调整变化；③装置诊断。

在煤质量影响因素跟踪方面，实时分析可以实现非常快速的故障诊断、更加准确的加热速率报告、更加安全地应用配煤等附加燃料。在气化炉调整方面，实时分析可以在接收点和装运点进行连续分析。此外，实时分析还能实现更好的维护预测和工厂诊断。然而，对于煤加工操作人员而言，最为重要的问题是在线分析仪表的可靠性问题。

新型在线分析仪表设计可靠性更高，可以按小时产生煤的性能参数。此外，煤样制备不再使用依赖传送带的设计增加了分析仪的有效性。曾经需要将煤加入到分析仪的取样系统，现在被淘汰了，而且还根除了分析仪停机的主要原因。

参 考 文 献

Agrawal，P. L. (1959). In Proceedings of the symposium on the nature of coal，(p. 121) Jealgora，India：Central Fuel Research Institute.

ASTM C351. (2013). Test method for mean specific heat of thermal insulation. Annual book of ASTM standards. West Conshohocken，Pennsylvania：American Society for Testing and Materials.

ASTM D121. (2013). Terminology of coal and coke. Annual book of ASTM standards. West Conshohocken, Pennsylvania: American Society for Testing and Materials.

ASTM D1412. (2013). Standard test method for equilibrium moisture of coal at 96 to 97 percent relative humidity and 30 _ C. Anual bok of ASTM standards. West Conshohocken, Pennsylvania: American Society for Testing and Materials.

ASTM D167. (2013). Standard test method for apparent and true specific gravity and porosity of lump coke. Anual bok of ASTM standards. West Conshohocken, Pennsylvania: American Society for Testing and Materials.

ASTM D1857. (2013). Test method for fusibility of coal and coke ash. Anual bok of ASTM standards. West Conshohocken, Pennsylvania: American Society for Testing and Materials.

ASTM D2013. (2013). Method for preparing coal samples for analysis. Anual bok of ASTM standards. American Society for Testing and Materials, West Conshohocken, Pennsylvania.

ASTM D2015. (2013). Test method for gross calorific value of coal and coke by the adiabatic bomb calorimeter. Anual bok of ASTM standards. West Conshohocken, Pennsylvania: American Society for Testing and Materials.

ASTM D2234. (2013). Method for collection of a gross sample of coal. Anual bok of ASTM standards. West Conshohocken, Pennsylvania: American Society for Testing and Materials.

ASTM D2361. (2013). Test method for chlorine in coal. Anual bok of ASTM standards. West Conshohocken, Pennsylvania: American Society for Testing and Materials.

ASTM D2492. (2013). Standard test method for forms of sulfur in coal. Anual bok of ASTM standards. West Conshohocken, Pennsylvania: American Society for Testing and Materials.

ASTM D2639. (2013). Test method for plastic properties of coal by the constant-torque Gieseler plastometer. Anual bok of ASTM standards. West Conshohocken, Pennsylvania: American Society for Testing and Materials.

ASTM D291. (2013). Standard test method for cubic foot weight of crushed bituminous coal. Anual bok of ASTM standards. West Conshohocken, Pennsylvania: American Society for Testing and Materials.

ASTM D2961. (2013). Standard test method for single-stage total moisture less than 15% in coal reduced to 2. 36-mm(No. 8 sieve)topsize. Anual bok of ASTM standards. West Conshohocken, Pennsylvania: American Society for Testing and Materials.

ASTM D3038. (2013). Method for drop shatter for coke. Anual bok of ASTM standards. West Conshohocken, Pennsylvania: American Society for Testing and Materials.

ASTM D3172. (2013). Practice for proximate analysis of coal and coke. Anual bok of ASTM standards. West Conshohocken, Pennsylvania: American Society for Testing and Materials.

ASTM D3173. (2013). Standard test method for moisture in the analysis sample of coal and coke. Anual bok of ASTM standards. West Conshohocken, Pennsylvania: American Society for Testing and Materials.

ASTM D3174. (2013). Standard test method for ash in the analysis sample of coal and coke from coal. Anual bok of ASTM standards . West Conshohocken, Pennsylvania: American Society for Testing and Materials.

ASTM D3175. (2013). Test method for volatile matter in the analysis sample of coal and coke. Anual bok of ASTM standards . West Conshohocken, Pennsylvania: American Society for Testing and Materials.

ASTM D3176. (2013). Practice for ultimate analysis of coal and coke. Anual bok of ASTM standasdr . West Conshohocken, Pennsylvania: American: Society for Testing and Materials.

ASTM D3286. (2013). Test method for gross calorific value by the isoperibol bomb calorimeter. Anual bok of ASTM standards . West Conshohocken, Pennsylvania: American Society for Testing and Materials.

ASTM D3302. (2013). Standard test method for total moisture in coal. Anual bok of ASTM standards . West Conshohocken, Pennsylvania: American Society for Testing and Materials.

ASTM D346. (2013). Practice for collection and preparation of coke samples for laboratory analysis. Anual bok of ASTM standards . West Conshohocken, Pennsylvania: American Society for Testing and Materials.

ASTM D3684. (2013). Test method for mercury in coal by the oxygen bomb combustion/atomic absorption method. Anual bok of ASTM standards . West Conshohocken, Pennsylvania: American Society for Testing and Materials.

ASTM D409. (2013). Standard test method for grindability of coal by the Hardgrove – machine method. Anual bok of ASTM standards . West Conshohocken, Pennsylvania: American Society for Testing and Materials.

ASTM D4208. (2013). Standard test method for total chlorine in coal by the oxygen bomb combustion/ion selective electrode method. Anual bok of ASTM standards . West Conshohocken, Pennsylvania: American Society for Testing and Materials.

ASTM D4239. (2013). Standard test method for sulfur in the analysis sample of coal and coke using high-temperature tube furnace combustion. Anual bok of ASTM standards . West Conshohocken, Pennsylvania: American Society for Testing and Materials.

ASTM D440. (2013). Method for drop shatter test for coal. Anual bok of ASTM standards. West Conshohocken, Pennsylvania: American Society for Testing and Materials.

ASTM D441. (2013). Method for tumbler test for coal. Anual bok of ASTM standards . West Conshohocken, Pennsylvania: American Society for Testing and Materials.

ASTM D5341. (2013). Standard test method for measuring coke reactivity index (CRI) and coke strength after reaction (CSR) . Anual bok of ASTM standards . West Conshohocken, Pennsylvania: American Society for Testing and Materials.

ASTM D5373. (2013). Standard test methods for instrumental determination of carbon, hydrogen, and nitrogen in laboratory samples of coal. Anual bok of ASTM standards . West Conshohocken, Pennsylvania: American Society for Testing and Materials.

178

ASTM D5865. (2013). Standard test method for gross calorific value of coal and coke. Anual bok of ASTM standards . West Conshohocken, Pennsylvania: American Society for Testing and Materials.

ASTM D6349. (2013). Standard test method for determination of major and minor elements in coal, coke, and solid residues from combustion of coal and coke by inductively couple plasma–atomic emision spectrometry . West Conshohocken, Pennsylvania: American Society for Testing and Materials.

ASTM D6357. (2013). Standard test method for determination of trace elements in coal, coke, and combustion residues from coal utilization processes by inductively coupled plasma atomic e-mission spectrometry, inductively coupled plasma mass spectrometry, and graphite furnace a-tomic absorption spectrometry. Major and minor elements in coal, coke, and solid residues from combustion of coal and coke by inductively couple plasma–atomic emision spectrometry . West Conshohocken, Pennsylvania: American Society for Testing and Materials.

ASTM D720. (2013). Test method for free–swelling index of coal. Anual bok of ASTM standards . West Conshohocken, Pennsylvania: American Society for Testing and Materials.

BSI. (2011). EN–analysis and testing of coal and coke part 107: Caking and sweling properties of coal section 107. 1: Determination of crucible sweling number. BSI BS 1016–107. 1. London, United Kingdom: British Standards Institution.

Canfield, D. R. , Ibarra, S. , & McCoy, J. D. (1979). SRC corrosion can be solved. Hydrocarbon Procesing, 58(7), 203.

Cao, Y. , Cheng, C. , Chen, C. , Liu, M. , Wang, C. , & Pan, W. (2008). Abatement of mercury emissions in the coal combustion process equipped with a Fabric Filter Baghouse. Fuel, 87, 3322–3330.

Cao, Y. , Gao, Z. , Zhu, J. , Wang, Q. , Huang, Y. , & Chiu, C. (2008). Impacts of halogen additions on mercury oxidation, in a slipstream selective catalyst reduction (SCR) reactor when burning subbituminous coal. Environmental Science & Technology, 42(1), 256–261.

Carslaw, H. S. , & Jaeger, J. C. (1959). Conduction of heat in solids(2nd ed.). Oxford: Oxford University Press, p. 189.

Cremers, D. A. , & Radziemski, L. J. (2006) . Handbok of laser – induced breakdown spectroscopy. Hoboken, New Jersey: John Wiley & Sons.

Gaft, M. , Dvir, E. , Modiano, H. , & Schone, U. (2009). Laser induced breakdown spectroscopy machine for online ash analyses in coal. Spectrochimica Acta B, 63, 1177–1184.

Gaft, M. , Nagli, L. , Fasaki, I. , Kompitsas, M. , & Wilsch, G. (2007). Laser induced breakdown spectroscopy for bulk minerals online analyses. Spectrochimica Acta B, 62, 1098 –1104.

Gozani, T. (1985). Physics of recent applications of PGNAA for on–line analysis of bulk minerals. American Institute of Physics Conference Procedings, 125, 828.

Gupta, R. P. (2007). Advanced Coal Characterization: A Review. Energy Fuels, 21(2), 451

-460.

Hobbs, D. W. (1964). Strength and stress – strain characteristics of coal in triaxial compression. Journal of Geology, 72, 214–231.

ISO 1171. (2013). Solid mineral fuels – Determination of ash. Geneva, Switzerland: International Standards Organization.

ISO 1350. (2013). Part 1. Solid Mineral Fuels – Determination of Volatile matter in Coal and Coke. International Standards Organization, Geneva, Switzerland.

ISO 157. (2013). Coal – Determination of forms of sulfur. Geneva, Switzerland: International Standards Organization.

ISO 1928. (2013). Solid mineral fuels – Determination of gross calorific value and calculation of net calorific value. Geneva, Switzerland: International Standards Organization.

ISO 1988. (2013). Hard coal – Sampling. Geneva, Switzerland: International Standards Organization.

ISO 2309. (2013). Hard coal and coke – Manual sampling. Geneva, Switzerland: International Standards Organization.

ISO 335. (2013). Hard coal – Determination of coking power, Roga test. Geneva, Switzerland: International Standards Organization.

ISO 352. (2013). Coal and coke – Determination of chlorine (high – temperature combustion method). Geneva, Switzerland: International Standards Organization.

ISO 501. (2013). Coal – Determination of crucible swelling number. Geneva, Switzerland: International Standards Organization.

ISO 5074. (2013). Hard coal – Determination of grindability. Geneva, Switzerland: International Standards Organization.

ISO 562. (2013). Coal and coke – Determination of volatile matter. Geneva, Switzerland: International Standards Organization.

ISO 587. (2013). Coal and coke – Determination of chlorine using Eschka mixture. Geneva, Switzerland: International Standards Organization.

Lee, S. J., Seo, Y. C., Jang, H. N., Park, K. S., Baek, J. I., An, H. S., et al. (2006). Speciation and mass distribution of mercury in a bituminous coal – fired power plant. Atmospheric Environment, 40, 2215–2224.

Lee, C. W., Serre, S. D., Zhao, Y., Lee, S. J., & Hastings, T. W. (2008). Mercury oxidation promoted by a selective catalytic reduction catalyst under simulated powder river basin coal combustion conditions. Journal of the Air and Waste Management, 58, 484–493.

Lyman, W. J., Reehl, W. F., & Rosenblatt, D. H. (1990). Handbok of chemical property estimation methods: Environmental behavior of organic compounds. New York: McGraw-Hill.

Mahajan, O. P., & Walker, P. L. Jr., (1978). In C. Karr, Jr., (Ed.), Analytical methods for coal and coal products: Vol. I. New York: Academic Press.

Medhurst, T., & Brown, E. T. (1998). A study of the mechanical behavior of coal for pillar design. International Journal of Rock Mechanics and Mining Sciences, 35, 1087–1105.

Meij, R., Vredendregt, L. H. J., & Winkel, H. (2002). The fate and behavior of mercury in coalfired power plants. Journal of the Air & Waste Management, 52, 912–917.

Park, K. S., Seo, Y. C., Lee, S. J., & Lee, J. (2008). Emission and speciation of mercury from various combustion sources. Powder Technology, 180, 151–156.

Pavlish, J. J., Sondreal, E. A., Mann, M. D., Olson, E. S., Galbreath, K. C., Laudal, D. L., et al. (2003). Status review of mercury control options for coal-fired power plants. Fuel Processing Technology, 82, 89–165.

Raask, E. (1985). Mineral impurities in coal combustion. New York: Hemisphere Publishing Corporation.

Romero, C. E., De Saro, R., Craparo, J., Weisberg, A., Moreno, R., & Yao, Z. (2010). Laserinduced breakdown spectroscopy for coal characterization and assessing slagging propensity. Energy Fuels, 24, 510–517.

Selvig, W. A. (1945). Calorific value of coal. In H. H. Lowry (Ed.), Chemistry of coal utilization. New York: John Wiley & Sons, Chap. 4.

Sharkey, A. G., &McCartney, J. T. (1981). Physical properties of coal and its products. In M. A. Elliott(Ed.), Chemistry of coal utilization. New York: John Wiley and Sons.

Slack, A. V. (1981). In M. A. Elliott(Ed.), Chemistry of coal utilization: Second Suplementary Volume. New York: John Wiley & Sons, Chapter 22.

Snider, K. (2004). Using an on-line elemental coal analyzer to reduce lost generation due to slagging. In: Procedings. International on-line coal analyzer technical conference, St. Louis, Misouri, November 8–10.

Speight, J. G. (2005). Handbok of coal analysis. Hoboken, New Jersey: John Wiley & Sons.

Speight, J. G. (2008). Synthetic fuels handbok: Properties, proceses, and performance. New York: McGraw-Hill.

Speight, J. G. (2013a). The chemistry and technology of coal(3rd ed.). Boca Raton, Florida: CRC Press, Taylor & Francis Group.

Speight, J. G. (2013b). Coal-fired power generation handbok. Salem, Massachusetts: Scrivener Publishing.

Speight, J. G. (2014). The chemistry and technology of petroleum (5th ed.). Boca Raton, Florida: CRC Press, Taylor & Francis Group.

Srivastava, R. K., Hutson, N., Martin, B., Princiotta, F., & Staudt, J. (2006). Control of mercury emissions from coal-fired electric utility boilers: An overview of the status of mercury control technologies. Environmental Science & Technology, 40(5), 1385–1393.

Tewalt, S. J., Bragg, L. J., & Finkelman, R. B. (2001). Mercury in U. S. coal-Abundance, distribution, and modes of occurrence. Fact sheet FS-095-01. United States Geological Survey, Reston, Virginia.

Van Krevelen, D. W. (1957). Coal: Aspects of coal constitution. Amsterdam, Netherlands:

Elsevier.

Vassilev, S. V. , Kitano, K. , Takeda, S. , & Tsurue, T. (1995) . Influence of mineral and chemical composition of coal ashes on their fusibility. Fuel Procesing Technology, 45 (1) , 27 -51.

Wang, S. X. , Zhang, L. , Li, G. H. , Wu, Y. , Hao, J. M. , Pirrone, N. , et al. (2010) . Mercury emission and speciation of coal-fired power plants in China. Atmospheric Chemistry and Physics, 10(1183–1192) , 2010.

Woodward, R. , Empey, E. , & Evans, M. (2003) . A major step forward for on-line coal analysis. In: Procedings. Coal prep 203 conference, University of Kentucky, Lexington, Kentucky, April 30 .

Yin, W. , Zhang, L. , Dong, L. , Ma, W. , & Jia, S. (2009) . Design of a laser – induced breakdown spectroscopy system for on – line quality analysis of pulverized coal in power plants. Aplied Spectroscopy, 63(8) , 865–872.

Zimmerman, R. E. (1979) . Evaluating and testing the coking properties of coal. San Francisco: Miller Freeman & Co.

Zipf, R. K. , & Bieniawski, Z. T. (1988). Estimating the crush zone size under a cutting tool in coal. International Journal of Mining and Geological Enginering, 6, 279–295.

第三部分

应　用

第9章 合成液体燃料的煤气化工艺

J. G. Speight

(CD&W Inc., Laramie, WY, USA)

9.1 前言

200 多年前,英国首次将煤进行化学转化得到气态产品,该气态产品可用于照明和加热(Calemma & Radović, 1991; Fryer & Speight, 1976; Garcia & Radović, 1986; Kristiansen, 1996; Radović & Walker, 1984; Radović, Walker, & Jenkins, 1983; Speight, 2008)。使用任何一种工艺进行煤或衍生物(即从煤中产生的焦炭)的气化,实质上就是将煤转化产生可燃气体。15 世纪以来(Nef, 1957; Taylor & Singer, 1957),随着煤炭使用量的迅速增加,利用煤炭生产可燃气体的课题被不断提及(Elton, 1958)。

根据汽化器的类型(例如鼓风、富氧鼓风)和操作条件(见第 2 章),气化可用于生产适合于多种用途的燃料气体。用于发电的煤气化技术可以使用现代火力发电厂通常使用的联合循环技术回收燃料燃烧过程中释放出的更多能量。

作为一个经验法则,在 595~650℃(1100~1200℉)的操作温度下,可获得最佳的气体产率和气体质量。在较低的系统温度下,可以获得具有较高热含量(Btu/ft³)的气态产物,但是未燃烧的焦炭降低了气体的总收率(由燃料与气体的比率所确定)。

9.2 煤的种类和性质

在以煤作为原料的工艺中,物理工艺参数的影响和煤的种类对煤转化率的影响都非常重要,特别是在煤炭燃烧和煤气化方面。煤的反应性能通常随着等级的增加而降低(从褐煤到亚烟煤到烟煤无烟煤),而且,颗粒的尺寸越小,煤与反应气体之间的接触面积就越大,从而导致反应更快。对于中等级煤和低等级煤，反应性随着空隙体积和表面积的增加而增加，但这些因素对碳含量大于85%（质量分数）的煤的反应性能没有影响。事实上，在高等级煤中，由于孔径太小，反应是受扩散控制。

对于四种主要煤级而言，煤在热反应过程中产生的挥发性物质差别很大，高等级煤（如无烟煤）产生的挥发物数量少，随着煤级的降低，挥发物产生的量越来越多（Speight，2013a，2013b）。活性煤越多，生成的气体和挥发物产率越高，而焦炭的产率也越低。因此，对于高等级煤来说，气化炉内焦炭的利用比低品位煤的利用更难。然而，活性煤的易气化性导致气态产品中的焦油含量高，这使得气体净化更加困难。

煤的矿物质含量对煤气产品的组成影响不大。气化炉可以设计为用来去除固体或液体（矿渣）形式中的灰渣（第2章）。在流化床或固定床气化炉中，灰分通常作为固体被除去，这限制了气化炉的操作温度远低于灰分的熔点。在其他设计中，特别是结渣气化炉，操作温度被设计为高于灰的熔融温度。最适合的气化炉的选择通常取决于灰的熔化温度和/或灰的软化温度以及将在设施中使用的煤的类型。

在加热时表现出结块或结块特性的煤（Speight，2013a）通常不适合用作采用流化床或移动床反应器的气化工艺的原料，在固定床反应器中，结块煤是很难处理的。用温和氧化法预处理结块煤（通常是在空气或氧气存在下对煤进行低温加热）破坏了煤的黏结特性。

高含水率的原料通过蒸发以及蒸汽与焦炭的吸热反应使气化炉内部温度降低。煤中的水含量要有一个限值，必要时可以通过煤干燥操作来解决。对于典型的固定床气化炉，煤的等级和灰分适中，煤中的水分限制在35%（质量分数）左右。流化床和夹带床气化器对水分的耐受性较低，要将水含量限制在煤原料的5%~10%（质量分数）。向气化炉提供的氧气必须随着煤中矿物质含量（产生的灰分）或水分的增加而增加。

在微量杂质含量方面，不同的微量组分之间存在差异，惰性组分是最具反应性能的组分。就煤的特性而言，气化技术通常需要对煤原料进行初步加工，其中预处理的类型和程度取决于工艺和/或煤的类型。例如，鲁奇工艺将接受块煤[1in（25mm）~28目]，但必须是除去细粒的不结块煤。结块的煤往往在汽化器底部形成塑料块，随后堵塞系统，从而显著降低工艺效率。

在某些煤原料中，在气化过程的早期阶段中产生的挥发性物质的量越高，产品气的热含量就越高。在某些情况下，在最低温度下可以产生最高的气体质量，但是当温度过低时，炭氧化反应被抑制，降低了产物气体的总热含量。

与来自美国东部的烟煤相比，美国西部的煤倾向于具有较低的热值、较低的硫含量和较高的水分含量。与高水分、高灰分煤相关的效率损失对煤浆气化炉的影响更为显著。因此，干式气化炉，如壳牌气化炉，可能更适合低品质煤。若将西煤与石油焦混合，可以提高煤气化原料的热值，降低气化原料的含水率。

9.3 气体产品

煤气化的产品可具有低、中或高热含量，这取决于工艺以及气体的最终用途（第 1 章）（Anderson & Tillman，1979；Argonne，1990；Baker & Rodriguez，1990；Bodle & Huebler，1981；Cavagnaro，1980；Fryer & Speight，1976；Lahaye & Ehrburger，1991；Mahajan & Walker，1978；Matsukata, Kikuchi，& Morita，1992；Probstein & Hicks，1990）。而煤性质的不同也会对产品气体的热值以及气化炉的操作条件（即温度、加热速率、压力和停留时间）有影响（Speight，2013a，2013b）。

煤气化过程包括两个阶段：①煤脱挥发分；②焦气化，这是对于特定反应条件的。这两个阶段对产品气体的产率和质量都会有影响。

根据所加工煤的类型和所需气体产品的不同，压力也起着重要作用（Speight，2013a）。实际上，需要采取以下一些（或全部）处理步骤：①煤的预处理（如果结块有问题）；②煤的一次气化；③一次气化炉含碳残余物的二次气化；④脱除二氧化碳、硫化氢和其他酸性气体；⑤调节转换一氧化碳/氢比（物质的量比），使之达到所需比例；⑥一氧化碳/氢混合物的催化甲烷化反应制甲烷。如果需要高热含量气体，则所有这些步骤都是必须的，因为煤气化炉不能产生所需浓度的甲烷（Cusumano，Dalla Betta，& Levy，1978；Mills，1969）。

9.3.1 煤脱挥发分

当煤被加热到 400℃（750°F）以上时，就会发生脱挥发分。在此期间，煤的结构发生改变，产生固体焦、焦油、冷凝液和轻气体。在惰性气体气氛中形成的脱挥发分产物与在高压含氢气氛中形成的脱挥发分产物有很大的不同。在脱挥发分之后，焦炭以较低的速率气化。在第二阶段发生的具体反应取决于气化介质。

在脱挥发分的速率达到最大值之后，发生另一种反应，其中半焦主要通过氢的析出转化成焦。在高压下的氢气气氛中，反应初期的煤气化阶段会产生甲烷或其他低相对分子质量的气态烃，如：①煤热解后在煤结构中形成活性中间体，使煤或半焦直接加氢；②其他气态碳氢化合物、油、焦油和碳氧化物的氢化作用。

9.3.2　焦炭气化

当焦炭与二氧化碳(CO_2)和蒸汽(H_2O)等气体反应生成一氧化碳(CO)和氢(H_2)时，发生焦炭气化。

$$2C+CO_2+H_2O \rightarrow 3CO+H_2$$

与煤的直接燃烧相比，产生的气体(煤气或合成气)可以更有效地转化为电能。诸如氯化物和钾等腐蚀性灰分元素可以通过气化工艺去除，从而允许来自含有杂质的煤原料的气体高温燃烧。

尽管在高温下，脱挥发分反应是在短时间内完成的(通常是在几秒内)，但随后的煤焦气化速度要慢得多，需要几分钟或几小时才能在实际条件下获得显著的转化。商用气化过程的反应器设计在很大程度上取决于煤焦的反应性能。

9.3.3　气化化学

煤气化在还原条件下进行——煤(蒸汽和氧气在高温中压条件下)转化为产物气体的混合物。煤气化的化学反应式如下：

$$C+O_2 \rightarrow CO_2 \qquad \Delta H_r = -393.4 \text{MJ/kmol} \qquad (9.1)$$

$$C+\tfrac{1}{2}O_2 \rightarrow CO \qquad \Delta H_r = -111.4 \text{MJ/kmol} \qquad (9.2)$$

$$C+H_2O \rightarrow H_2+CO \qquad \Delta H_r = 130.5 \text{MJ/kmol} \qquad (9.3)$$

$$C+O_2 \leftrightarrow 2CO \qquad \Delta H_r = 170.7 \text{MJ/kmol} \qquad (9.4)$$

$$CO+H_2O \leftrightarrow H_2+CO_2 \qquad \Delta H_r = -40.2 \text{MJ/kmol} \qquad (9.5)$$

$$C+2H_2 \rightarrow CH_4 \qquad \Delta H_r = -74.7 \text{MJ/kmol} \qquad (9.6)$$

反应(9.1)和反应(9.2)是放热氧化反应，为吸热气化反应(9.3)和反应(9.4)提供了所需的大部分能量。氧化反应非常迅速，完全消耗了气化炉中存在的所有氧气，使得大多数气化炉在还原条件下运行。反应(9.5)是水煤气变换反应，其中水(蒸汽)转化为氢。当合成气是理想产物时，该反应被用来改变氢/一氧化碳的比率，例如用于费托工艺。高压和低温有利于反应(9.6)，因此反应(9.6)在低温气化系统中起着重要作用。甲烷的形成是一种放热反应，不消耗氧气，因此它提高了气化过程的效率和产品气体的最终热含量。总的来说，产品气体热值的70%与一氧化碳和氢气有关，但也有相当一部分取决于气化炉的类型(第2章；Chadeesingh，2011)。

根据所采用的气化炉技术和操作条件(第2章)，产品气存在大量的水、二氧化碳和甲烷，以及一些微量和痕量成分。在气化炉还原条件下，煤原料中的大部分有机结合硫转化为硫化氢（H_2S），少量（3%~10%，质量分数）转化为羰基硫（COS）。煤原料中的有机结合态氮一般转化为气态氮（N_2），但也形成少量的氨（NH_3）和氰化氢（HCN）。煤层中的氯（通常来源于煤层中的煤）与颗粒物质（飞灰）中存在的氯一起转化为氯化氢（HCl）。汞和砷等微量元素在气化过程中释放，在飞灰、底灰、炉渣和产物气体等不同阶段的气化和分凝过程中释放出来。

9.3.4　其他流程选择

9.3.4.1　加氢气化

并非所有高热含量气化技术都完全依赖于催化甲烷化。事实上，许多气化过程都是采用加氢气化，也就是在压力下直接向煤中添加氢气以形成甲烷（Anthony&Howard，1976）。

$$C_{焦炭}+2H_2 \rightarrow CH_4$$

加氢气化所用的富氢气体由蒸汽与离开加氢气化炉的焦炭生产出来。在初级气化炉中直接形成了数量可观的甲烷，且由甲烷生成所释放的热量使温度足够高，可用于蒸汽-碳反应制氢，然后，氢气需要不多的氧为蒸汽-碳反应提供热量。

9.3.4.2　催化气化

催化剂通常用于化学工业和石油工业中以提高反应速率，使某些以前无法实现的产物成为可能（Hsu & Robinson，2006；Speight，2002，2007）。采用适合的催化剂不仅能降低反应温度，而且提高了气化率。此外，催化剂还能减少焦油的生成（McKee，1981；Shinnar，Fortuna，& Shapira，1982）。催化剂也可用于促进或抑制气体产物中某些组分的形成。例如，在合成气（氢气和一氧化碳的混合物）的生产中，也有少量甲烷产生。催化气化可用于促进或抑制甲烷形成。

碱金属的弱酸盐，例如碳酸钾（K_2CO_3）、碳酸钠（Na_2CO_3）、硫化钾（K_2S）和硫化钠（Na_2S）可以催化煤蒸汽气化。碳酸钾催化剂的用量范围在10%~20%（质量分数）时，可将烟煤气化炉温度从925℃（1695℉）降低到700℃（1090℉），催化剂通过掺入煤或焦炭进入到气化炉。

含钌催化剂主要用于氨的生产。研究表明，与其他催化剂相比，使用钌催化剂，反应速率可提高5~10倍。然而，钌由于其所必需的载体材料（如活性炭）而迅速变得无活性，这些载体材料对催化剂反应性能有很大影响。在此过程中，碳被消耗，从而降低了钌催化剂的效果。

催化气化的缺点是：①催化剂本身(通常是稀有金属)的材料成本高；②随着时间推移，催化剂性能降低。催化剂可以循环使用，但它们的性能会随着时间的推移或中毒而降低。催化剂回收和再循环也相对困难。例如，碳酸钾催化剂可以通过简单的水洗从废焦炭中回收，但是一些催化剂可能不适合。除了老化之外，催化剂也可因中毒而降低活性。另外，许多催化剂对特定的化学物质很敏感，这些化学物质与催化剂结合或改变催化剂，使催化剂中毒不再起作用。例如，硫可以使几种催化剂中毒，包括钯和铂。

9.3.4.3 等离子体气化

等离子体是一种高温、高电离(带电)能够传导电流的气体。等离子体技术有着悠久的发展历史，已经发展成为工程师和科学家用于新工艺应用的有价值的工具(Kalinenko 等，1993；Messerle & Ustimenko，2007)。人造的等离子体是通过诸如空气或氧气(O_2)这样的气体，经过放电而形成的。气体与电弧的相互作用将气体分解成电子和离子，使其温度显著升高，理论上常常超过 $6000℃(10830 ℉)$。

等离子体技术相对于典型的煤气化装置具有以下潜在的益处：①提高原料的灵活性，使煤、煤粉、采矿废料、褐煤和其他机会燃料(如生物质和城市固体废物)不需要粉化即可用作燃料；②吹入空气，因此不需要氧气设备；③碳质物质转化为合成气的转化率高(99%)；④合成中没有焦油；⑤能够生产适用于燃气轮机运行的高热值合成气；⑥无焦、灰或残余碳；⑦只生产有价值的玻璃状炉渣；⑧热效率高；⑨二氧化碳排放量低。

在此过程中，气化炉由位于气化炉底部附近的等离子火炬系统加热。将煤原料在常压下装入垂直气化炉(具有耐火衬里或水冷)，以气化所需的化学计量数向气化炉底部提供富含氧气的过热空气。进气量大，以致于向上流动的气体表面速度较低，而粉碎的原料则可以直接送入反应器中。在气化炉的不同水平上可以提供额外的空气和/或蒸汽，以协助热解和气化。离开气化炉顶部的合成气的温度保持在 $1000℃(1830 ℉)$ 以上。在此温度下，不易形成焦油了。

9.3.5 工艺优化

产品气体的产量和质量是由氧化(燃烧)热平衡、气化和挥发热以及废气的显热(温升)时建立的平衡确定的。出口气体的质量由气流中挥发性气体(例如氢气、一氧化碳、水、二氧化碳和甲烷)的量决定。

在气化炉中，煤颗粒暴露在由碳部分氧化产生的高温中。当颗粒被加热时，残留水分(假设煤已经被预热燃烧)被排出，颗粒的进一步加热开始排出挥发性气体。这些挥发物的排放将产生大量的碳氢化合物，从一氧化碳和甲烷到由焦油、杂酚油和重油组成的长链碳氢化合物。在温度高于500℃（930℉）时，煤转化成为焦炭和灰渣。在大多数早期气化过程中，这是所需的副产物，但对于气体的生成，焦炭提供了进一步加热所需的能量。焦炭与空气或氧气和蒸汽接触，产生产品气体。

煤炭/焦炭在二氧化碳气氛中的气化可分为两个阶段：第一阶段是热解（除去水分和脱挥发分），其温度相对较低；第二阶段是通过不同的氧/二氧化碳混合物在高温下进行焦炭气化。在室温至1000℃（1830℉）氮气和二氧化碳环境中，由于气体性质的差异，煤在氮气中热解的质量损失率低于在二氧化碳中的质量损失率。在相同氧浓度下，煤粉在氧/二氧化碳环境中的气化过程与在氧/氮环境中的气化过程基本相同，但在高温下，这种作用稍有延迟。这可能是由于氧气在二氧化碳中的扩散速率较低以及二氧化碳比热容较高所致。但随着氧浓度的增加，煤的质量损失率也随之增大，从而缩短了煤的燃尽时间。氧与样品煤含有的官能团进行反应的最佳氧/二氧化碳比为8%左右。

热解气化工艺是一种独特而富有成效的技术，因为它可以在一个工艺过程中同时节约气化介质和新鲜焦炭。随着加热速率的增加，煤颗粒在较短时间内加热速度较快，在较高的温度范围内燃烧，但升温速率的提高对煤的燃烧机理几乎没有实质性的影响。加热速率的增加会导致活化能的降低（Irfan，2009）。

9.4 产品和产品质量

煤气化产物因煤的类型和所使用气化系统的不同而有变化。在进一步使用之前，特别是打算用于水煤浆转换或甲烷化时，需要去除污染物（例如颗粒物质和硫化物）以提高气体产品的质量（Cusumano et al.，1978；Probstein & Hicks，1990；Speight，2013a，2013b）。

9.4.1 低热值气体

低热值气体是当氧气不与空气分离时的产物，因此气体产物总是具有低热含量（150~300Btu/ft^3）。几个重要的化学反应（表9.1）以及一系列的副反应，都涉及在高温条件下制造低热含量气体。低热值气体包含几个组分（表9.2）。在中热值气体中，H_2/CO比从2:3到3:1变化，且热值的升高与甲烷和氢含量的增加以及二氧化碳含量的降低有关。

低热值气体含氮量在33%~55%（体积分数）之间，不能通过有效方法去除，限制了气体在化学合成中的适用性。另外两种不可燃的成分，水和二氧化碳，进一步降低了气体的热值。水可以通过冷凝来去除，二氧化碳可通过相对简单的化学方法去除。

表 9.1 煤气化反应

$$2C+O_2 \longrightarrow 2CO$$

$$C+O_2 \longrightarrow CO_2$$

$$C+CO_2 \longrightarrow 2CO$$

$$CO+H_2O \longrightarrow CO_2+H_2(转换反应)$$

$$C+H_2O \longrightarrow CO+H_2(水气反应)$$

$$C+2H_2 \longrightarrow CH_4$$

$$2H_2+O_2 \longrightarrow 2H_2O$$

$$CO+2H_2 \longrightarrow CH_3OH$$

$$CO+3H_2 \longrightarrow CH_4+H_2O(甲烷化反应)$$

$$CO_2+4H_2 \longrightarrow CH_4+2H_2O$$

$$C+2H_2O \longrightarrow 2H_2+CO_2$$

$$2C+H_2 \longrightarrow C_2H_2$$

$$CH_4+2H_2O \longrightarrow CO_2+4H_2$$

表 9.2 煤气化产物

产品	特征
低热值气体（150~300Btu/ft³）	大约 50%的氮，少量可燃的 H_2 和 CO，CO_2；和微量气体如甲烷
中热值气体（300~550Btu/ft³）	主要是 H_2 和 CO，还有一些不燃气体，有时还有甲烷
高热值气体（980~1080Btu/ft³）	几乎是纯甲烷

两种主要可燃成分是氢气和一氧化碳；氢/一氧化碳比值从 2:3 变化到约 3:2。甲烷也可对气体的热值有明显的贡献。在次要组分中，硫化氢是最主要的，而产生的量与进料煤的硫含量成正比，必须通过一种或多种方法除去（Speight，2007，2013a，2014）。

9.4.2 中热值气体

中热值气体的热值在 300~550Btu/ft³ 范围内，其组成与低热值气体的组成相似，但几乎不含氮。中热值气体中的主要可燃气体是氢和一氧化碳（Kasem，1979）。

中热值气体比低热值气体具有更多的用途，与低热值气体一样，中热值气体可直接用作燃料以产生蒸汽，也可以通过联合动力循环驱动燃气轮机，而废热气用于产生蒸汽。中热值的气体尤其适合于通过甲烷化反应合成甲烷，通过费托合成反应合成高级烃、甲醇和各种合成化学品（Chadeesingh，2011；Davis and Occelli，2010）。

用于生产中热值气体的反应与用于低热值气体合成的反应是相同的，主要区别是使用氮气屏障，例如使用纯氧，以防止稀释剂氮进入系统。

9.4.3 高热值气体

高热值气体基本上是纯甲烷，又称为合成天然气（SNG）（Kasem，1979；Speight，1990，2013a）。作为合成天然气，产品必须含有至少95%的甲烷，合成天然气的能量含量为980~1080Btu/ft³。合成高热值气体的常用方法是氢和一氧化碳的催化反应。

$$3H_2 + CO \rightarrow CH_4 + H_2O$$

在此过程中，氢气通常以轻微过量存在，以确保有毒一氧化碳发生反应；这种少量的氢会使热含量降低到很小的程度。

一氧化碳/氢气反应作为产生甲烷的方法在某种程度上是有效的，因为该反应释放大量热量。另外，甲烷化催化剂容易被硫化合物毒害，金属的分解会破坏催化剂。因此，可以采用加氢气化来减少甲烷化的需要。

$$C_{煤} + 2H_2 \rightarrow CH_4$$

加氢气化产物不是纯甲烷。在除去硫化氢和其他杂质之后需要额外的甲烷化。

9.4.4 甲烷

甲烷化单元可同时发生多个放热反应（Seglin，1975）。多种金属已被用作甲烷化反应的催化剂，其中最常见、最有效的甲烷化催化剂是镍和钌，镍是使用最广泛的（Cusumano et al.，1978；Seglin，1975；Tucci & Thompson，1979；Watson，1980）。合成气必须在甲烷化步骤之前脱硫，因为硫化合物会迅速使催化剂失活（中毒）。当一氧化碳浓度过高时，可能会出现甲烷化的问题。必须从系统中除去大量热量，以防止高温和催化剂因烧结和积炭而失活（Cusumano et al.，1978）。因此，为了消除炭沉积，工艺温度应保持在400℃（750℉）以下。

9.4.5 氢气

氢气也是由煤气化产生的。气化炉类型很多（第2章），但气流式气化炉被认为是最适合用煤生产氢气和电力的气化炉。这是因为，它们在足够高的温度(1500℃,2730℉)下运行,可以实现高碳转化,并防止焦油和其他残留物对下游的污染。

在此过程中,煤经历了三个过程转化为合成气:前两个过程为热解和燃烧,发生得非常快。在热解过程中,随着煤的加热和挥发分的释放,产生焦炭。在燃烧过程中,挥发性产物和一些焦炭与氧气反应生成各种产品(主要是二氧化碳和一氧化碳),以及随后气化反应所需的热量。最后,在第三步的气化过程中,煤焦与蒸汽反应生成氢气(H_2)和一氧化碳(CO)。

$$2C_{焦炭}+O_2 \rightarrow 2CO+H_2O$$
$$C_{焦炭}+H_2O \rightarrow H_2+CO$$
$$CO+H_2O \rightarrow H_2+CO_2$$

得到的合成气是由63%(体积分数)一氧化碳、34%(体积分数)氢气和3%(体积分数)二氧化碳组成。在气化炉温度下,灰分和其他煤矿物质液化并作为炉渣在气化炉底部排出,炉渣是一种沙状惰性材料,可作为副产品出售给其他工业行业(例如筑路工业)。合成气在高温高压下排出气化炉,必须在合成气净化阶段前冷却。

虽然使用高温来提高高压蒸汽的工艺对电力生产更有效(Speight,2013b),但采用完全淬火冷却,通过直接注水冷却合成气,更适合氢气的生产和提供必要的蒸汽促进催化水煤气变换反应:

$$CO+H_2O \rightarrow CO_2+H_2$$

与需要昂贵的排放控制技术来从大量烟气中去除污染物的煤粉燃烧工厂不同,较小且较便宜排放控制技术则适用于煤气化工厂,因为要将合成气净化。合成气处于高压下,并且在高分压下含有污染物,这有利于气体净化。

与其他工艺一样,煤原料的特性(例如热值和灰分、水分和硫含量)对工厂效率和排放有显著影响。因此,煤气化制氢的成本可能会有很大差异,这取决于煤炭的类型。

9.4.6 其他产品

这里还应提及一系列较老(甚至是过时的)产品名称:生产气;水煤气;城镇煤气;合成天然气。

生产气是当空气而不是氧气被引入到燃料床时,从煤气化炉(固定床)获得的低热值气体。生产气的成分是一氧化碳28%(体积分数),氢气12%(体积分数),甲烷5%(体积分数)和一些二氧化碳。

水煤气是通过将蒸汽引入气化炉的热燃料床而产生的中热值气体。气体组成为氢气50%(体积分数),一氧化碳40%(体积分数),含少量氮气和二氧化碳。

城镇煤气是在焦炉中生产的中热值煤气，其组成大致如下：氢气 55%（体积分数），甲烷 27%（体积分数），一氧化碳 6%（体积分数），氮气 10%（体积分数）和二氧化碳 2%（体积分数）。通过催化处理蒸汽，可以将一氧化碳从气体中除去，从而产生二氧化碳和氢气。

合成天然气（SNG）是由一氧化碳或碳与氢气反应得到的甲烷。根据甲烷浓度的不同，一般属高热值气体。

9.5　化学品的生产

煤炭化工最初是作为生产焦炭的一种手段而建立起来的，但后来出现了一种二次产业（实际上是必须的）来处理炭化过程中产生的二次产物或副产物（即气体、氨水、粗苯和焦油）（表 9.3；Speight，2013a）。

表 9.3　煤炭化产物　　　　　　　　　　%（质量分数）

产品	低温	高温
气体	5.0	20.0
液体	15.0	2.0
轻油	2.0	0.5
焦油沥青	10.0	4.0
焦炭	70.0	75.0

来源：Speight，2013a。

9.5.1　煤焦油化学品

煤焦油是一种黑色或深棕色液体，呈高黏度半固态，是煤炭化时形成的副产品之一。煤焦油是由多环芳烃（PAHs）、酚类和杂环化合物组成的复杂多变的混合物。由于其含有易燃的成分，煤焦油通常用于燃烧锅炉以产生热量。煤焦油必须加热使用，以使重油易于流动。

相比之下，煤焦油杂酚油是煤焦油的蒸馏产物，由芳香烃、蒽、萘和菲衍生物组成。煤焦油杂酚油混合物中至少有 75% 是多环芳烃。沥青是一种闪亮的、深棕色到黑色的残渣，含油多环芳烃及其甲基和聚甲基衍生物，以及杂核芳香化合物。

粗焦油的一次蒸馏产生沥青（残渣）和几种馏分，其数量和沸点受粗焦油性质（取决于煤原料）和加工条件的影响。例如，对于来自连续立式干馏炉的焦油，目的是将焦油酸（苯酚衍生物、甲酚衍生物和二甲酚衍生物）浓缩成石炭油馏分。此外，焦炉焦油的目标是将萘和蒽组分分别浓缩成萘油和蒽油。

苯精制的第一步是蒸汽蒸馏，用于除去沸点低于苯的化合物。为了获得纯净的产物，可以蒸馏苯并获得含有苯、甲苯和二甲苯的馏分。苯用于制造许多产品，包括尼龙、γ-戊二烯、聚苯乙烯、苯酚、硝基苯和苯胺。甲苯是制备糖精、三硝基甲苯和聚氨酯泡沫的起始原料。存在于轻油中的二甲苯并不总是分离成单独的纯异构体，因为二甲苯混合物可作为特种溶剂销售。来自焦油的流出物的较高沸点馏分含油吡啶碱，石脑油和香豆酮树脂。其他焦油碱出现在较高的沸点范围内，主要是喹啉、异喹啉和喹哪啶。

吡啶长期以来一直用作橡胶助剂和纺织品防水剂的生产和药物合成的溶剂。衍生物 2—苄基吡啶和 2—氨基吡啶用于制备抗组胺类药物。吡啶的另一个应用是生产非持久性除草剂敌草块和百草枯。α-吡啶(2—吡啶；2—甲基吡啶)用于生产 2—乙烯基吡啶，该 2—乙烯基吡啶与丁二烯和苯乙烯共聚合时，可生产一种用于制造汽车轮胎的胶乳黏合剂。其他用途包括制备 2-β-甲氧基乙基吡啶(丙氨酸，一种用于牛的驱虫药)和合成 2—吡啶季铵盐化合物(APL)，用于防治幼禽的球虫病。β-吡啶(3—吡啶；3—甲基吡啶)可氧化为盐酸，具有酰胺形式(烟酰胺)，属于维生素 B 配合物，这两种产品被广泛用于加强人类和动物的饮食。γ-吡啶(4—吡啶；4—甲基吡啶)是制备抗结核药物异烟酸酰肼(异烟肼)的中间体。2，6—二甲基吡啶可转化为二吡啶甲酸，用作过氧化氢和过氧乙酸的稳定剂。

溶剂石脑油和重石脑油是在去除焦油酸和焦油碱后，在 150~200℃(300~390℉)馏分下得到的混合物。这些石脑油馏分被用作溶剂。

不含焦油酸和焦油碱的焦炉石脑油可以分馏得到含有苯并呋喃和茚的窄沸点馏分(170~185℃；340~365℉)。用浓硫酸处理，除去不饱和成分，然后洗涤再蒸馏。用催化剂(例如氟化硼/苯酚复合物)加热浓缩物以聚合茚和部分古洛马酮。蒸馏掉未反应的油，得到的树脂颜色从琥珀色变化到深棕色。它们被用于生产地板砖、油漆和抛光剂。

萘和几种焦油酸是从煤焦油中提取挥发油的重要产品。首先要从油中提取酚类化合物，然后再对含酚油进行处理，以回收萘。

通过在足以防止萘结晶的温度下用苛性钠水溶液萃取油来生产焦油酸。酚与氢氧化钠反应，得到相应的钠盐，水提取物被称为粗酚钠、酚钠、碳酸钠或甲酚钠。萃取物从无酚油中分离出来，然后再用这些油进行萘回收。

萘是高温煤焦油中含量最丰富的组分。粗焦油的一次分馏将萘浓缩成油，在焦炉焦油中，含大部分(75%~90%，质量分数)的总萘。分离后，萘被氧化生成邻苯二甲酸酐，用于生产醇酸树脂和聚氯乙烯等塑料用增塑剂。

196

从高沸点油(沸点 250℃, 480℉)提取的主要化学物质是粗蒽。大部分粗蒽在纯化和氧化成蒽醌之后用于制造燃料。

杂酚油是当从相应馏分中除去有价值的组分如萘、蒽、焦油酸和焦油碱时获得的残余馏分油。杂酚油是由原煤焦油分馏得到的具有特征性刺鼻气味的棕黑色、淡黄色或深绿色油状液体。蒸馏范围为 200~400℃ (390~750℉)。杂酚油的化学组成受煤的性质以及蒸馏过程性质的影响。因此，杂酚油成分在种类和浓度上很少一致。

9.5.2 费托化学品

费托化学制品是通过将合成气混合物(一氧化碳、CO 和 H$_2$)转化为高相对分子质量液体燃料和其他化学制品所制备的化学品(Chadeesingh，2011；Penner，1987；Speight，2013a)。原则上，合成气可以由任何烃原料生产，其中包括天然气、石脑油、渣油、石油焦、煤和生物质。

由一氧化碳和氢合成碳氢化合物是煤间接液化的一种方法(Anderson，1984；Dry & Erasmus，1987)，也是目前唯一一个在较大商业规模上使用的煤液化方案。南非目前正在萨索(南非)公司使用费托工艺进行工业规模生产，早在第二次世界大战期间，德国每年采用费托工艺生产大约 1.56 亿桶合成石油。

9.5.2.1 费托工艺

在费托工艺中，煤在超过 800℃ (1470℉)的温度下转化成气态产物，并在中等压力下产生合成气。

$$C+H_2O \rightarrow CO+H_2$$

在实际操作中，费托反应一般在 200~350℃ (390~660℉)和 75~4000 psi 压力范围内进行；氢/一氧化碳的比值通常约在 2.2:1 或 2.5:1。由于需要高达三体积的氢气来实现下一阶段的液体生产，合成气必须通过水煤气变换反应转化为所需水平的氢气，在此之后气体混合物被提纯(酸性气体去除等)并转化成各种各样的碳氢化合物。

$$CO+H_2O \rightarrow CO_2+H_2$$
$$CO+(2n+1)H_2 \rightarrow C_nH_{2n+2}+H_2O$$

这些反应主要生成低沸点和中沸点脂肪族化合物；目前主要集中在适合的条件下生产正碳烃化合物以及烯烃和氧化材料(Speight，2013a)。

9.5.2.2 费托催化剂

催化剂在合成气转化反应中起主要作用。对于烃类和合成较高相对分子质量的醇，一氧化碳的分解是一个必不可少的反应条件。对于甲醇合成，一氧化碳分子保持不变。氢在合成气催化反应中有两种作用：除了作为一氧化碳氧化所需的反应物之外，它还用于还原金属化的合成催化剂并活化金属表面。多种催化剂可用于费托工艺，但最常见的是过渡金属钴、铁和钌。镍也可以使用，但它倾向于甲烷的形成（甲烷化）。

钴基催化剂活性高，铁更适用于低氢合成气，如来自煤的含氢合成气，因为铁促进了煤的水煤气变换反应。除了活性金属之外，催化剂通常还含有许多促进剂，例如钾和铜。

第Ⅰ族碱金属（包括钾）是钴催化剂的毒物，却是铁催化剂的促进剂。催化剂被负载在高表面积的结合剂/载体上，如二氧化硅、氧化铝和沸石（Spath&Dayton，2003）。当原料为天然气时，钴催化剂对费托合成的催化活性更高。天然气具有较高的碳氢比，因此钴催化剂不需要水气变换。铁催化剂优先用于低质量的原料，如煤或生物质。与其他金属（Co、Ni、Ru）不同，那些金属在合成过程中仍处于金属状态，铁催化剂往往形成许多相，包括反应过程中的各种氧化物和碳化物。控制这些相变对于保持催化活性和防止催化剂颗粒破裂具有重要意义。

费托催化剂对含硫化合物中毒反应敏感。钴基催化剂对硫的敏感性高于铁基催化剂。促进剂对活性也有重要影响。碱金属氧化物和铜是常见的促进剂，但其配方取决于主要金属铁和钴。钴催化剂上的碱金属氧化物通常会导致活性严重下降，即使在负载量很低的情况下也是如此。C_5^+ 和二氧化碳的选择性增加，甲烷和 $C_2 \sim C_4$ 选择性降低，烯烃与石蜡的比率增加。

9.5.2.3 产品分布

在费托工艺中形成的碳氢化合物的产物分布遵循安德森–舒尔茨–弗罗里分布。

$$W_n/n = (1-\alpha)^2 a^{n-1}$$

式中，W_n 为含有 n 个碳原子的碳氢化合物的质量分数；α 为链增长概率或分子继续反应形成更长链的概率，主要取决于催化剂和具体的工艺条件。

根据前面的方程式，甲烷永远是最多的单一产物；然而，通过将 α 增加到接近1，与所有各种长链产物的总和相比，可以使形成的甲烷总量最小化。因此，为了生产液体运输燃料，可能需要裂解费托长链产物。

研究表明，具有固定尺寸孔径的沸石或其他催化剂基材会限制碳氢化合物的碳链长度（通常 $n < 10$），促使反应生成的甲烷最少，而不产生蜡质产品。

9.6 优点和局限性

煤制天然气一直是煤炭发电技术的一个巨大应用领域，实际上，它是另一种燃煤发电形式，用煤作为原料生产热气来驱动涡轮机。与燃烧过程一样，煤的性质，如煤的等级、矿物物质、颗粒大小和反应条件，都会对气化过程的结果有影响，而且对气体性质也有影响（Hanson，Patrick，& Walker，2002；Massey，1974）。

煤气化技术提供了发电、氢气和由气化产生的合成气的多联产。化学气化设备，更具体地说，基于移动床技术的化学气化设备目前在世界各地都有运行，最大的设备位于南非（SASOL）（Speight，2008，2013a）。气化是煤间接液化生产液体燃料的一个重要步骤（Speight，2008，2013a）。气化炉的另一个优点是能够单独或与采用煤混合的方式容纳除煤以外的原料（Speight，2013a，2013b）。

煤气化的主要环境优势之一是能够利用各种方法去除硫等杂质，在燃烧燃料之前，可利用各种工艺技术来处理汞和烟尘。此外，产生的灰烬处于玻璃状形态，可以作为混凝土骨料回收利用，这与粉煤燃烧装置不同，粉煤燃烧装置产生的灰必须填埋，因而可能会污染地下水。

与传统的燃煤电厂相比，联合循环发电效率的提高可使二氧化碳排放量减少50%。为了开发经济的固碳方法，即从燃烧副产物中去除二氧化碳以防止其释放到大气中，可以对煤气化单元进行改造，以进一步降低其对气候变化的影响，因为在合成气燃烧之前，可以将二氧化碳分离出去。

煤气化虽然提供了一种从煤中获取能量的途径，有助于去除灰分和硫，但它有两个主要的缺点：①这一过程要消耗大量的水，尤其是在干旱的美国西部各州，那里有最大的煤炭储量；②该工艺比直接燃烧工艺效率低。有些反应器对过程效率或耗水量的优化优先。性能优化取决于应用，也取决于具体地点，煤气化系统的选择在很大程度上取决于最终用途的市场需求和地理位置。

参 考 文 献

Anderson，R. B. (1984). In S. Kaliaguine & A. Mahay (Eds.)，Catalysis on the energy scene (p. 457). Amsterdam，Netherlands：Elsevier Science Publishers.

Anderson，L. L.，& Tillman，D. A. (1979). Synthetic fuels from coal：Overview and assessment.

New York：John Wiley & Sons Inc.

Anthony，D. B.，& Howard，J. B. (1976). Coal devolatilization and hydrogasification. AIChE Journal，22，625.

Argonne，(1990). Environmental consequences of，and control processes for，energy technologies.

Argonne National Laboratory. Pollution Technology Review No. 181, Park Ridge, New Jersey: Noyes Data Corp, . Chapter 5.

Baker, R. T. K. , & Rodriguez, N. M. (1990) . Coal. In Fuel science and technology handbook. New York: Marcel Dekker Inc Chapter 22.

Bodle, W. W. , & Huebler, J. (1981) . In R. A. Meyers (Ed.) , Coal handbook. New York: Marcel Dekker Inc, Chapter 10.

Calemma, V. , & Radovic', L. R. (1991) . On the gasification reactivity of Italian Sulcis coal. Fuel, 70, 1027.

Cavagnaro, D. M. (1980). Coal gasification technology. Springfield, Virginia: National Technical Information Service.

Chadeesingh, R. (2011). The Fischer−Tropschprocess. In J. G. Speight(Ed.) , The biofuelshandbook(pp. 476 − 517) . United Kingdom: The Royal Society of Chemistry, London, Part 3, Chapter 5.

Cusumano, J. A. , Dalla Betta, R. A. , & Levy, R. B. (1978) . Catalysis in coal conversion. New York: Academic Press Inc.

Davis, B. H. , & Occelli, M. L. (2010). Advances in Fischer−Tropsch synthesis, catalysts, and catalysis. Boca Raton, Florida: CRC Press, Taylor & Francis Group.

Dry, M. E. , & Erasmus, H. B. DeW. (1987) . Update of the sasol synfuels process. Annual Review of Energy, 12, 21.

Elton, A. (1958). In C. Singer, E. J. Holmyard, A. R. Hall, & T. I. Williams(Eds.) , A history of technologyVol. IV. Oxford, England: Clarendon Press Chapter 9.

Fryer, J. F. , & Speight, J. G. (1976). Coal gasification: Selected abstract and titles. Information Series No. 74, Edmonton, Canada: Alberta Research Council.

Garcia, X. , & Radovic', L. R. (1986). Gasification reactivity of Chilean coals. Fuel, 65, 292.

Hanson, S. , Patrick, J. W. , & Walker, A. (2002). The effect of coal particle size on pyrolysis and steam gasification. Fuel, 81, 531−537.

Hsu, C. S. , & Robinson, P. R. (2006). Practical advances in petroleum processing. Volume 1 and Volume 2, New York: Springer.

Irfan, M. F. (2009) Research report: Pulverized coal pyrolysis & gasification in N2/O2/CO2 mixtures by thermo−gravimetric analysis. Novel Carbon Resource Sciences Newsletter, Kyushu University, Fukuoka, Japan. Vol. 2, pp. 27−33.

Johnson, J. L. (1979). Kinetics of coal gasification. New York: John Wiley & and Sons Inc.

Johnson, N. , Yang, C. , & Ogden, J. (2007) . Hydrogen production via coal gasification. Advanced Energy Pathways Project, Task 4. 1 Technology Assessments of Vehicle Fuels and Technologies, Public Interest Energy Research(PIER) Program, California Energy Commission. May.

Kalinenko, R. A. , Kuznetsov, A. P. , Levitsky, A. A. , Messerle, V. E. , Mirokhin, Yu. A. , Polak, L. S. , et al. (1993) . Pulverized coal plasma gasification. Plasma Chemistry and Plasma Processing, 3(1), 141–167.

Kasem, A. (1979). Three clean fuels from coal: Technology and economics. New York: Marcel Dekker Inc.

Kristiansen, A. (1996). Understanding coal gasification. IEA coal research report IEACR/86, London, United Kingdom: International Energy Agency.

Lahaye, J., & Ehrburger, P. (Eds.). (1991). Fundamental issues in control of carbon gasification reactivity. Dordrecht, Netherlands: Kluwer Academic Publishers.

Mahajan, O. P., &Walker, P. L. Jr., (1978). C. Karr Jr. (Ed.). In Analytical Methods for Coal and Coal Products. Vol. II. New York: Academic 6 Press Inc Chapter 32.

Massey, L. G. (Ed.). (1974). Coal gasification. Advances in chemistry series No. 131. Washington, D. C.: American Chemical Society Massey, L. G. (1979). In C. Y. Wen & E. S. Lee (Ed.), Coal conversion technology. Reading, Massachusetts: Addison – Wesley Publishers Inc. Page 313.

Matsukata, M., Kikuchi, E., & Morita, Y. (1992). A new classification of alkali and alkaline earth catalysts for gasification of carbon. Fuel, 71, 819–823.

McKee, D. W. (1981). The catalyzed gasification reactions of carbon. In P. L. Walker & P. A. Thrower (Eds.), The chemistry and physics of carbon: Vol. 16. (p. 1). New York: Marcel Dekker Inc.

Messerle, V. E., & Ustimenko, A. B. (2007). Solid fuel plasma gasification. Advanced Combustion and Aerothermal Technologies. NATO Science for Peace and Security Series C. Environmental Security, 141–1256.

Mills, G. A. (1969). Conversion of coal to gasoline. Industrial and Engineering Chemistry, 61 (7), 6–17.

Nef, J. U. (1957). In C. Singer, E. J. Holmyard, A. R. Hall, & T. I. Williams (Eds.), A history of technology: Vol. III. Oxford, England: Clarendon Press, Chapter 3.

Penner, S. S. (1987). Coal gasification. New York: Pergamon Press Limited.

Probstein, R. F., & Hicks, R. E. (1990). Synthetic fuels. Cambridge, Massachusetts: pH Press, Chapter 4.

Radović, L. R., & Walker, P. L. Jr., (1984). Reactivities of chars obtained as residues in selected coal conversion processes. Fuel Processing Technology, 8, 149.

Radović, L. R., Walker, P. L., Jr., & Jenkins, R. G. (1983). Importance of carbon active sites in the gasification of coal chars. Fuel, 62, 849.

Seglin, L. (Ed.). (1975). Methanation of synthesis gas. Advances in chemistry series No. 146. Washington, DC: American Chemical Society.

Shinnar, R., Fortuna, G., & Shapira, D. (1982). Thermodynamic and kinetic constraints of catalytic synthetic natural gas processes. Industrial&Engineering Chemistry Process Design and Development, 21, 728–750.

Spath, P. L., & Dayton, D. C. (2003). Preliminary screening—Technical and economic assessment of synthesis gas to fuels and chemicals with emphasis on the potential for biomassderived syngas. Report No. NREL/TP-510-3492. Contract No. DE-AC36-99-GO10337Golden, Colorado: National Renewable Energy Laboratory.

Speight, J. G. (1990). In J. G. Speight(Ed.), Fuel science and technology handbook. New York: Marcel Dekker Inc, Chapter 33.

Speight, J. G. (2002). Chemical process and design handbook. New York: McGraw-Hill.

Speight, J. G. (2007). Natural gas: A basic handbook. Houston, Texas: GPC Books, Gulf Publishing Company.

Speight, J. G. (2008). Synthetic fuels handbook: Properties, processes, and performance. New York: McGraw-Hill.

Speight, J. G. (2013a). The chemistry and technology of coal(3rd ed.). Boca Raton, Florida: CRC Press, Taylor and Francis Group.

Speight, J. G. (2013b). Coal-fired power generation handbook. Salem, Massachusetts: Scrivener Publishing.

Speight, J. G. (2014). The chemistry and technology of petroleum (5th ed.). Boca Raton, Florida: CRC Press, Taylor & Francis Group.

Taylor, F. S. , &Singer, C. (1957). C. Singer, E. J. Holmyard, A. R. Hall, &T. I. Williams (Eds.), A history of technologyVol. II. Oxford, England: Clarendon Press Chapter 10.

Tucci, E. R. , & Thompson, W. J. (1979). Monolith catalyst favored for methylation. Hydrocarbon Processing, 58(2), 123-126.

Watson, G. H. (1980). Methanation catalysts. Report ICTIS/TR09, London, United Kingdom: International Energy Agency.

第 10 章 用于合成燃料生产的 重烃气化技术

J. G. Speight

（CD&W Inc., Laramie, WY, USA）

10.1 前言

重质原料（碳氢材料、渣油、残余物、塔底产物）是非挥发性物质，只要含有碳和氢以外的元素，就不是真正的碳氢化合物。与其他气化方法一样，重质原料的气化包括将原料完全热分解成气态产物（Speight, 2014；Wolff & Vliegenthart, 2011）。重质烃一词通常用于渣油，但实际上它是一个不正确的术语，因为渣油不是由真正的烃组成的，渣油中的所谓烃含有碳和氢以外的元素。

重质原料的气化在高温（>1000℃，>1830℉）下进行，主要生产合成气、炭黑和作为主要产物的灰分，灰分的量取决于原料中矿物质的含量。集成气化联合循环（IGCC）是渣油转化的替代工艺，在炼油工业中用于制氢技术、燃料气体生产和发电，再加上高效的气体净化方法，对环境影响最小（低 SO_x 和 NO_x）（Speight, 2013c, 2013d；Wolff, 2007）。

气化工艺处理重质原油、焦油砂沥青或精炼塔底物流的能力，提高了大多数炼油厂和油田的经济潜力（Goldhammer 等, 2008）。升级重质原油（无论是油田的原油还是炼油厂的渣油）是从每桶石油中提取最大价值的一种越来越普遍的手段（Speight, 2011a, 2014）。升级可将边际重质原油转化为轻质、高价值原油，并将重质、酸性的炼油厂塔底产物转化为有价值的运输燃料。此外，大多数升级技术留下了更重的残留物，这种副产品的沉积成本可能接近液体燃料和其他可销售产品的生产价值。简而言之，渣油、石油焦或其他重质原料气化可产生合成气，这是用于燃气轮机中燃烧的清洁燃料。气化技术是一项成熟的技术，在原料和操作上具有广泛的灵活性，是处理这些原料用于发电的最环保的路线。

在炼油厂内，渣油焦化和溶剂脱沥青已经使用了几十年，用于将塔底物流升级为中间产品，该中间产物被处理后可生产运输燃料（Gary，Handwerk，& Kaiser，2007；Hsu & Robinson，2006；Speight，2011a，2014；Speight & Ozum，2002）。在炼油厂中，安装气化炉是转化重质原料以产生附加值的现实选择。灵活的焦化过程使用气化炉作为系统的一个组成部分，将过量的焦转化为燃料气（Gary et al.，2007；Gray & Tomlinson，2000；Hsu & Robinson，2006；Speight，2011a，2014；Speight & Ozum，2002；Sutikno & Turini，2012）。因此，通过将气化炉作为全功能工艺选项与气化集成，可以实现重要的协同作用，包括：①提高原油和燃料灵活性；②通过降低资本和运营成本提高盈利能力；③降低环境排放；④提高公用工程的可靠性和效率。底部处理单元和气化技术之间的整合可以作为促进其他经济一体化的跳板。气化与新的或现有的加氢处理和发电单元的集成提供了独特的协同作用，这将提高炼油厂的效率。

高品质燃料的生产会导致对相关氢气和转化技术的更高需求。使用低硫燃料的趋势和炼油厂产品结构的变化将影响技术选择和需求。例如，目前的脱硫和转化技术使用的氢气量相对较多，这是一种能源密集型产品，氢气消费量的增加将导致能源使用和运行费用的增加，除非开发出更高效的氢气生产技术。

对高价值石油产品的需求将使运输燃料的生产最大化，同时牺牲渣油和轻质气体。渣油的加氢处理将是普遍的，而不是限于选定的炼油厂。与此同时，加氢处理过的残余物将成为催化裂化装置的常用原料。此外，需要增加转换能力处理越来越重的原油，减少对渣油的需求。

将这些原料气化以生产氢气、电或者两者都生产，将是炼油厂的一个有吸引力的选择（Campbell，1997；Dickenson，Biasca，Schulman，& Johnson，1997；Fleshman，1997；Gross & Wolff，2000；Speight，2011a）。炼油厂的气化段将是脱沥青渣油、高硫焦和其他炼厂废物的"垃圾桶"，值得研究。

10.2　重质原料

重质原料是具有低挥发性的材料，例如石油渣油、重油、焦油砂沥青和石油焦。事实上，许多这类材料没有挥发性。本章将介绍不包括煤和油页岩等其他来源的非挥发性产品。此外，优先使用"重质原料"（或含烃材料）这一术语，因为在这些材料中存在着碳和氢以外的其他元素，这意味着它们不是真正的碳氢化合物。重质原料包括：石油渣油，重油，特稠油，焦油砂沥青，其他原料如石油焦，它们都可以用作气化工艺的原料（见表 10.1、图 10.1）（Gary et al. ，2007；Hsu & Robinson，2006；Speight，2011a，2014；Speight & Ozum，2002）。

表 10.1　几种炼厂气化原料的分析

	减压渣油	减黏裂化焦油	沥青	石油焦
元素分析/%（质量分数）				
C	84.9	86.1	85.1	88.6
H	10.4	10.4	9.1	2.8
N	0.5	0.6	0.7	1.1
S	4.2	2.4	5.1	7.3
O		0.5		0.0
灰分			0.1	0.2
总计	100.0	100.0	100.0	100.0
H_2/C 比值（物质的量比）	0.727	0.720	0.640	0.188
密度				
相对密度（60°/60°）	1.028	1.008	1.070	0.883
比重指数（°API）	6.2	8.88	0.8	—
热值				
高热值（干）/（M Btu/lb）	17.72	18.6	17.28	14.85
低热值（干）/（M Btu/lb）	16.77	17.6	16.45	14.48

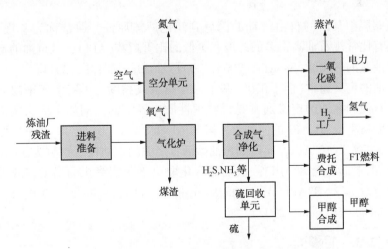

图 10.1　炼油厂气化操作示意图

10.2.1　石油渣油

石油渣油(渣油、石油残余物、残余物)是指经无损蒸馏除去原料中的所有挥发性物质后，从石油中得到的非挥发性残渣。蒸馏单元的温度通常保持在350℃(660°F)，因为石油组分的热分解速率在该温度以下是最小的，并且石油组分的热分解速率显著高于350℃(660°F)。但情况并非总是如此，因为在热区的停留时间也是一个因素。

渣油是黑色的黏性物质，是在常压(常压渣油)或减压(真空渣油)下蒸馏原油获得的，在室温下为液体(通常为常压渣油)或几乎为固体(通常为真空渣油)，这取决于原油的性质。当从原油中获得的渣油经热分解后，得到的产品被业内许多人士错误地称为沥青(Speight，2014)。母质石油和渣油之间的差异在于存在的各种成分的相对数量，这些组分由于它们的相对挥发性的不同而被除去或保留。

残渣的化学成分复杂，利用物理分馏的方法可以证明其沥青质组分和树脂的比例很高，甚至达到渣油的50%以上(Gary et al.，2007；Hsu & Robinson，2006；Speight，2011a，2014；Speight & Ozum，2002)。包括有机金属化合物(如钒和镍以及其他金属成分)在内的形成灰分的金属成分的存在，也是渣油和非挥发性原料的显著特征。原油的切割深度越深，硫和金属在渣油中的浓度就越高，因此，渣油的物理性能就会越差(Gary et al.，2007；Hsu & Robinson，2006；Speight，2011a，2014；Speight & Ozum，2002)。

10.2.2　重油

从储层中泵出的自由流动的深色到浅色液体原油，通常称为常规石油。重油具有比常规石油高得多的黏度和更低的比重指数(API)，且重油的初次开采需要油藏的热刺激(Speight，2008，2009，2013a，2013b，2014)。

重油的定义通常(但不正确)基于API指数或黏度。尽管多年来缺乏科学依据，石油和重油的定义通常是以物理性质来界定的。例如，重油被认为是比重指数略小于20°API的原油，一般为10~15°API。例如，冷湖重质原油的API比重指数为12°API，而诸如焦油砂沥青之类的重油比重指数为5~10°API(阿萨巴斯卡沥青是8°API)。渣油的变化取决于蒸馏终止的温度，减压渣油的比重指数为2~8°API(Ancheyta & Speight，2007；Speight，2000；Speight，2014；Speight & Ozum，2002)。

10.2.3　超稠油

超稠油也是使用任意命名法命名的一种物质。超稠油以固态或近固态存

206

在，通常在储层条件下具有流动性，由于储层或沉积层的温度而不是物质的环境性质所致。事实上，"超稠油"一词是最近演变而来的一个术语（与黏度有关），科学意义不大，且易引起混淆，因为它被错误地用来指焦油砂沥青。虽然这类石油可能类似于焦油砂沥青不容易流动，但与焦油砂沥青相比，超稠油通常被认为在储层中具有流动性，而焦油砂沥青在储层条件下通常无法流动（自由流动）。例如，位于加拿大阿尔伯塔省的焦油砂沥青在矿床中不流动，需要极端的回收方法来回收沥青；而位于委内瑞拉奥里诺科带的大部分超稠油则不需要用太极端的回收方法，因为其在储层中具有流动性（Speight，2009，2013a，2013b，2014）。

10.2.4　焦油砂沥青

沥青有时候被称为天然沥青和超稠油，是一种天然存在的物质，存在于焦油砂沉积物中，例如加拿大的油砂矿床，其渗透率低，流体通过沉积物只能通过压裂技术来实现。焦油砂沥青是一种高沸点的材料，很少在 350℃（660℉）以下沸腾，其性质类似于常压渣油的性质。为了准确定义焦油砂沥青，美国（FE-76-4）更准确地定义了焦油砂沥青，并且从功能方面来定义为：

这些岩石类型含有极其黏稠的烃，其在自然状态下不能通过常规油井生产方法回收，包括目前使用的强化回收技术。含烃岩石有各种名称，如沥青岩油、浸渍岩、油砂和岩石沥青。

沥青的回收在很大程度上取决于材料的组成，一般来说，焦油砂沉积物中发现的沥青是一种非常黏稠的物质，在储层条件下是不可移动的，不能通过使用二次或增强回收技术而被回收（Speight，2013a，2013b，2014）。焦油砂一词实际上是一个错误的名称；更准确地说，焦油一词通常用于煤或其他有机物的破坏性蒸馏后剩余的重质产品（Speight，2013c）。

焦油砂地层中的沥青需要高度的热刺激来回收，必须利用热分解技术。目前沥青在焦油砂层中的回收作业涉及开采技术的应用，非开采技术也在不断发展（Speight，2009，2013a，2013b，2014）。

将天然沥青材料称为焦油或沥青是不正确的。尽管焦油一词是描述黑色、重质沥青材料，但业界人士应避免用焦油称呼天然材料，焦油仅用于称谓有机物质，如煤的破坏性蒸馏中产生的挥发性或近挥发性产物（Speight，2013c）。因此，诸如沥青砂或油砂之类的替代名称正在逐渐得到使用，而前者的称谓在技术上更为正确。术语油砂、焦油砂通常可互换使用。

10.2.5　其他原料

在气化过程中另一个值得注意的原料是石油焦，它是石油残余物的破坏蒸馏留下的残余物。这种原料来自化石燃料和非化石燃料源（Speight，2008，2011a，2011b）。

10.2.5.1 石油焦

气化过程的另一个值得注意的原料是石油焦，它是石油残余物的破坏性蒸馏留下的残余物（Gray & Tomlinson，2000；Patel，1982；Speight，2008，2014）。在催化裂化操作中形成的石油焦通常是不可回收的，因为它经常被用作燃料。石油焦的组成也随原油的性质而变化，但一般而言，大量富含碳而贫氢的高相对分子质量复合烃在焦炭中占很大的比例。据报道，石油焦在二硫化碳中的溶解度高达 50%～80%（质量分数），但实际上这是一个误称，因为焦炭是不溶的蜂窝材料，是热处理的最终产物。

延迟焦化可产生三种物理结构：弹丸焦，海绵焦，针状焦。

弹丸焦是一种类似小球的异常焦炭。其机理还不明确，来自焦化原料的焦炭形成小的、紧密的、非附着的团簇，这些团簇看起来像丸粒、大理石或球轴承。弹丸焦通常是一种硬焦炭，硬度低，可磨性指数低（Speight，2013a，2013b，2013c，2013d，2014）。这种焦炭由于操作和研磨困难而不太适合终端用户。沥青质含量高且 API 低的原料有利于成焦。将芳香族物料与原料混合，增加再循环率，都可降低弹丸焦的收率。焦炭塔内的流态化会导致弹丸焦的形成，较小的弹丸焦可能凝聚成鸵鸟卵大小的碎片。虽然弹丸焦看起来纯净，但实际上大多数弹丸焦炭不是 100% 的纯净焦。

海绵焦是延迟焦化装置生产的普通焦炭（Gary et al.，2007；Hsu & Robinson，2006；Speight，2011a，2014；Speight & Ozum，2002）。它是一种类似海绵的形式，被称为蜂窝。阳极级海绵焦呈暗黑色，具有多孔、无定型结构。

针状焦是由芳烃原料生产的一种特殊质量的焦炭，呈银灰色，具有结晶破碎的针状结构，这是由于在焦化反应过程中通过缩合芳香烃交联产生的。针状焦具有更多单向孔的晶体结构，用于钢铁和铝工业的电极生产，因为电极必须定期更换，所以特别有价值。

石油焦有许多用途，但其主要用途（取决于组成和性质）是用于制造铝精炼的碳电极。由于这些电极需要灰分和硫含量低的高纯度炭，因此必须通过煅烧除去挥发性物质。

除了用作冶金还原剂外，石油焦还用于制造碳刷、碳化硅磨料和结构碳（例如管道和拉希格环），以及用于制造乙炔的原料碳化钙。

$$焦 \rightarrow CaC_2$$
$$CaC_2 + H_2O \rightarrow HC \equiv CH$$

焦炭不适合上述任何一种用途，但可用作炼油厂的燃料或合成气和氢气的来源。在任何一种情况下，如果焦炭原料中存在着氮、氧、硫和金属，都要求对气态产品进行彻底的气体净化（Speight，2014）。

10.2.5.2 溶剂脱塔底沥青

脱沥青单元（脱沥青装置）是炼油厂中用于沥青提质的单元，将沥青类产物与石油、重油或沥青分离。脱沥青装置通常放置在减压蒸馏塔之后，通过在压力下使用低沸点液态烃溶剂如丙烷或丁烷，将不溶性沥青样产物（脱沥青塔底产物）与原料分离。脱沥青的其他产物是脱沥青油。

采用溶剂脱沥青工艺分离原油中的高相对分子质量、高沸点馏分已有60多年的历史，这些馏分使用工业蒸馏不具有经济性。溶剂脱沥青最早的工业应用是以液态丙烷为溶剂，从减压渣油中提取优质润滑油原料。该工艺已扩展到催化裂化原料、加氢裂化原料、加氢脱硫原料和沥青的制备。沥青用于道路沥青制造、炼油厂燃料或用于制氢的气化原料。

渣油超临界萃取溶剂脱沥青技术（ROSE）和气化技术的结合已经在 ERG 炼油厂得到了商业验证（Bernetti，De Franchis，Moretta，& Shah，2000）。这种组合具有很强的协同作用，并具有许多优点，包括低成本气化炉原料，提高了炼油厂的经济性。该工艺将低价值原料转化为高价值产品，如动力、蒸汽、氢气和化学原料。该工艺还通过消除或减少低价值燃料油的生产和最大限度地生产运输燃料，提高了炼油厂的经济效益。

10.3 合成气生产

重质原料气化产生的气体被净化成清洁的燃气（Gross & Wolff，2000），例如：

$$渣油 \rightarrow CO+CO_2+H_2+SO_x+NO_x+颗粒物质 \rightarrow \underset{（合成气）}{CO+H_2}$$

例如，在 570psi 压力下和 1300~1500℃（2370~2730℉）温度下，采用部分氧化（POX）方法，进行溶剂脱沥青的气化处理（Bernetti et al.，2000）。高温再生气体流入废热锅炉，其中热气体冷却并产生高压饱和蒸汽。来自废热锅炉的气体随后与燃料气体交换并流入碳洗涤器，在碳洗涤器中通过水洗从产生的气体中除去颗粒物质。来自碳洗涤器的气体经燃料气和锅炉给水的进一步冷却，进入硫化合物脱除区，将硫化氢（H_2S）和羰基硫化物（COS）从煤气中除去，得到清洁的燃气。但是，硫化氢和羰基硫化物并不总是存在，它们的存在与否取决于气化过程的操作参数。如果该气体作为燃料气体，则被气化炉中产生的热气体加热，并最终在 250~300℃（480~570℉）的温度下供应给燃气轮机。

燃气轮机排出的废气温度约 $550 \sim 600 ℃$（$1020 \sim 1110 ℉$），流入由五个热交换元件组成的热回收蒸汽发生器。第一个元件是过热器，其中在废热锅炉中产生的高压饱和蒸汽和第二元件（高压蒸汽蒸发器）中的高压饱和蒸汽的混合物流被过度加热。第三个元件是节能器，第四个元件是低压蒸汽蒸发器，第五个元件是除氧加热器。从热回收蒸汽发生器的废气，其温度约为 $130℃$，然后通过一个烟囱排放到空气中。

有两种方法可以降低烟气中的氮氧化物（NO_x）含量：第一种方法是将水注入燃气轮机燃烧室；第二种方法是在蒸汽发生器的适当位置填充脱硝催化剂，通过注入氨气选择性地降低氮氧化物含量。后者比前者能更有效地减少排放到空气中的氮氧化物。

合成气的生产过程通常由三部分组成：①合成气的生成；②余热回收；③气体处理。在每个组成部分都有几个选项，例如，合成气体可以是高纯度的氢，也可以是高纯度的一氧化碳，或其组合。可利用三条主要途径生产高纯度气体：①变压吸附；②低温分离；③渗透膜技术（Speight，2007，2014）。

10.3.1 POX(部分氧化)技术

POX 技术是重油和其他炼油厂渣油气化的最常用方法，几乎所有混合物都是合适的原料，而不管挥发性如何（Liebner，2000）。然而，除了特殊用途外，气化是一种重油渣油处理工艺，它将含硫和氮的原料转化为主要由氢和一氧化碳组成的清洁合成气。事实上，由于环境法规的原因，气化正在取代直接燃烧，因为除灰和烟气净化比高压下的合成气净化更困难、更昂贵。

在炼油厂应用气化技术的主要优点是：①在急冷气化炉中处理低质量、高黏性和重质原料以及乳液（槽泥）、淤浆（焦炭）和其他液体废物的能力；②处理高硫原料的能力，因为气化器下游的气体处理单元中硫化合物几乎完全除去；③炼油厂各种转化和提质过程中产生氢气的可能性，瓦斯油的产量增加，瓦斯油是其他炼油厂单元的理想产品或原料；④合成气的许多用途，如炼油厂的氢气或出口的氢气，通过 IGCC 过程产生的电，以及氨、甲醇、乙酸和羰基醇等化学品的生产。

当低于化学计量的燃料-空气混合物在重整器中部分燃烧时发生 POX 或 POx 反应。没有催化剂的一般反应方程式称为热部分氧化（TPOX 或 TPOx），可以表示为：

$$C_nH_m+(2n+m)/2O_2 \rightarrow nCO+(m/2)H_2O$$

气化炉原料的组成变化化学计量反应难以精确进行。对于反应动力学的研究不能仅仅依据反应方程式。

TPOX 反应器类似于自热反应器(ATR)，主要区别在于不使用催化剂。蒸汽原料由位于反应容器顶部附近的喷射器直接与氧气混合。POX 和重整反应都发生在燃烧器下方的燃烧区中。

POX 工艺的主要优点是能够使用各种原料，包括大分子有机原料，如石油焦(Gunardson & Abrardo, 1999)。由于氮氧化物(NO_x)和硫氧化物(SO_x)的排放量很小，因此该技术在环境上是可以接受的。另一方面，要达到接近完全的反应，需要非常高的温度，即 1300℃(2370℉)。这种高反应温度需要消耗氢气和大于化学计量的氧气。

10.3.1.1　壳牌气化工艺

壳牌气化方法(POX 方法)是用于生成合成气(主要是氢气和一氧化碳)的灵活工艺，用于最终生产高纯度、高压氢气、氨、甲醇、燃料气体、城镇气体或还原气体。该工艺使用气态或液态烃与氧气、空气或富氧空气的反应，而将重质原料转化为工业气体的最重要的一步是使用氧气和加入蒸汽的油的POX 反应。气化过程发生在装有耐火衬里的反应器中，温度约为 1400℃(2550℉)，压力在 30～1140psi 之间。气化反应器中的化学反应在没有催化剂的情况下进行，根据原料的不同，生成 0.5%～2%(质量分数)的含碳气体。用水从气体中除去碳，在大多数情况下用原料油从水中提取，并返回到原料油中。重整气温度高，用于废热锅炉的蒸汽发电。蒸汽在 850～1565psi 下产生，其中一些用作工艺蒸汽以及氧气和油的预热。

10.3.1.2　德士古工艺

德士古气化工艺(POX 气化工艺)产生合成气，主要是氢和一氧化碳。该工艺的特点是向气化炉内注入原料以及二氧化碳、蒸汽或水。因此，该气化工艺可以使用渣油、溶剂脱沥青渣油或任何焦化工艺生产的石油焦等原料。德士古法生产的产品气体可用于生产高纯度高压氢气、氨和甲醇。从高温气体回收的热量也用于在废热锅炉中产生蒸汽。当不需要高压蒸汽或者当下游一氧化碳转化器需要高度转换时，优先选用廉价的淬火型结构。

在 POX 方法中，气化反应是碳氢化合物合成一氧化碳和氢，并且可以用简单的方程表示：

$$C_xH_{2y}+x/2O_2 \rightarrow xCO+yH_2$$
$$C_xH_{2y}+xH_2O \rightarrow xCO+(x+y)H_2$$

气化反应即刻完成，产生主要由一氧化碳和氢气组成的气体，高温气体离开气体发生器的反应室后，进入与气体发生器底部相连的急冷室，在那里，高温气体用水骤冷至 200～260℃(390～500℉)。

10.3.1.3　菲利普斯工艺

在菲利普斯工艺中，石油焦与水混合，制成可泵送的浆料，然后送入两级气化炉。在气化炉的第一段，浆料很容易与氧气反应生成氢、一氧化碳、二氧化碳和甲烷。第一段的高温确保了所有原料的转化，并在类似于粗砂的玻璃容器中捕集灰分和金属等无机材料。这种砂状材料(矿渣)是惰性的，在建筑行业有着广泛的用途。

水平第一级的热合成气进入气化炉的垂直第二段，在此添加额外的浆料以增加气体的能量含量。这种两级设计提高了效率，特别是对于低反应性燃料如石油焦。然后热合成气在热回收系统中冷却，在火管锅炉中产生高压蒸汽。

干式系统通过去除更多的微粒，避免了导致设备磨损的黑水问题，从而提高了系统的效率，并将水消耗和废水产生降至最低。合成气中的硫被回收并转化为元素硫，可以在农业和其他市场上销售。该工艺可最大限度地回收原料中的硫，达99%以上，将硫回收装置尾气中所有未转化的气体回收到气化炉的第二阶段。

清洁的合成气经进一步加工，可改变合成气平衡以增加氢气产量。所需的氢气纯度标准通过标准变压吸附设计实现。下游制氢工艺单元捕获二氧化碳，然后将二氧化碳压缩，用于提高采收率或其他有益用途，或置于地质中储存。根据需要，通过热回收蒸汽发生器来实现蒸汽生产，以向主设施输出电力或蒸汽。

10.3.2　催化部分氧化

催化部分氧化(CPOX 或 CPOx)技术可提高重质原料合成气的生产效率。与蒸汽重整相比，该技术具有许多优点，尤其是具有更高的能效。事实上，反应是放热反应，而不是吸热反应，就像蒸汽重整一样。此外，通过该技术生产一氧化碳-氢气比率(CO/H_2)约等于 2.0，这是费托法和甲醇合成的理想比率。

10.3.3　蒸汽重整

虽然不是本章重点，但由于合成气制备技术很重要，蒸汽重整[也称为蒸汽甲烷重整(SMR)]还是需要介绍。蒸汽重整过程是将由甲烷和蒸汽组成的混合物经过预热，通过催化剂填充管，由于反应是吸热反应，因此必须提供热量以实现转化，热量由位于填充管附近的燃烧器提供。该工艺的产物是氢气、一氧化碳和二氧化碳的混合物。

为了使甲烷原料的转化率最大化，通常使用初级和次级重整装置。初级重整装置的甲烷转化率为 90%~92%。在这里，烃原料在镍-氧化铝催化剂上与蒸汽发生部分氧化反应，产生 H_2/CO 比为 3:1 的合成气。该部分反应在 900℃(1650℉)和 220~450psi 的压力下在燃烧管式炉中发生。未转化的甲烷在容器下部区域含有镍催化剂的二级自热重整器的顶部与氧气进行反应。

在初级重整器中使用镍基催化剂时，碳的沉积是一个严重的问题（Alstrup，1988；rostrup-Neilsen，1984，1993）。为了找到防止碳形成的方法，已经进行了大量研究。一种成功的技术是在进料气中控制蒸汽/碳的比值，使碳不能够形成。然而，这种方法工艺效率较低。另一种方法是利用硫钝化，这导致 SPARG(硫钝化重整)工艺的发展（Rostrup-Nielsen，1984；Udengaard，Bak-Hansen，Hanson，& Stal，1992）。SPARG 工艺的原理是：导致碳沉积的反应需要比蒸汽重整更多的相邻表面 Ni 原子，当表面原子中有一小部分被硫覆盖时，碳的沉积比蒸汽重整反应中的碳沉积受到更大的抑制。第三种方法是使用第八族金属，即不形成碳化物的金属，如铂(Pt)，但这些金属的成本高，不如镍那样经济。

蒸汽重整发展的一个主要挑战是其需要大量能量，因为这些反应具有较高的吸热性。因此，发展趋向于追求更高的能源效率。而催化剂和材料设备需要适应较低的蒸汽/碳比和较高的热通量。

10.3.4 自热重整

在自热重整(ATR)过程中，有机原料、蒸汽和二氧化碳直接与重整装置中的氧气和空气混合。重整装置包括可装有催化剂的耐火衬里容器，以及位于容器顶部的喷射器。这种类型的重整装置由三个区组成：①原料流在湍流扩散火焰中混合的燃烧器；②POX 反应产生一氧化碳和氢混合物的燃烧区；③气体离开燃烧区达到热力学平衡的催化区。

POX 反应发生在反应器燃烧区。在该区域中形成的混合物流经催化剂床层发生重整反应。重整区利用 POX 反应在燃烧区产生的热量，使 ATR 过程在理想情况下表现出良好的热平衡。该工艺还提供了相对灵活的操作，如较短的启动周期和快速的负荷变化，以及取决于所使用的原料的无烟操作的可能性。

10.3.5 联合重整

联合重整是蒸汽重整和自热重整的结合。在这种构造中，原料在第一阶段中仅在温和条件下在相对小的蒸汽重整器中部分转化为合成气。然后将来自蒸汽重整器的废气送至氧燃烧的二级反应器，即自热重整反应器，其中气流中的烃通过 POX 转化为合成气，随后进行蒸汽重整。也可以将原料分成两股料流，然后将它们平行输送到蒸汽重整和自热反应器中。

10.4 产出产品

合成气方法可以产生一系列气体，包括一氧化碳和氢气混合物、高纯氢气、高纯一氧化碳和高纯二氧化碳。

如果氢气是精炼操作所需的产物（Speight，2014；Sutikno& Turini，2012；Wolff，2007），通过将所有一氧化碳转化为二氧化碳，一氧化碳/氢气比可以接近无穷大。但这一比率不能调整为零（即100%氢，体积分数），因为水总是与氢一起产生的。根据不同气化工艺产生的氢和一氧化碳，一个普遍的经验法则如下表：

气化工艺	H_2/CO 比率
蒸汽重整	3.0~5.0
蒸汽重整加氧气二次重整	2.5~4.0
自热重整（ATR）	1.6~2.65
部分氧化（POX）	1.6~1.9

在实践中，这些选择并不局限于所示范围。相反，如果对过程进行调节，例如蒸汽调节或包括变换转化器以实现接近平衡的水-气变换，则可以得到更大的氢/一氧化碳比。

10.4.1 气体净化和质量

如果需要从氢气或一氧化碳的纯度超过99.5%（体积分数）。主要工艺技术是：

① 低温加甲烷化：该方法采用低温工艺，一氧化碳在一个或多个步骤中液化，生产纯度为98%（体积分数）的氢。浓缩的一氧化碳通常含有甲烷，蒸馏后得到纯一氧化碳和一氧化碳与甲烷的混合流。混合的一氧化碳和甲烷流可用作燃料。氢气流被输送到变换转化器，其中所有剩余的一氧化碳被转化为二氧化碳和氢气。通过甲烷化除去另外的一氧化碳或二氧化碳，所得氢气纯度高达99.7%（体积分数）。

② 低温加变压吸附：该方法利用一氧化碳的连续液化法生产纯度为98%（体积分数）的氢气。经过蒸馏一氧化碳流以除去甲烷，直到得到纯净的一氧化碳。根据所需的氢气纯度，通过多次变压吸附循环对氢气流进行精制，直到氢气纯度高达99.999%（体积分数）。

③ 甲烷洗涤低温工艺：在该工艺中，液态一氧化碳被吸收到液态甲烷流

214

中，所得氢气流包含微量一氧化碳和5%~8%(体积分数)甲烷。因此，该工艺产生的氢纯度仅为95%(体积分数)。液态一氧化碳/甲烷流可以通过蒸馏产生纯一氧化碳，以及一氧化碳甲烷混合气，可用作燃料气体。

④ 一氧化碳吸附(COsorb)工艺：该方法利用甲苯中的铜离子(氯化亚铜、氯化铝、CuAlCl₄)与一氧化碳形成化学配合物，从而将其与产物气体蒸汽分离。该方法可以捕获96%(体积分数)的一氧化碳，经精制得到纯度>99%(体积分数)的一氧化碳。水、硫化氢和其他可毒害铜催化剂的微量成分必须在将产品气体引入反应器之前去除。氢纯度仅为97%(体积分数)。随着原料气中一氧化碳含量的降低，低温分离效率降低，而COsorb工艺是处理低一氧化碳原料气的一种非常有效的工艺。

10.4.2　工艺优化

工艺优化包括开发技术，促进炼油厂生产的所有烃原料以及煤和生物质进行成本效益高的气化。因此，使用高压进料系统和开发将混合物共同进料到高压气化炉的技术是必要的选择。此外，还必须注意使用炼油厂气化器处理废物、减少炼油厂占地面积和生产适销对路的产品。

10.5　结论和未来趋势

21世纪最紧迫的挑战之一是找到满足国家和全球能源需求的方法。炼油厂可以帮助应对这一挑战，同时通过气化过程产生更多的经济价值。然而，在将重质原料转化为增值产品(例如液体燃料)的过程中，气化反应不是唯一手段。但在炼油厂增设气化装置具有明显的益处(Speight，2011a)，例如：①用于炼油厂使用或销售的动力、蒸汽、氧气和氮气的生产(炼油厂通常将渣油和废物或残渣转化成沥青，这些产品的经济价值低，而气化技术将这些废物转化为有价值的商品，如电力、蒸汽、氧气、氢气和氮气，用于日常炼油作业)；②提高发电效率，改善空气排放，减少废物流量，减少焚毁石油焦、渣油的燃烧反应；③为各种炼油厂操作提供高纯度氢气的可能，如通过加氢处理和加氢裂化工艺去除杂质。

10.5.1　渣油的其他用途

渣油(重质原料、塔底产物、烃原料)可被输送到其他转化单元或掺合到重质工业燃料、沥青或两者的组合。重质原料的经济价值一般较低，且其价值往往低于原始原油。因此，为了扩大生产和提高产量，对重质原料的升级需要额外的精馏处理。传统上，这会自动要求增加常压蒸馏和/或减压蒸馏单元作为起点。然而，为了使重质原油的价值最大化，有一些处理减压或常压渣油的替代处理方案。

10.5.2 未来炼油厂的气化

氢气管理已成为当前和今后炼油厂业务的优先事项，因为更多加氢处理工艺以及对重硫和高硫原油加工使得对氢气的消耗持续增加。许多情况下，氢气的利用限制了炼油厂的生产量和经营利润。目前，氢气的主要来源是炼油厂废气和天然气的 SMR，这是一种效率低、成本高的工艺。

随着炼油厂的不断发展，各种原料很可能来自气化精炼厂，这些炼油厂能够提供传统的精制产品(图 10.1)，同时满足更严格的规格，以及使用石化中间体，如烯烃、芳烃、氢气和甲醇(图 10.2)(Breault，2010；Penrose，Wallace，Kasbaum，Anderson，& Preston，1999；Phillips & Liu，2002；Speight，2011a，2011b)。此外，整体煤气化联合循环(IGCC)除了可用于生产合成气外，还可用于(如真空渣油和裂解渣油)提高功率，IGCC 的一个主要优点是可以利用任何液体或固体进料进行发电，并且硫氧化物(SO_x)和氮氧化物(NO_x)排放最低。事实上，炼油工业的未来将主要取决于生产高质量产品的工艺。因此，未来的炼油厂将有一个专门用于将煤和生物质转化为费托烃的气化部分，甚至可以将富含油页岩添加到气化器原料中。许多炼油厂已经拥有气化能力，但是在接下来的二三十年间，这一趋势将会上升，几乎所有的炼油厂都认识到，需要建造一个气化段来处理残渣和其他各种原料。生物质、煤中的液体和油页岩中的液体将变得越来越重要，这些原料很可能被送到炼油厂

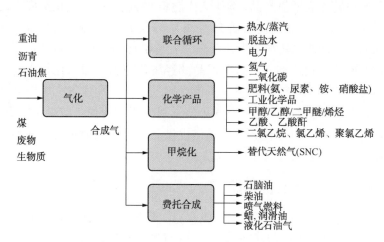

图 10.2　炼油厂气化过程中潜在的原料和产品

或在遥远的地方加工，然后与炼油厂原料混合。但这种原料必须与炼油原料相容且不造成污染，而污染可能导致加工甚至炼油厂停产（Speight，2011a，2011b）。

今后，还将通过过程计算机控制，优化过程单元和炼油厂经济和操作的计算机模型，并将其集成到工厂操作中。用于发电的替代燃料将继续推动原油加工转向更高价值的产品，如运输燃料和化学品。运输到炼油厂不经济的重质原油和焦油砂沥青将在其来源处进行部分精炼，以便于运输，在回收作业期间将重新强调就地部分或全部升级（Speight，2009，2014）。此外，替代能源可能会越来越多，从而产生了替代能源系统的概念，在这种系统中，石油炼制将与从其他能源生产能源结合在一起。（Szklo & Schaeffer，2005）

因此，炼油厂的灵活性将是一个关键目标，特别是在增加使用可再生能源方面。作为能源生产的平等伙伴，该行业可以通过将气化技术作为能源生产的平等伙伴纳入炼油厂系统，从而开始努力实现这种灵活性。总之，气化是唯一使炼油厂达到零渣油目标的技术，相反，转化技术，如热裂化、焦化、催化裂化、脱沥青和加氢处理，只能减少塔底物料的体积，残留物品质一般随转化程度而变差。气化工艺的灵活性使炼油厂可以处理任何类型的炼油厂残渣，包括石油焦和罐底以及炼油厂污泥，同时产生一系列基于合成气化学的增值产品，如电力、蒸汽、氢气和各种化学品。气化工艺的环境性能无与伦比，没有其他处理低价值炼油厂残渣的技术能够接近气化产生的排放水平。

参 考 文 献

Alstrup, I. (1988). New model explaining carbon filament growth on nickel, iron, and Ni-Cu alloy catalysts. Journal of Catalysis, 109(2), 241-251.

Ancheyta, J., & Speight, J. G. (2007). Hydroprocessing of heavy oils and residua. Boca Raton, Florida: CRC Press, Taylor & Francis Group.

Bernetti, A., De Franchis, M., Moretta, J. C., & Shah, P. M. (2000). Solvent deasphalting and gasification: A synergy. Petroleum Technology Quarterly, Q4, 1 - 7. Also: www. digitalrefining. com/article/1000690.

Breault, R. W. (2010). Gasification processes old and new: A basic review of the major technologies. Energies, 3, 216-240.

Campbell, W. M. (1997). In R. A. Meyers(Ed.), Handbook of petroleum refining processes(2nd ed.). New York: McGraw-Hill, Chapter 6. 1.

Dickenson, R. L., Biasca, F. E., Schulman, B. L., & Johnson, H. E. (1997). Refiner options for converting and utilizing heavy fuel oil. Hydrocarbon Processing, 76(2), 57.

Fleshman, J. D. (1997). In R. A. Meyers(Ed.), Handbook of petroleum refining processes(2nd ed.). New York: McGraw-Hill, Chapter 6. 2.

Furimsky, E. (1999). Gasification in petroleum refinery of 21st century. Revue Institut Franc, ais de Petrole, Oil & Gas Science and Technology, 54(5), 597–618.

Gary, J. G., Handwerk, G. E., & Kaiser, M. J. (2007). Petroleum refining: Technology and economics(5th ed.). Boca Raton, Florida: CRC Press, Taylor & Francis Group.

Goldhammer, B. P., Blume, A. M., & Yeung, T. W. (2008). Gasification/IGCC to improve refinery operations. Gas, 1–8. Also: www. digitalrefining. com/article/1000647.

Gray, D., & Tomlinson, G. (2000). Opportunities for petroleum coke gasification under tighter sulfur limits for transportation fuels. In Proceedings of the 2000 gasification technologies conference, San Francisco, California, October 8–11.

Gross, M., & Wolff, J. (2000). Gasification of residue as a source of hydrogen for the refining industry in India. In Proceedings of the 2000 gasification technologies conference, San Francisco, California, October 8–11.

Gunardson, H. H., & Abrardo, J. M. (1999). Produce CO–rich synthesis gas. Hydrocarbon Processing, 78(4), 87–93.

Hsu, C. S., & Robinson, P. R. (Eds.), (2006). Practical advances in petroleum processing (Vols. 1 and 2). New York: Springer Science.

Liebner, W. (2000). Gasification by non–catalytic partial oxidation of refinery residues. In A. G. Lucas(Ed.), Modern petroleum technology. Hoboken, New Jersey: John Wiley & Sons.

Patel, S. S. (1982). Proceedings of the 4th industrial energy technology conference, Houston, Texas, April 4–7.

Penrose, C. F., Wallace, P. S., Kasbaum, J. L., Anderson, M. K., & Preston, W. E. (1999). Enhancing refinery profitability by gasification. In Proceedings of the gasification technologies conference, San Francisco, California, October 2–5.

Phillips, G., & Liu, F. (2002). Advances in residue upgrading technologies offer refiners costeffective options for zero fuel oil production. In Proceedings of the 2002 European refining technology conference, Paris, France, November.

Rostrup–Neilsen, J. R. (1984). Sulfur–passivated nickel catalysts for carbon–free steam reforming of methane. Journal of Catalysis, 85, 31–43.

Rostrup–Neilsen, J. R. (1993). Production of synthesis gas. Catalysis Today, 19, 305–324.

Speight, J. G. (2000). The desulfurization of heavy oils and residua(2nd ed.). New York: Marcel Dekker Inc.

Speight, J. G. (2007). Natural gas: A basic handbook. Houston, Texas: GPC Books, Gulf Publishing Company.

Speight, J. G. (2008). Synthetic fuels handbook: Properties, processes, and performance. New York: McGraw–Hill.

Speight, J. G. (2009). Enhanced recovery methods for heavy oil and tar sands. Houston, Texas: Gulf Publishing Company.

Speight, J. G. (2011a). The refinery of the future. Oxford, United Kingdom: Gulf Professional

Publishing, Elsevier.

Speight, J. G. (Ed.) (2011b). The biofuels handbook. London, United Kingdom: The Royal Society of Chemistry.

Speight, J. G. (2013a). Oil sand production processes. Oxford, United Kingdom: Gulf Professional Publishing, Elsevier.

Speight, J. G. (2013b). Heavy oil production processes. Oxford, United Kingdom: Gulf Professional Publishing, Elsevier.

Speight, J. G. (2013c). The chemistry and technology of coal (3rd ed.). Boca Raton, Florida: CRC Press, Taylor and Francis Group.

Speight, J. G. (2013d). Coal-fired power generation handbook. Salem, Massachusetts: Scrivener Publishing.

Speight, J. G. (2014). The chemistry and technology of petroleum (5th ed.). Boca Raton, Florida: CRC Press, Taylor and Francis Group.

Speight, J. G., & Ozum, B. (2002). Petroleum refining processes. New York: Marcel Dekker Inc.

Sutikno, T., & Turini, K. (2012). Gasifying coke to produce hydrogen in refineries. Petroleum Technology Quarterly, Q3, 1-4. Also: www. digitalrefining. com/article/1000550.

Szklo, A., & Schaeffer, R. (2005). Alternative energy sources or integrated alternative energy systems? Oil as a modern lance of Peleus for the energy transition. Energy, 31, 2513-2522.

Udengaard, N. R., Bak-Hansen, J. H., Hanson, D. C., & Stal, J. A. (1992). Sulfur passivated reforming process lowers syngas H2/CO ratio. Oil & Gas Journal, 90(10), 62.

Wolff, J. (2007). Gasification technologies for hydrogen manufacturing. Petroleum Technology Quarterly, Q2, 1-8. Also: www. digitalrefining. com/article/1000670.

Wolff, J., & Vliegenhart, E. (2011). Gasification of heavy ends. Petroleum Technology Quarterly, Q2, 1-5. Also: www. digitalrefining. com/article/10003988.

第 11 章 生物质气化用于合成液体燃料的生产

H. Yang，H. Chen

（State Key Laboratory of Coal Combustion，Huazhong University of Science and Technology，Wuhan，PR China）

11.1 前言

生物质是以化学能形式储存阳光的有机物质，具有产量高、污染排放低、碳中和、可用性广等优点。生物质主要含有碳、氢、氧以及微量的氮和硫，利用化石燃料转化技术可以将生物质转化为燃料和化学品。然而，生物质不同于煤等化石燃料，因为它具有高水分和挥发分、低碳含量、高氧含量和较低的热值，还含有钠、钾(碱)和氯。因此，生物质的热化学转化行为与煤和其他化石燃料的热化学转化行为有很大的不同。因此，有必要充分了解生物质转化的特性和机理。

气化是指在空气、氧气、蒸汽或其混合物等气化介质中加热生物质，将生物质转化为气态燃料。与燃烧不同的是，气化将生物质中碳的固有化学能转化为可燃气体。生物质气化过程中，生物质原料被迅速加热和脱除，形成焦油、永久气体和固体焦炭，焦油和固体焦炭经过裂解、氧化和还原形成气体产物作为最终产品。这些产品主要由一氧化碳、二氧化碳、甲烷、氢气、水蒸气和一些称为合成气的轻质烃组成，可用于为燃气发动机和燃气轮机提供动力或用作化学原料以生产高级燃料，例如液体燃料、氢气和含碳化学品。

气化是一个复杂的过程。它受反应器结构、操作条件、气化剂、生物质性质等诸多因素的影响。当空气作为气化剂时，煤气产品的热值很低，只有 $3 \sim 4 MJ/m^3$，而在纯氧条件下，其热值增加到 $10 MJ/m^3$ 以上。此外，煤气中含有较多的 H_2 和烃类，水蒸气的热值为 $13 \sim 20 MJ/m^3$。此外，高温和较长的停留时间可能有利于更多的 H_2。

气化过程中发生的基本反应主要是生物质的热裂解，主要包括完全反应和部分反应、水煤气变换反应和甲烷化反应。较高的温度有利于焦炭气化和水煤气变换反应，生成更多的 H_2 和 CO。

在理想的气化系统中，气体产物中不应含有过量的焦油、氮和甲烷，气体产率应在 80% 以上。虽然近年来生物质气化技术取得了显著进展，但气体产率低、焦油含量高仍是制约生物质气化广泛应用的两大瓶颈。主要问题可能是由于碳转化率低和焦油含量高。已经注意到，增加焦炭转化提高了效率，而提高焦油转化提高了天然气的利用率。

焦油的去除一直是生物质气化发展中最重要的技术课题之一。焦油是在生物质热解过程中形成的，经历裂解、冷凝、重整等过程。当温度从 400℃ 升高到 900℃ 以上，焦油由混合含氧化合物变为较大的多环芳烃（PAH）。较高的温度有利于焦油裂解，但裂解效率有限。催化裂化是焦油裂解的普遍而有效的选择。三类不同的催化剂材料已成为研究生物质气化的研究课题，它们是白云石催化剂、碱金属和碱土金属催化剂、镍催化剂。镍基催化剂对焦油裂解具有良好的催化效果，特别是对富氢气体的催化效果较好。

目前，人们发明了许多新技术来降低焦油含量，提高合成气质量，而生物质分级气化是最有希望的技术之一。在分级气化过程中，生物质在 500℃ 热解为有机蒸气和固体炭；热解后，挥发性物质在 800~1000℃ 下催化重整，而炭燃烧以提供热解热。由于有机化合物含有较多的氧，极易裂解，合成气中焦油含量较低。由于生物质焦炭具有孔隙率高、碱含量高的特点，因此也可作为催化剂使用，在蒸汽气化过程中，有机蒸气通过煤焦床转化，与煤焦水转移相结合。研究表明，焦炭是一种非常有效的催化剂。一台三级流化气化炉的冷气化效率可达 82%，碳转化率可达 97%。

由于 H_2 纯度较高，生物质吸附增强蒸汽气化是一种新型的一步法转化技术，正在开发中。二氧化碳吸附剂（CaO 等）被引入生物质蒸汽气化过程中，然后不断地将气化过程中形成的二氧化碳从原位移出。Ca-Ni 配合物由于具有较高的 CO_2 捕获和焦油裂解特性，使得 H_2 的纯度更高，因而引起了人们的极大兴趣。合成气中可以得到 80%（体积分数）的 H_2。此外，一些金属氧化物参与了生物质蒸汽气化的化学循环。

利用数学和计算模型，可以方便地以较低的经济成本来说明预期的结果，并且这种模型支持了与生物质气化有关的广泛研究。数学建模可分为三部分：平衡、动力学和神经网络都可能在生物质气化的发展过程中发挥关键作用。

生物质气化具有独特的优势，但在合成气的发展过程中，仍然存在着颗粒、碳氢化合物、碱类化合物等问题。

11.2 生物质资源特性

11.2.1 背景

世界目前的能源需求主要由石油、煤炭和天然气等化石燃料来满足，据估计，这些燃料占世界能源消耗的 80%（Fernando，Adhikari，Chandrapal，& Murali，2006；Xiao，Meng，Le，& Takarada，2011）。燃料成本的增加、有限的燃料来源以及诸如全球变暖和酸雨等环境问题，都是由于使用化石燃料引起的问题。这些危机促使人类寻找可再生能源，以满足日益增长的能源需求。在可再生能源中，生物质是唯——种不仅能产生热和电，而且能产生燃料的能源。2009 年，基于生物质的能源约占世界初级能源供应总量的 10%。这些生物质能大部分在发展中国家消耗，通过效率非常低的明火或简单的炉灶进行烹饪和取暖，对健康（烟雾污染）和环境（毁林）有相当大的影响。另一方面，现代生物质能源供应相对较少，但在过去十年中使用一直稳步增长。2010，全球共生产了 280TW·h 的生物能源电力，占世界发电量的 1.5%，工业部门使用了 8EJ 的生物质能源热能（Xiao et al.，2011）。

11.2.2 生物质资源来源

生物质是通过光合作用获得的植物材料，通过空气、水和阳光中的二氧化碳反应产生碳水化合物，形成生物质的组成部分。

驱动光合作用的太阳能储存在生物质结构成分的化学键中（Peter，2002），生物质是用来描述所有生物产生物质的术语。生物质资源包括木材和木材废物、农作物及其废物副产品、城市固体废物、动物废物、食品加工废物以及水生植物和藻类。平均而言，大部分生物质能来自木材和木材废物（64%），其次是生活垃圾（24%）、农业废物（5%）和填埋气体（5%）（Demirbas，2000）。

11.2.3 生物质材料的性质

生物质可以用于燃料、电力生产和原本由化石燃料制成的产品，而且它还有一系列优点：生物质能的利用有可能大大减少温室气体排放；生物质释放的二氧化碳在很大程度上被其形成过程中捕获的二氧化碳所平衡；燃烧生物质产生的硫比燃烧煤少 90%；生物质的使用可以减少对外国石油的依赖，因为生物燃料是唯一可以作为液体运输的可再生燃料（Demirbas，2001）。然而，与煤相比，生物质也有一些缺点。

表 11.1 显示了煤和生物质的固定碳含量、挥发物、水分含量、热值和堆积密度的比较。可以看出，煤具有较高的堆积密度、较高的热值和较低的水分含量。与煤粉燃料相比，生物质比煤具有更多的挥发性、更多的水分和更低的热值。一般而言，生物质能密度约为石油或优质煤等化石燃料的十分之一。在煤中，挥发分与固定碳含量的比值很低，总是小于1。然而，在生物质中，这个比例高达4。这种挥发-固定碳比描述了燃料挥发的容易程度，并影响后续的系统和产品。高挥发性被认为是生物质的优点，并允许燃料在高功率输出时燃烧（Demirbas，2004）。

表 11.1 生物质资源的组分分析和元素分析

| | 组分分析/% | | | | 元素分析/% | | | | |
	M_{ad}	V_{ad}	A_{ad}	FC_{ad}	C	H	N	S	O_a
棉杆	5.10	72.98	3.09	16.73	45.22	6.34	1.15	0.34	46.94
玉米杆	5.02	70.17	8.25	16.56	42.68	6.21	1.22	0.32	49.57
油菜秸	5.49	74.32	6.27	13.93	44.87	6.60	0.82	0.20	47.51
小麦秸	4.38	68.52	12.91	14.20	40.36	5.95	0.55	0.27	52.87
稻草	5.04	82.12	7.74	5.10	37.52	5.92	0.86	0.14	42.78
烟草	3.64	68.52	21.7	6.14	36.10	4.85	2.64	0.77	55.63
松木	15.30	70.40	0.20	14.19	51.01	6.00	0.10	0.02	42.90
杨木	6.80	79.70	1.30	12.20	41.39	5.27	0.25	0.27	39.13
竹子	4.60	72.83	0.73	21.70	48.37	6.11	0.27	0.08	45.17
稻壳	6.33	60.35	16.75	16.57	48.61	5.45	0.45	0.13	55.36
花生壳	9.13	56.62	1.52	31.86	60.53	7.12	1.92	0.35	30.08
煤	2.29	30.65	28.07	36.84	56.72	2.76	1.05	0.53	2.00

固体燃料的 O/C 比和 H/C 比之间的差异可以使用范凯罗（Van Krevelen）图来说明，如图 11.1 所示。生物质中无灰有机成分的组成较为均匀。主要成分是碳、氧和氢。大多数生物质还含有少量的氮。生物质与煤的比较清楚地表明，生物质中氧和氢的比例较高。因此，较高的氧和氢含量降低了生物质作为燃料的能源价值，因为碳氧键和碳氢键所含能量低于碳-碳键。

研究表明，煤和生物质的矿物组成对与这些燃料有关的加工、应用以及环境和技术问题有很大影响。就生物量而言，植物间矿物含量的差异可能相当大，因为这取决于遗传和环境因素以及作物之间的生理和形态差异。表

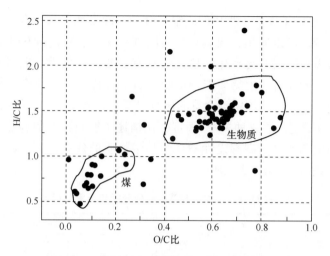

图 11.1　生物质与煤的氢碳比和氧碳比关系

11.2 给出了典型生物质和煤样品的灰分组成。结果表明，生物质和煤的灰分组成不同。生物质灰主要由 K、Na、Mg、Al、Ca 和 P 的氧化物、硅酸盐和氯化物的形式组成，而粉煤灰主要由 Al 和 Si 的氧化物形式组成。生物质产生的灰分也含有较高的碱金属含量，这会导致气化炉和下游装置的腐蚀。

表 11.2　典型生物质的灰分组成

样品	Na₂O	MgO	Al₂O₃	SiO₂	P₂O₅	SO₃	K₂O	CaO	Fe₂O₃	Cl
玉米秆	0.68	3.55	1.75	40.97	5.81	3.74	25.14	6.48	0.59	11.15
麦秸	1.13	0.96	1.51	53.76	2.75	3.71	21.33	4.20	0.59	10.09
稻草	0.96	2.33	0.91	51.99	2.49	6.50	17.81	7.68	0.84	7.09
杨木	0.74	4.14	6.85	26.83	7.03	5.52	8.21	34.8	3.76	1.49
棉秆	2.43	6.40	5.82	18.21	7.14	9.45	17.07	26.09	3.8	2.76
油菜秸秆	1.06	0.38	0.21	4.05	2.69	21.23	35.40	25.70	0.71	8.22
烟草秸秆	0.38	5.88	–	0.12	4.05	7.96	21.20	31.36	0.08	28.16
茎										
松木	12.84	5.56	6.50	16.47	2.42	7.64	7.76	24.89	4.57	8.77
竹子	–	4.48	–	19.22	6.36	8.18	49.22	6.02	3.13	1.06
大米	–	0.84	1.06	87.47	0.81	1.30	3.02	1.64	2.38	0.52
皮										
花生壳	0.20	4.76	8.21	23.11	8.20	10.63	25.69	11.07	6.07	1.09
煤	–	–	29.7	50.4	1.1	–	3.6	1.9	7.9	–

11.3　生物质气化

生物质气化是将碳质生物质转化为气体产物的重要热化学过程。与传统的煤气化相比，由于生物质的基本性质，生物质气化温度较低（900℃）。生物质中挥发分含量高，一些内在的催化金属（如钾、钙）也会增加其反应活性。此外，生物质对温室气体净排放量没有贡献，其低硫和低氮含量使其成为替代化石燃料的一种更绿色和更清洁的选择。

气化产物合成气主要含有 H_2、CO、CO_2、CH_4 和一些 C_2 烃。合成气的不同用途显示了生物质气化的灵活性，因此可以与各种工业路线相结合，例如用于发电的燃气发动机、费托（FT）合成二甲醚、甲醇、含碳化学品、甲烷、替代气体、H_2 和气体燃料（Delgado，Aznar，& Corella，1997）。

生物质气化涉及一系列复杂的化学反应，如图 11.2 所示。了解生物质气化反应的基本情况，对于气化装置的规划、设计、运行、故障排除和工艺改进具有重要意义。在典型的气化过程中，通常包含以下几个阶段：干燥、热解、焦炭和焦油气化。表 11.3 概述了气化过程中发生的详细反应。

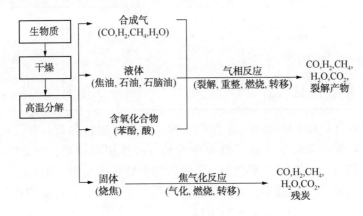

图 11.2　生物质气化过程的基本化学特性

表 11.3　生物质气化的主要化学反应

反　　应	$\Delta H_{298}/(kJ/mol)$	备注
热解		
生物质——焦+焦油+H_2O+轻质气体 （CO+H_2+CO_2+CH_4+C_2+…）	吸热	R1

反　应	$\Delta H_{298}/(\mathrm{kJ/mol})$	备注
焦燃烧		
$C+0.5O_2 \longrightarrow CO$	-111	R2
$C+O_2 \longrightarrow CO_2$	-394	R3
焦气化		
$C+CO_2 \longrightarrow 2CO$	172	R4
$C+H_2O \longrightarrow CO+H_2$	131	R5
$C+2H_2 \longrightarrow CH_4$	-75	R6
均相挥发氧化		
$CO+0.5O_2 \longrightarrow CO_2$	-254	R7
$H_2+0.5O_2 \longrightarrow H_2O$	-242	R8
$CH_4+2O_2 \longrightarrow CO_2+2H_2O$	-283	R9
$CO+H_2O \longrightarrow CO_2+H_2$	-41	R10
$CO+3H_2 \longrightarrow CH_4+H_2O$	-88	R11
焦油反应		
$C_nH_m+(n/2)O_2 \longrightarrow nCO+(m/2)H_2$		R12
$C_nH_m+nH_2O \longrightarrow nCO+(m/2+n)H_2$	吸热	R13
$C_nH_m \longrightarrow (m/4)CH_4+(n-m/4)C$		R14
$C_nH_m+(2n-m)H_2 \longrightarrow nCH_4$		R15

生物质材料在 $100 \sim 200℃$ 下预热干燥，然后再进行热解。在气化的初始阶段，通过热解部分地去除了进料中的碳，温度相对较低，为 $200 \sim 700℃$，不使用气化剂。在热解过程中，一部分生物质转化为可凝结的烃类焦油、气体和固体焦炭（R1）。随后，在气化炉内发生一系列反应，包括均相气相反应和非均质气固煤焦气化反应（R2～R14）。焦炭经历了部分燃烧（R2）和完全燃烧（R3），以及水煤气反应（R5）和加氢气化（R6），这涉及到向碳中添加氢，以生产氢碳比更高的燃料（H/C）。在所有反应中，R3 释放的能量最多。在气相气化反应中，挥发分经过氧化（R7～R9）、蒸汽重整（R13）和裂解（R14）。水煤气转换（WGS）反应（R10）非常重要，因为它在生产氢气中起着重要的作用（Matsumura et al.，2005）。甲烷化反应（R11）总是在没有任何催化剂的情况下进行。R10 和 R11 两者都可以在任一方向上进行，这取决于反应物质的温度、压力和浓度。综上所述，气化产物气体主要由 H_2、CO_2、CO、CH_4 和水蒸气组成。

11.4 生物质气化特性

11.4.1 原料特性的影响

11.4.1.1 生物质类型

不同的生物质具有不同的物理和化学特性，如粒径和含水率，都会影响气化行为。Van Der Drift、Van Doorn 和 Vermeulen（2001）研究了 10 种生物质原料在循环流化床（CFB）中 850℃空气中的气化行为，如图 11.3 所示。结果表明，主要可燃气体为 CO（10%）和 H_2（8%），还有微量甲烷和乙烷（3% ~ 4%，体积分数）。气体产品的高热值（HHV）较低，约为 5MJ/m³。不同生物质的气化具有不同的燃料气体特性。气体燃料的 HHV 随着生物质中水、灰分含量的增加而显著降低。对于图 11.3 中的样品 7 和 8，其结果可能是由于一些挥发物被生物分解除去，并且由于灰分和水分含量很高。

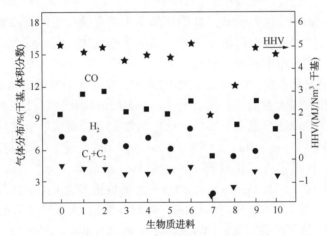

图 11.3　循环流化床气化器中不同生物质材料气化产生的合成气分布

0—柳树；1—拆除；2—公园木材；3—木片板材料；4—边缘草；5—拆除木屑残渣污泥；

6—拆除木屑污泥；7—木质过量部分；8—公园木材；9—栏杆；10—可可壳

（Van Der Drift et al.，2001）

Herguo、Corella 和 Gonzalez-Saiz（1992）研究了四种不同生物质类型的蒸汽气化行为。他们发现，锯木屑和秸秆气化所产生的天然气产量远远高于薯片和蓟。较高的产量可能是由于木屑和稻草中挥发性含量较高所致。然而，他们还指出，每个生物质颗粒的不同尺寸和形状也是一个令人关切的问题。从锯末颗粒中提取的炭具有较大的孔隙率和较小的粒径，固体锯末炭的气化反应活性要高得多。在气体分布方面，根据所使用的不同生物质不同而存在明显差异。木屑中 H_2 含量较高，而秸秆中 CO 含量较高，H_2 产量最低。然而，随着气化温度的升高，这一变化减小，如图 11.4 所示。

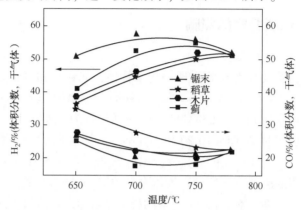

图 11.4 温度对气体中氢和一氧化碳浓度的影响(Herguido et al.，1992)

Gani 和 Naruse(2007)分析了纤维素和木质素含量对生物质热解和燃烧的影响。对于纤维素含量较高的生物质，热解速率较快；而木质素含量较高的生物质原料，热解速率较慢。因此，生物质中纤维素和木质素含量是评价热解特性的两个重要参数。Lv et al. (2010)发现，生物质中纤维素和木质素的含量对气化活性有很大影响。fushimi 和 Tsutsumi(2012)研究了纤维素和木质素的气化反应，发现纤维素容易转化，反应活性较高，而木质素在较低温度下很难转化。Wu、Wang、Huang 和 Williams(2013 年)发现，在没有蒸汽和催化剂的情况下，纤维素在气化过程中产生的氢气量最高，为 5.8mmol H_2/g 样品，而木质素仅产生 1.8mmol H_2/g 样品，并形成更多的 CH_4。此外，纤维素热解/气化产生的 CO 浓度最高(44.4%，体积分数)，而半纤维素的 CO_2 浓度最高(27.3%，体积分数)(Wu、Wang、Huang、&Williams，2013)。此外，还发现半纤维素气化产生了更多的焦油，表明半纤维素不会产生高质量的合成气(Fushimi&Tsutsumi，2012)。

11.4.1.2 粒度

粒度对气化操作和产物气体组成有很大影响。Lv 等(2004)选择了四种尺寸的生物质颗粒用于流化床气化炉(表 11.4)。研究发现，细颗粒有利于提高生物质热值和碳转化效率。由于气体的产率和组成与生物质颗粒的加热速率有关，高升温速率产生的气体较轻，焦炭和凝结水较少。较小的粒子具有较大的比表面积，因此它们的加热速率也更快。

228

表 11.4　颗粒大小对生物质气化特性的影响(Lv et al. , 2004)

性质	数据			
生物质颗粒尺寸/mm	0.6~0.9	0.45~0.6	0.3~0.45	0.2~0.3
平均尺寸/mm	0.75	0.53	0.38	0.25
气体收率/(Nm^3/kg 生物质)	1.53	1.93	2.37	2.57
LVH/(kJ/Nm^3)	6976	7937	8708	8737
碳转化率/%	77.62	84.4	90.60	95.10
蒸汽分解/%	32.34	42.55	52.67	56.45

　　然而，控制颗粒粒度费用昂贵且能量密集，因此要获得最佳生物质颗粒尺寸需要权衡各种因素。细而不规则的进料颗粒可能会阻碍气体在床上流动，导致碳转化率增加和压降增大，导致轴向温度分布不规则和"鼠洞"，或导致热解和燃烧区的通道化(Cummer & Brown，2002)。相反，燃料反应活性低，例如气化炉启动缓慢和气体质量差，可能是颗粒过大的问题。由于湍流度高，传热特性好，流化床气化炉倾向于使用较小尺寸的燃料颗粒。

11.4.1.3　水分含量

　　原料含水率高对热加工效率有负面影响，是气化过程中最耗能的部分。高水分燃料将导致更多的焦油生成和较低的气化温度。如图 11.5 所示，水分含量从 25.5% 下降到 9.5%，可导致碳转化率(CCE)增加 8.5%，冷气化率(CGE)增加 20.8%。在高湿度条件下，气体中的 H_2 和 CO 含量也往往较低，CO_2 含量较高(Kaewluan & Pipatmanomai，2011)。其他文献详细介绍了生物质含水量对焦油种类的影响(Ahrenfeldt、Egsgaard、Stelte、Thomsen、&Henriksen，2012)。加工湿燃料还会导致气化炉操作不稳定、启动时间较长和能耗较高。因此，风干或其他形式的预处理，如烘干，是一种有效去除多余水分的方法。

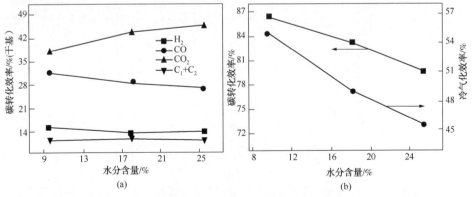

图 11.5　含水率对气体组成、碳转换效率(CCE)和冷气化效率(CGE)的影响

(Kaewluan & Pipatmanomai，2011)

11.4.2 气化参数

气化过程中存在一系列对气化效率至关重要的参数，因此应保持这些因素的最优值，以保证高质量的工艺性能。

11.4.2.1 气化温度

温度控制着生物质的裂解和转化，在气化过程中起着至关重要的作用。图11.6为锯末气化过程中不同温度下的气化特性（Chen，Li，Yang，Yang，& Zhang，2008）。较高的操作温度（>800℃）有利于提高产物气体中氢气含量和降低焦油含量（从 13.2g/m³ 降至 6.5g/m³）。同时，温度不仅影响焦油的数量，而且还通过改变气化过程中的化学反应影响焦油成分（Devi，Ptasinski，& Janssen，2003；Meng，De Jong，Fu，& Verkooijen，2011；Mayerhofer et al.，2012）。温度对焦油的影响详见焦油一节。随着温度的升高，碳转化率增加，热效率也随

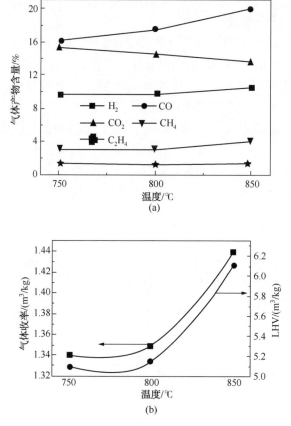

图 11.6 气化温度对气体组成、气体产率和 LHV 的影响

（Chen et al，2008）

之增加，但当生物质中 K、Cl 等无机物质含量较高时，随着温度的升高，可能会引起更严重的结垢和结渣问题。因此，最佳温度取决于转化率和应用条件。

11.4.2.2　气化剂

气化剂如氧气、空气、亚临界水、二氧化碳、混合气体超临界水，是生物质气化不可缺少的物质。气化反应的选择性因气化剂的不同而不同，从而影响产品气的组成和 LHV(Devi et al., 2003)。表 11.5 为不同原料时的气化过程气体产品特性(Gil, Corella, Aznar, & Caballero, 1999)。合成气的利用需要较高的氢含量和较高的热值，特别是在小型操作装置中，最好采用蒸汽介质。但是蒸汽也有其缺点，因为蒸汽的焦油含量较高(60~95g/kg，而空气中的焦油含量为 3.7~61.9g/kg)，因此需要下游净化。当使用空气或氧气介质时，用于驱动反应的大部分热量是由气化炉内部的部分氧化反应和放热燃烧反应产生的。空气作为生物质发电厂最实用的气化剂，由于其成本低、利用率高等优点而越来越受到人们的青睐。然而，由于氮气的稀释作用，产品气体的 LHV 相对较低。研究表明，产品气体的性能会随着气化剂的含量不同而变化，如 ER(Narvaez, Orio, Aznar, & Corella, 1996)、S/B 比率(Franco, Pinto, Gulyurtlu, & Cabrita, 2003; Pinto et al., 2003)，以及气化剂的比例(GR)(Aznar et al., 1997; Pinto et al., 2003)。

表 11.5　不同气化剂的气体产品性能(Gil et al., 1999)

	空气	(纯)蒸汽	蒸汽-O_2 混合物
操作条件			
ER	0.18~0.45	0	0.24~0.51
S/B(kg/kg，干重)	0.08~0.66	0.53~1.10	0.48~1.11
T/℃	780~830	750~780	785~830
气体组成			
H_2/%(体积分数，干基)	5.0~16.3	38~56	13.8~31.7
CO/%(体积分数，干基)	9.9~22.4	17~32	42.5~52.0
CO_2/%(体积分数，干基)	9.0~19.4	13~17	14.4~36.3
CH_4/%(体积分数，干基)	2.2~6.2	7~12	6.0~7.5
C_2H_n/%(体积分数，干基)	0.2~3.3	2.1~2.3	2.5~3.6
N_2/%(体积分数，干基)	41.6~61.6	0	0
蒸汽/%(体积分数，湿基)	11~34	52~60	38~61
收率			
焦油/(g/kg，干重)	3.7~61.9	60~95	2.2~46
焦/(g/kg，干重)		95~110	5~20
气体/(Nm³/kg，干重)	1.25~2.45	1.3~1.6	0.86~1.14
LHV/(MJ/Nm³)	3.7~8.4	12.2~13.8	10.3~13.5

11. 4. 2. 3　气化压力

压力也影响气化反应。如图 11.7 所示，Mayerhofer 研究了压力对气体组成和焦油含量的影响(Mayerhofer et al.，2012)。加压条件下 WGS 反应的增强使气体成分向较高的 CH_4 和 CO_2 含量转移，而 CO 含量下降。图 11.7(b) 表明，当压力从 0.1MPa 提高到 0.25MPa 时，总焦油含量增加。但也有报道称焦油含量呈相反趋势(Wolfesberger，Aigner，& Hofbauer，2009)。此外，高压下产生的合成气有利于下游高压装置，如涡轮机和费托合成。当需要额外的设备来确保超压气化条件的稳定性时，高压气化似乎不经济。其他操作条件，如流化床床层物质(Meng et al.，2011)和生物质加料速率(Lv et al.，2007)也影响气体分布和焦油形成。

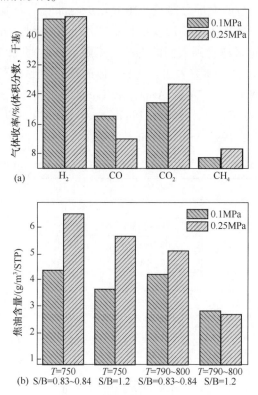

图 11.7　压力对产气量和焦油含量的影响(Mayerhofer et al.，2012)

11.5　生物质气化炉

气化炉是进行生物质气化的装置。气化炉模型可分为三种类型(如图 11.8

所示）：上升气流、下降气流和流化床。所有这些类型都有四个相同的反应区：干燥、热解、燃烧和还原。但是，在每种类型中，区域的分布是不同的。在典型的向上气流气化炉［图 11.8（a）］中，预热气化剂从底部进入反应器并向上流动，产生的气体从反应器顶部离开，在反应器顶部加入生物质。这种类型的气化炉对燃料的湿度更宽容，因为反流布置加强了传热。上升气流气化炉的缺点是焦油收率高，因为热解过程中形成的焦油部分被产品气体带走。

在下行气化炉中［图 11.8(b)］，反应区与上升气化炉的反应区不同。与上吸式气化炉相比，一些大分子焦油可在下行气化炉热裂解过程中分解，得到一种低焦油浓度的清洁气体产品，从而使下游设备受益。因此，下行气化炉有着广泛的应用，特别是小型发动机和供热设备。

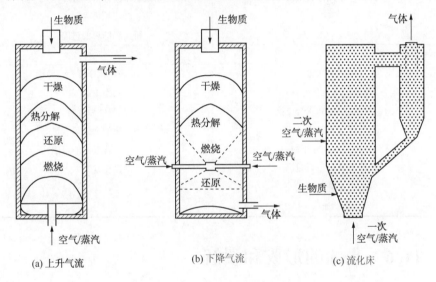

图 11.8　不同气化炉的结构原理图

在流化床气化器中，氧气或蒸汽在反应器的底部进入，携带已经减小到细颗粒尺寸的生物质向上通过加热的二氧化硅颗粒床。生物质在热床中分解，形成焦炭和气态产物。流化床气化炉可进一步分为鼓泡流化床和循环流化床［图 11.8(c)］。流化床一般在 800~1000℃ 的温度范围内运行，避免了灰的团聚和烧结，保证了高灰分燃料的安全运行。此外，较大的热量和充分的混合有利于不同的生物质进料率和组成的灵活性。

表 11.6 总结了不同类型气化炉的优缺点。气化炉在气化装置中起着至关重要的作用，它负责使合成气生产保持稳定。气化炉类型的选择取决于原料性质、反应条件、最终用途以及所需生产气体的量。

表 11.6　生物质气化反应器类型特性

优　点	缺　点
固定/移动床，上升气流	
设计简单可靠	焦油产量大
高碳转化率	潜在的通道、桥接和炉渣
气体中的粉尘水平低	
高热效率	进料尺寸小
	产量低
固定/移动床，下降气流	
简单廉价的工艺	进料尺寸最小
产品气中焦油含量低	进料中允许的灰分受限
	产能扩大受限
	桥接和结块的可能
流化床	
停留时间短	炭转化率低
可使用高灰分燃料	效率不高
优良的热交换和质量交换	产品气体温度高
进料速度和组成灵活	煤气中的焦油和细粉含量高
气化炉内温度分布均匀	粉煤灰中碳含量高的可能性
产品气中 CH_4 含量高	操作复杂
容量大	
能够加压	

11.6　焦油的形成和裂解

生物质气化应用的主要障碍之一是气体产物中存在焦油，会对下游设备造成严重问题。焦油在气化文献中有着广泛的定义。Li 和 Suzuki(2009)认为，焦油是有机气化产物的可冷凝馏分，主要由包括苯在内的芳香烃组成。Devi et al. (2003)将焦油描述为一种复杂的可凝碳氢化合物混合物，如单到多环芳香族化合物、其他含氧烃类以及复杂的多环芳烃。焦油的生成和裂解是生物质气化生产高品质气体燃料的关键。

11.6.1　焦油的形成机理

焦油的性质主要取决于焦油的组成，特别是焦油的重组分含量。焦油的成分非常复杂，在一个样品中可以检测到 200 多种。成分的多样性是由于焦油是由生物质热解过程中的挥发物形成的，挥发分的组成取决于温度。不同温度下获得的液体焦油的主要成分如图 11.9 所示。当温度低于 550℃ 时，挥发物由纤维素和半纤维素直接降解形成。因此，大多数得到的焦油由低相对分子质量和含氧化合物形成，例如酸、酯、酮、呋喃、环戊烯、愈创木酚和酚。这种焦油容易进行进一步的重整。随着温度升高到 650℃，复杂的酚类取代了这些低相对分子质量和含氧的化合物（Herna 8 1ndez, Ballesteros, & Aranda, 2013；Zheng, Zhu, Guo, & Zhu, 2006）。然而，在挥发物的二级反应中，含氧官能团的消除反应产生了一些含有苯、萘、联苯、苯并呋喃和苯甲醛的芳香化合物。在 650℃ 以上，由于大量多环芳烃的产生，焦油成分中的相对分子质量和芳香环的数量明显增加。在 750℃ 下得到的焦油中虽然观察到了复杂的酚类物质，但复合酚的重组分含量较低，而且分枝结构也不复杂；当温度上升到 950℃ 时，脱氢缩合反应产生了一些具有三个以上芳环的多环芳烃，例如苊、苯并苊、荧蒽和芘，它们是称为"烟灰"的颗粒物质的前体（Chen, Yang, Wang, Zhang, & Chen, 2012；Qin, Feng, & Li, 2010），这种焦油的热稳定性非常高，难以裂化和除去。

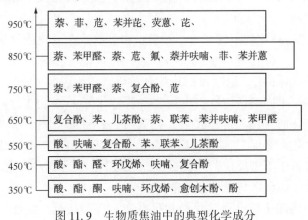

图 11.9　生物质焦油中的典型化学成分

（Chen et al. , 2012；Devi, Ptasinski, & Janssen, 2003）

11.6.2　焦油裂解

焦油脱除是气化技术所要克服的最大技术挑战之一（Minlne & Evans, 1998；Li & Suzuki, 2009）。焦油裂解技术可分为热裂解和催化裂解两种基本方法。前一种方法被认为不是可行的选择，因为它需要高于 1100℃ 的温度才能达到较高的净化效率，而且还会产生烟尘。

与高温热裂化相比，催化裂化是高效的。生物质转化中使用的催化剂可分为三类：它们是白云石催化剂、碱金属和碱土金属催化剂以及镍基催化剂。

11.6.2.1 白云石催化剂

白云石是具有通式 $MgCO_3 \cdot CaCO_3$ 的镁矿石。白云石作为生物质气化催化剂的应用引起了广泛关注（Xu，Donald，Byambajav，& Ohtsuka，2010）。白云石的化学成分各不相同，但通常含有30%（质量分数）的 CaO、21%（质量分数）的 MgO、45%（质量分数）的 CO_2。白云石中还含有 SiO_2、Fe_2O_3 和 Al_2O_3 等微量矿物。Ori'o，Corella 和 Narva'ez（1997）研究了来自不同地方的四种白云石在下游催化反应器中进行木材的氧气蒸汽气化，它们的催化活性是不同的。

Delgado et al.（1997）研究了北白云石与方解石（CaO）和菱镁矿（MgO）在生物质焦油蒸汽重整中的应用。他们研究了催化剂的温度、接触时间和粒径对焦油转化率的影响，发现焦油转化率随催化剂床层温度的升高而增加，840℃时达到完全消除。Vassilatos、Taralas、Sjostrom 和 Bjornbom（1992）也研究了温度、催化剂接触时间和汽碳比的影响，发现较高的温度导致气体产量增加。气体与催化剂接触时间的增加导致了对气体中焦油的破坏增加，最高达到 $0.3kg/(h \cdot Nm^3)$。随着接触时间的延长，焦油转化反应和水煤气变换反应产生了更多的 H_2 和 CO。

Chen 等（2008）比较了白云石、橄榄石和菱镁矿在流化床气化炉中的催化性能。结果表明，催化剂的加入对生物质气化反应有很大的催化作用，并显著提高了轻质气体（H_2、CH_4 和 CO）的释放量。然而，在 Chen 的研究中，生物质样品表现出不同的适应性。焦油去除率在48.1%~70.5%之间，添加白云石后木，屑气化的焦油去除率最高。白云石是一种廉价的一次性催化剂，可以显著降低气化炉产品气体中的焦油含量。它可以用作初级催化剂，与生物质干混，或者置于下游反应器中，在这种情况下，它通常被称为保护床。

11.6.2.2 碱金属与碱土金属催化剂

使用碱金属催化剂可消除焦油和提高产品气的质量。这些催化剂通常通过干混或湿浸直接添加到生物质中。当以这种方式添加时，催化剂很难回收，因此，这种催化裂解的形式并不总是对气化过程具有成本效益。这也导致煤焦气化后的灰分含量增加，灰分的处理成为该技术的一个难题。

在一项关于钾（K）对含钾木本生物质煤气化催化性能的研究中，Sueyasu 等人（2012 年）发现，钾的催化作用使重焦油含量降至 $20mg/Nm^3$，产品气中干氢气的浓度超过50%。Mudge、Baker、Mitchell 和 Brown（1985 年）研究了用碱金属碳酸盐和天然矿物（它们与生物质浸渍或混合）催化蒸汽气化木材的方法。他们考虑了四种不同的初级催化剂，以及在550℃、650℃和750℃下不同催化剂浓度的有效性。结果表明，催化剂的活性顺序为：碳酸钾>碳酸钠>天然碱（$Na_3H(CO_3)_2)2H_2O$>硼砂（$Na_2B_4O_7 \cdot 10H_2O$），与混合催化剂相比，浸渍催化剂很少或没有碳沉积，碳沉积导致催化剂失活。在这篇论文中，还证明浸渍降低了颗粒团聚。

11.6.2.3 镍基催化剂

据公开文献报道，热天然气净化生产生物燃料气化过程一般都涉及到镍基催化剂。白云土或者烷基催化剂可脱除原料气中95%的焦炭，通过镍-蒸汽-重整催化剂对甲烷和残留焦进行反应。蒸汽和干重整反应被ⅧA族金属催化。在这些催化剂中，镍的应用最为广泛。镍催化剂设计作为烃类和甲烷的蒸汽重整催化剂。总体上温度>740℃时，尾气的氢气和一氧化碳含量有所上升，同时烃类和甲烷被脱除。有报道通过添加助剂对镍催化剂进行改性（Arauzo，Radlein，Piskorz，& Scott，1997；Bangala，Abatzoglou，& Chornet，1998）. Arauzo et al.（1997）将剂镁和钾加入到镍铝催化剂中进行改性。镁的替代品也进行了两个不同等级的研究，生成两种催化剂，分别为$Ni_2MgAl_8O_{16}$和$NiMgAl_4O_8$。镁用来增加催化剂的机械强度和耐磨损能力。部分镍被镁替代，可提高催化剂化合物的强度，也使气体产量降低14%以及焦炭的产量上升。CO和H_2产量随着镍的含量变化略有下降，镁改变了催化剂结构和孔结构分布，没有改性的催化剂包含部分更宽的孔结构。Arauzo和同事进一步研究认为，镁应该抑制镍的减少。碳沉积作为引起催化剂失活的原因被报道。催化剂失活动力学依赖于很多因素，例如：催化剂类型，床层温度，气体停留时间，蒸汽和生物量的比率，催化剂颗粒尺寸等因素，更重要的因素是原料中的焦炭含量（Herguido et al.，1992）。研究人员积极地寻找到了一系列催化剂焦油重整和除焦方法，一些催化剂表现出了较高的焦油重整效率和优良的催化剂特性，包括纳米结构的$Ni_5TiO_7/TiO_2/Ti$化合物以及凹凸棒石负载铁和镍催化剂。需要对生物质气化过程中的除焦进行深入研究工作，根据焦油类型和含量确定可环保高效除焦的催化剂（无二次污染），同时成本低、易再生（Xu et al.，2010）。

11.7 焦炭气化

阻碍生物质气化广泛应用的另一个关键原因是工艺过程的碳转化效率低。生物质气化由两部分组成：挥发分的热裂解或释放和残余焦炭的气化。挥发分的释放速度很快，而焦炭转化是一个气-固相氧化反应，因此，它是限制整个转化过程中速度的步骤（Bridgwater，1995）。

生物质中焦炭的气化反应活性高于煤（Miura，Hashimoto，& Silveston，1989）。由于生物质含有较高的挥发性成分，焦炭颗粒呈现出多孔的表面结构和碳化物质（Keown，Li，Hayashi，& Li，2008）。Wu、Yip、Tian、Xie 和 Li（2009）发现，生物炭具有高度异质性和无序结构，易于与气化剂发生反应。同时，碱金属和碱土金属类物质在生物质中对煤焦气化具有催化作用。实验发现，钾和钙可显著提高气化率（Mitsuoka 等，2011），特别是在加入碳酸钾之后，煤焦气化在较低的温度（600~700℃）即可实现。不仅如此，该过程还导致煤气产物中的焦油含量急剧下降（Sueyasu et al.，2012）。

除了生物质组成，热裂解条件对焦炭的结构与气化反应也起着至关重要的作用。Cetin、Moghtaderi、Gupta、Wall（2004）发现，焦炭的反应程度随着热裂解升温速率的升高、热裂解压力的降低而增加。在高升温速率下，焦炭颗粒发生塑性形变或是熔化，从而形成一种与原始生物质不同的结构。炭颗粒的物理和化学结构亦受到压强的影响。Klose 和 Wolki（2005）发现，生物质炭的反应率一般与表面积成比例。所研究生物质焦的表面反应速率与煤焦在相近反应温度下的表面反应速率相当。

煤焦气化过程中，其结构和气化反应过程也千差万别。煤焦中高度异构且无序的结构在蒸汽气化过程中是被选择性消耗的，导致较大芳环结构的富集——这些芳香环有序性更高，更难进一步转化（Wu et al.，2009）。因此，在气化装置中很难实现生物质的高碳转化。例如，一项研究发现，在流化床气化炉中，800℃下反应 30min 后，碳转化率仅达到 80%。更高的温度可能加速转化，但完全碳转化仍需至少 20min，计算结果如图 11.10 所示（Gómez-Barea，Ollero，et al.，2013）。

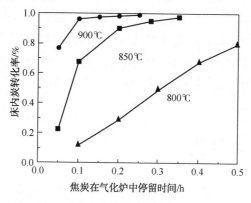

图 11.10　流化床气化炉中温度和焦炭转化时间对焦炭转化率的影响
（Gómez-Barea，Ollero，& Leckner，2013）

在实验和工业生产中，碳转化率要低得多。因此，应采取措施改善煤焦气化，从而保证更高的碳转化率与气化效率。

11.8 生物质气化新技术

11.8.1 分级气化

碳(炭)转化率低下和焦油含量高是阻碍生物质气化发展的两大问题(Gómez-Barea et al.，2013)。因此，焦油裂解和煤焦气化是提高合成气质量的两个关键。较高的温度有利于焦油脱除和煤焦气化(Hasler & Nussbaumer，1999；Sutton，Kelleher，& Ross，2001)。但新的问题是，生物质处理设备会遇到在高温下结块堆积问题，这是由部分饲料原料如农业秸秆中释放出碱金属的比例较高引起的(Nilsson，Gomez-Barea，FuentesCano，&Ollero，etal.，2012)。分级气化是一种合适的方法，可达到高的焦炭转换率，同时产生重焦油浓度低的气体。(Nilssonetal.，2012；Gómez-Barea，Ollero，etal.，2013)分级气化对于直接热应用，包括气体发动机、锅炉和燃料电池等是十分理想的。

分级气化中，通过对氧化剂的布置，至少产生两种不同的温度区和各种不同的热层。生物质在相对低的温度下得到脱挥发分，然后上升至更高温度下，与剩余的氧化剂气化。

如图11.11所示，流程分为两部分：温度为350~600℃的热裂解阶段，800~1000℃的气化阶段。该过程便于同时进行煤焦转化和焦油裂解。

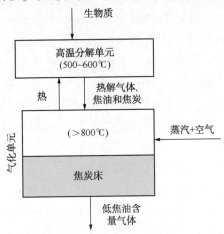

图11.11　生物质分级气化系统示意图(Gómez-Barea，Leckner，et al.，2013)．

1994年初，Bui、Loof、Bhattacharya(1994)发现，用于热气化的多级反应器中的焦油产率比一次气化产生焦油量低40倍。Henriksen(Brandt，Larsen，Henriksen，2000；Henriksen et al.，2006)设计了一台75kW的两级固定床气

化炉，现已运行超过 2000h，该气化炉生产出的产品，其焦油含量<15mg/m³。Sulc 等（2012）发现两级气化系统能显著减少含有两个或更多苯环的芳香族化合物。分级生物质气化不仅大幅降低焦油量，还可以增加生成的合成气热值。Hamel、Hasselbach、Weil、Krumm（2007）在鼓泡流化床固定床阶段气化系统产生了高热值气体。而且采用这一方法时，城市生活垃圾气化后的低热值增加至 14MJ/Nm³。在碱土金属的释放方面，在 800℃ 这一低于传统的条件下，Sharma、Saito、Takanohashi（2008）研究了 K_2CO_3 催化气化特性对灰精煤的影响，指出其可适用于煤的低温度气化（650℃以下）。Sueyasu et al.（2012）提出了一个两级生物质转化生成气体法，其中热裂解发生在 500~600℃，蒸汽重整气化发生在 600~700℃，同时可再生 K_2CO_3 催化剂。添加钾可明显提高松木锯末的低温气化特性。由于加入钾，产物气中的氢浓度超过 50%（体积分数），焦油产率低至 20mg/Nm³。

此外，生产的焦炭可以在第二阶段气化，也可作为焦油进一步转化的热载体或催化剂。Gómez-Barea（Gómez-Barea，Leckner，等.，2013；Gómez-Barea，Ollero，et al.，2013）提出了如图 11.12 所示的三阶段反应的概念，包括流化床热裂解（第一阶段）、非催化空气/水蒸气重整气从脱（第二阶段）和化学过滤气体在移动床提供在脱产生的焦炭（第三阶段）。空气和水蒸气可以不同比例在不同的点注入，如脱挥发器、蒸汽重整器、返料器等。燃料在床面附近供给，必须在传递到底部之后再离床。新产生大量焦油的脱挥发器工作在相对较低的温度下（700~750℃）。新的焦油化合物在温度高达 1200℃ 的重整炉中大大减少，也可在重整器中注入蒸汽，避免焦油的结焦和聚合。之后气体通过一个由返料器产生的焦炭构成的移动床进行过滤。返料器可以使用氧化剂配以富氧空气，或是使用用水转化的光转化炉，如何选择则取决于燃料的反应性和灰分性。焦炭过滤器还通过蒸汽与吸热的煤焦气化反应冷却气体，而焦炭也起到催化过滤器的作用，促进焦油与蒸汽的分解反应。

在三级气化系统中，焦炭转化率达到 98%，从而提高了工艺效率。通过优化三级系统中的空气和蒸汽的运行条件，冷煤气的效率和高热值可以分别提高到 0.81 和干燥气体 6.9MJ/Nm³。当使用 40%（体积分数）的富氧空气代替普通的空气时，冷气体效率几乎增加到 0.85，且所得到的气体可具有干燥气体 10.8MJ/Nm³ 的高热值。由于重质焦油含量低于 0.01g/Nm³，在系统实际转化中，所获得的低露点气体可以在燃气发动机中燃烧，这种气体对于发电来说是理想的。目前，分级气化往往涉及大规模应用和连续运行。坎特伯雷大学已经建立了一个 100kW 的快速内循环流化床气化系统，该系统包括两个紧

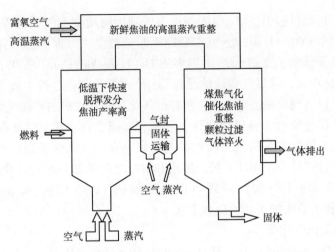

图 11.12 三级气化过程的基本概念设计(Gómez-Barea，Leckner，Villanueva Perales，Nilsson，& Fuentes Cano，2013；Gómez-Barea，Ollero，et al.，2013)

密耦合的流化床阶段：鼓泡床气化和快速循环床燃烧(Brown，Dobbs，Devenish，&Gilmour，2006)。这种两段结构可生产适合用作燃气发动机或燃气轮机中的燃料。

在沸腾流化床中使用蒸汽气化，800℃下能够形成富含氢气的产物气体。残余焦炭随着床料一起转移到循环流化床并在其中燃烧，以液化石油气加热床料。热床层材料循环回到气化阶段，为吸热的气化反应提供热量。另一方面，与使用贵金属催化剂相反，研究了焦炭，炭载催化剂和钛铁矿用于生物质焦油的蒸汽重整。Min 等(Min，Asadullah，et al.，2011；Min，Yimsiri，Asadullah，Zhang，& Li，2011)研究发现，来自生物质的热裂解和气化的焦炭促使产生一类新的廉价而效果较好的工业催化剂。焦炭不仅会分散催化剂，而且还会与催化剂相互作用，增强其参与焦油的蒸汽转化。载体的物理和化学性质对催化剂的活性和催化剂的反应路径起着重要的作用。焦炭负载的铁/镍催化剂表现出比焦炭本身更高的焦油重整活性。因此，利用热裂解炭作为催化剂载体是另一个研究热点。

11.8.2 生物质的吸附增强蒸汽气化生产氢气法

氢能与电能均为 21 世纪气化所产生的两种主要能量。氢气也可以用于合成氨，并在合适的 CO 浓度下费托合成甲醇。通过使用氧化钙(CaO)吸附剂来吸收二氧化碳(CO_2)，生物质的蒸汽气化为可再生可持续的氢气(H_2)生产提供了可能。

生物质的增强吸附蒸汽气化，是为高浓度 H_2 生产而开发的一种新型一步转化技术。在此过程中，CO_2吸附剂被引入到生物质蒸汽气化过程中。这样，在气化过程中CO_2一旦形成，就在原地不断地被除去。因此，气化反应的化学平衡发生了移动，全过程产生更多的H_2(Hanaoka et al.，2005；Harrison，2009)。气化单元、水煤气变换单元和CO_2分离单元在该过程中被集成到单级反应器中，以实现原位去除CO_2。吸热的气化过程和放热的水煤气变换和CO_2吸附过程的能量整合，可以简化设备和流程，减少蒸汽用量，从而提高了生物质气化的整体效率和经济可行性。考虑到废弃二氧化碳吸附剂再生，故整个氢气生产过程是一个循环系统，吸附和解吸之间的循环不断转换每个循环。以CaO为例，这个过程的原理可以描述如图11.13所示(Koppatz et al.，2009)，过程中发生的主要反应如下：

生物质蒸汽气化反应：

$$C_xH_yO_z(生物质)+(1-y)H_2O \longrightarrow CO+(0.5x+1-y)H_2 \tag{R16}$$

$$水煤气反应：CO+H_2O \longrightarrow CO_2+H_2，\Delta H=-41.2kJ/mol \tag{R17}$$

$$CO_2 吸收：CaO+CO_2 \longrightarrow CaCO_3，\Delta H=-178.3kJ/mol \tag{R18}$$

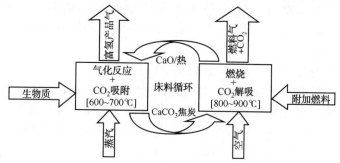

图11.13 CaO基吸附增强生物质蒸汽气化的原理(Koppatz et al.，2009)

Lee et al.(2011)报道，在600~700℃的气化温度下可获得94.92%的H_2浓度，化学平衡时取一个大气压。Marquard-Möllenstedt等(2004年)也报道说，随着CaO的添加，H_2浓度从40%增加到约75%，而CO_2浓度显著下降。

生物质CaO强化蒸汽气化还具有以下优点：①CaO碳化反应温度与生物质气化所需温度一致；②CaO对生物质气化和焦油裂化重整过程也有催化作用。考虑到CaO碳化反应的适宜条件，优化的碳化温度在常压下为600~700℃。在此温度范围内，CaO吸附增强的生物质蒸汽气化可产生较高的H_2浓度。

然而，与传统的气化方法(800~900℃)相比，由于该方法的温度较低(600~700℃)，并且与空气相比H_2O的反应活性相对较低，尽管H_2浓度非常高，生物质和总碳的转化率仍然很低，这是由于一部分碳保留在固体焦炭中，而其他部分进入液体焦油中，因此导致较低的 H_2 产率，如图 11.14 所示。为了提高生物质/碳转化率和 H_2 收率，可以使用两种方法：

①提高气化温度，提高反应速度，加快气化过程，提高生物质转化率和 H_2 产率。考虑到 CO_2 吸收所需的温度在加压条件下将进入高温范围，解决方案是高温加压气化，例如 HyPr-Ring 工艺（Lin, Harada, Suzuki, &Hatano 2002；Lin, Suzuki, Hatano, &Harada, 2001）或加压流化床气化（Han 等，2011）。

②将催化剂引入到气化过程中，以提高气化反应速率以及焦油和含碳气体重整反应的选择性和转化率。引入催化剂将提高生物质的碳转化率，以及在较低温度下提高产物气体中的 H_2 含量。这些催化剂包括：Fe/CaO（煅烧白云石）和 Ni/CaO（煅烧白云石）催化剂（Di Felice 等，2009；Di Felice, Courson, Foscolo 和 Kiennemann，2011）。Ni-Mg-Al-CaO 催化剂（Nahil et al.，2013）和 Pd-Co-Ni+白云石催化剂（Fermoso, Rubiera 和 Chen, 2012）等。例如，Nahil et al.（2013）发现，在生物质气化过程中采用 Ni-Mg-Al-CaO 床，产生了超过 80% 的 H_2。

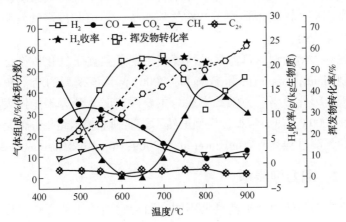

图 11.14　CaO-吸附增强的生物质快速热裂解/蒸汽气化的气化特性

11.9　生物质气化的数学模拟

为了了解生物质气化过程，优化生物质气化炉的设计和运行，必须对生物质气化行为和相关操作参数进行深入了解。但是，在某些情况下，进行实验是难以实现的，而数学建模可以解决这一问题。目前有多种数学和计算方法，数学建模包括平衡法、动力学法和神经网络法几种（Ahmed, Ahmad,

Yusup，Inayat，&Khan，2012）。

11.9.1 热力学平衡模型

"平衡模型"是指热力学平衡模型，如化学反应平衡模型，它是基于系统吉布斯自由能的最小值化。当反应体系达到平衡并且不再随时间而发生任何变化时，吉布斯自由能被最小值化。

Mansaray、Ghaly、Al-Tawell、Ugursal 和 Hamdullahpur（2000）基于物质平衡、能量平衡和化学平衡关系模拟稻壳气化。他们的模型试图预测：核心温度、环空温度和出口温度；气体可燃组分的摩尔分数；高气体热值；以及其他不同操作条件下（包括床高、流化速度、当量比和稻壳含水量）的总碳转化率。

然而，化学平衡的定义意味着停留时间足够长，以使化学反应达到停滞，这在实际的气化器中很少达到。因此，在一些研究中，模型采用了限制平衡法（Doherty，Reynolds&Kennedy，2009），并指定了气化反应的温度方法。李等（2004）引入了一个现象学模型，在未转化的碳和甲烷的共同实验结果中考虑了非平衡因素，该模型预测了产物气体组成、热值和冷煤气效率，预测结果与实验数据吻合。

仅考虑热力学限制的热力学平衡模型忽视了独立于气化器设计之外的特定反应机制（Jand，Brandani 和 Foscolo，2006），且该模型的结果在低温条件下无法实现，因此，当动力学约束成为主要因素时，计算不能代表实际情况（Ju et al.，2009）。热力学平衡模型虽然不能准确地表示结果，但是这些模型对于优化和预测过程是有效的（Ju et al.，2009；Mahishi&Goswami，2007）。

11.9.2 动力学模型

动力学模型与热力学平衡模型不同，因为它们使用从实验获得的动力学速率表达式描述了焦炭还原过程，从而当气体和生物质的停留时间相对较短时可以更好地模拟实验数据。

Kaushal，Abedi 和 Mahinpey（2010）开发了一个两级的（泡沫和乳化）、双区域（底部密集床和上部干舷）的一维稳态模型。该模型是基于鼓泡流化气化炉中的全球反应、生物质气化的动力学以及质量和能量平衡，并且能够预测反应器主轴上的温度、固体滞留和气体浓度。

Wu、Zhang、Yang 和 Blasiak（2013）建立了一个二维计算流体动力学（CFD）模型来研究下沉式气化过程，该模型同时考虑了干燥、热裂解、燃烧和气化反应等条件。气相和固相利用欧拉-欧拉多相方法求得，交换项为动量、质量和能量。

Miao 等(2013)开发了一种新的数学模型，将流体动力学与化学反应动力学相结合，以预测流化床中生物质气化过程的整体性能。流化床气化器被分成两个不同的部分：在底部的密集区域和在顶部的稀释区域。每个部分被分成许多小的单元格，在这些单元格上应用了质量和能量平衡。该模型能够预测气化炉沿床层温度分布、各物料在床层垂直方向上的浓度和分布、产出气体的组成和热值、气化效率、总碳转化率和产气量。

动力学模型描述生物质气化转化的动力学机理，这在设计、评估和改进气化器中是至关重要的。这些动力学模型准确而又详细，属于计算密集型，建立和运行模型时，基础实验数据是必要的。热力学平衡模型也可与动力学模型相结合。Lee、Yang、Yan 和 Liang(2007)从热力学计算中提取了可替代的气相组分值，然后再将其键入到 Sandia PSR 码中，以考虑与热裂解有关的潜在动力学限制。他们也希望得到天然气产品的成分分布，这样，结果会更接近实际情况(Lee et al, 2007)。

11.9.3 神经网络模型

人工神经网络通常基于数学回归来关联来自过程单元的输入和输出流。这样的模型主要依靠大量的实验数据。Guo、Li、Cheng、Lu 和 Shen(2001)建立了一个混合神经网络模型，目的是预测大气压下蒸汽的生物质气化过程。人工神经网络与传统回归不同，因为它们的结构更严密(Guo et al., 2001)。

如上所述，每种类型的模型都有其自身的优势和局限性。为了实现有效的计算和设计，Brown、Fuchino 和 Mar Chal(2006)将这三个模型结合在一起，假定燃料和焦炭被定义为具有源自其最终分析的假性物质，而焦油被定义为子集通过平衡计算确定其分布的已知分子种类。通过将反应温差应用于一套完整的化学计量方程式来解释气体、焦油和焦炭的重整，然后通过人工神经网络通过非线性回归来确定与温度有关的燃料组成和操作变量。这种方法提高了平衡计算的准确性。

11.10 结论

生物质是一种可再生能源形式，在帮助世界减少全球变暖和酸雨等化石燃烧对环境的影响方面起着举足轻重的作用。气化是一种通用的热化学转化过程，产生 CH_4、CO 和 H_2 的气体混合物。这些物质的相对收率由操作条件确定，如气化剂和反应器构型。

催化焦油重整是生物质气化的关键，本章总结了三种类型的催化剂（白云石、碱金属和镍）的作用和活性。这些催化剂有效地提高了气体产量并减少了碳沉积。白云石和碱金属可与生物质原料混合，而镍金属作为下游反应器的二次催化剂是最有效的。

分阶段生物质气化是生物质气化具有高焦炭转化率和低焦油含量的最佳选择，并且三级生物质气化器具有接近98%的碳转化效率。此外，吸附增强蒸汽气化是为生物质生产高浓度 H_2 而开发的新型一步转化技术。随着 CaO 或 CaO 基催化剂的添加，H_2浓度可以从40%增加到约75%或更高。

生物质气化已显示出独特的优势。与合成气相比，气体产品中的微粒、碳氢化合物和碱性化合物等问题仍然存在技术问题。气化过程仍需要进行大量的研究，学术界和工业界必须不断开发新技术，实现大规模的现实应用。

致谢

对国家基础研究计划（973 项目：2013CB228102）和中国国家自然科学基金项目（51376076，51306067 和 51306066）提供的财政支持，表示衷心的感谢。

参 考 文 献

Ahmed, T. Y., Ahmad, M. M., Yusup, S., Inayat, A., & Khan, Z. (2012). Mathematical andcomputational approaches for design of biomass gasification for hydrogen production: A review. Renewable and Sustainable Energy Reviews, 16, 2304-2315.

Ahrenfeldt, J., Egsgaard, H., Stelte, W., Thomsen, T., & Henriksen, U. B. (2012). The influenceof partial oxidation mechanisms on tar destruction in Two Stage biomass gasification. Fuel, 110, 662-680.

Arauzo, J., Radlein, D., Piskorz, J., & Scott, D. S. (1997). Catalytic pyrogasification of biomass. Evaluation of modified nickel catalysts. Industrial&Engineering Chemistry Research, 36, 67-75.

Arena, U. (2012). Process and technological aspects of municipal solid waste gasification. Areview. Waste Management, 32, 625-639.

Aznar, M. P., Corella, J., Delgado, J., & Lahoz, J. (1993). Improved steam gasification of lignocellulosicresidues in a fluidized bed with commercial steam reforming catalysts. Industrial & Engineering Chemistry Research, 32, 1-10.

Aznar, M. P., Gil, J., Martin, M., Caballero, M., Olivares, A., Rez, P., et al., (1997). Biomassgasification with steam and oxygen mixtures at pilot scale and with catalytic gas upgrading. Part 1: Performance of the gasifier. Developments in Thermochemical Biomass Conversion, 1194-1208.

270 Gasification for Synthetic Fuel ProductionBangala, D. N., Abatzoglou, N., & Chornet, E. (1998). Steam reforming of naphthalene on Ni-Cr/Al2O3 catalysts doped with MgO, TiO2, and La2O3. AIChE Journal, 44, 927-936.

Brandt, P., Larsen, E., & Henriksen, U. (2000). High tar reduction in a two-stage gasifier. Energy & Fuels, 14, 816-819.

Bridgwater, A. V. (1995). The technical and economic feasibility of biomass gasification forpower generation. Fuel, 74, 631-653.

Brown, J. W., Dobbs, R. M., Devenish, S., &Gilmour, I. A. (2006). Biomass gasification in a 100kWfast internal circulating fluidised bed gasifier. New Zealand Journal of Forestry, 51, 19-22.

Brown, D., Fuchino, T., &Mar Chal, F. (2006). Solid fuel decomposition modelling for the designof biomass gasification systems. Computer aided chemical engineering, 21, 1661-1666.

Bui, T., Loof, R., & Bhattacharya, S. (1994). Multi-stage reactor for thermal gasification of wood. Energy, 19, 397-404.

Cetin, E., Moghtaderi, B., Gupta, R., & Wall, T. F. (2004). Influence of pyrolysis conditions on the structure and gasification reactivity of biomass chars. Fuel, 83, 2139-2150.

Chen, H., Li, B., Yang, H., Yang, G., & Zhang, S. (2008). Experimental investigation of biomass gasification in a fluidized bed reactor. Energy & Fuels, 22, 3493-3498.

Chen, Y., Yang, H., Wang, X., Zhang, S., & Chen, H. (2012). Biomass - based pyrolytic polygeneration system on cotton stalk pyrolysis: Influence of temperature. Bioresource Technology, 107, 411-418.

Cummer, K. R., & Brown, R. C. (2002). Ancillary equipment for biomass gasification. Biomass and Bioenergy, 23, 113-128.

Delgado, J., Aznar, M. P., & Corella, J. (1997). Biomass gasification with steam in fluidized bed: Effectiveness of CaO, MgO, and CaO-MgO for hot raw gas cleaning. Industrial & Engineering Chemistry Research, 36, 1535-1543.

Demirbas, A. (2000). Biomass resources for energy and chemical industry. Energy Education Science & Technology, 5, 21-45. Demirbas, A. (2001). Biomass resource facilities and biomass conversion processing for fuels and chemicals. Energy Conversion and Management, 42, 1357-1378.

Demirbas, A. (2004). Combustion characteristics of different biomass fuels. Progress in Energy and Combustion Science, 30, 219-230.

Devi, L., Ptasinski, K. J., & Janssen, F. J. J. G. (2003). A review of the primary measures for tar elimination in biomass gasification processes. Biomass and Bioenergy, 24, 125-140.

Di Felice, L., Courson, C., Foscolo, P. U., & Kiennemann, A. (2011). Iron and nickel doped alkaline-earth catalysts for biomass gasification with simultaneous tar reformation and CO_2

capture. International Journal of Hydrogen Energy, 36, 5296-5310.

Di Felice, L., Courson, C., Jand, N., Gallucci, K., Foscolo, P. U., & Kiennemann, A. (2009). Catalytic biomass gasification: Simultaneous hydrocarbons steam reforming and CO_2 capture in a fluidised bed reactor. Chemical Engineering Journal, 154, 375-383.

Doherty, W., Reynolds, A., & Kennedy, D. (2009). The effect of air preheating in a biomass CFB gasifier using ASPEN Plus simulation. Biomass & Bioenergy, 33, 1158-1167.

Fermoso, J., Rubiera, F., & Chen, D. (2012). Sorption enhanced catalytic steam gasificationprocess: A direct route from lignocellulosic biomass to high purity hydrogen. Energy & Environmental Science, 5, 6358-6367.

Fernando, S., Adhikari, S., Chandrapal, C., & Murali, N. (2006). Biorefineries: Current status, challenges, and future direction. Energy & Fuels, 20, 1727-1737.

Franco, C., Pinto, F., Gulyurtlu, I., & Cabrita, I. (2003). The study of reactions influencing the biomass steam gasification process. Fuel, 82, 835-842.

Fushimi, C., & Tsutsumi, A. (2012). Reactivity and reaction mechanism of cellulose, lignin and biomass in steam gasification at lower temperature. In R. J. Paterson (Ed.), In lignin. NOVA Science Publishers. Gani, A., &Naruse, I. (2007). Effect of cellulose and lignin content on pyrolysis and combustion characteristics for several types of biomass. Renewable Energy, 32, 649-661.

Gil, J., Corella, J., Aznar, M. A. P., & Caballero, M. A. (1999). Biomass gasification in atmospheric and bubbling fluidized bed: Effect of the type of gasifying agent on the product distribution. Biomass and Bioenergy, 17, 389-403.

Gómez-Barea, A., Leckner, B., Villanueva Perales, A., Nilsson, S., & Fuentes Cano, D. (2013). Improving the performance of fluidized bed biomass/waste gasifiers for distributed electricity: A new three-stage gasification system. Applied Thermal Engineering, 50, 1453-1462.

Gómez - Barea, A., Ollero, P., & Leckner, B. (2013). Optimization of char and tar conversion in fluidized bed biomass gasifiers. Fuel, 103, 42-52.

Guo, B., Li, D. K., Cheng, C. M., Lu, Z. A., & Shen, Y. T. (2001). Simulation of biomass gasification with a hybrid neural network model. Bioresource Technology, 76, 77-83.

Hamel, S., Hasselbach, H., Weil, S., & Krumm, W. (2007). Autothermal two-stage gasification of low-density waste-derived fuels. Energy, 32, 95-107.

Han, L., Wang, Q. H., Yang, Y. K., Yu, C. J., Fang, M. X., & Luo, Z. Y. (2011). Hydrogen production via CaO sorption enhanced anaerobic gasification of sawdust in a bubbling fluidized bed. International Journal of Hydrogen Energy, 36, 4820-4829.

Hanaoka, T., Yoshida, T., Fujimoto, S., Kamei, K., Harada, M., Suzuki, Y., et al. (2005). Hydrogen production from woody biomass by steam gasification using a CO_2 sorbent. Biomass and Bioenergy, 28, 63-68.

Harrison, D. P. (2009). Calcium enhanced hydrogen production with CO2 capture. Energy Procedia, 1, 675-681.

248

Hasler, P., & Nussbaumer, T. (1999). Gas cleaning for IC engine applications from fixed bed biomass gasification. Biomass & Bioenergy, 16, 385–395.

Henriksen, U., Ahrenfeldt, J., Jensen, T. K., Benny, G., Bentzen, J. D., Hindsgaul, C., et al. (2006). The design, construction and operation of a 75 kW two–stage gasifier. Energy, 31, 1542–1553.

Herguido, J., Corella, J., & Gonzalez–Saiz, J. (1992). Steam gasification of lignocellulosic residues in a fluidized bed at a small pilot scale. Effect of the type of feedstock. Industrial & Engineering Chemistry Research, 31, 1274–1282.

Hernández, J. J., Ballesteros, R., & Aranda, G. (2013). Characterisation of tars from biomass gasification: Effect of the operating conditions. Energy, 50, 333–342.

Jand, N., Brandani, V., & Foscolo, P. U. (2006). Thermodynamic limits and actual product yields and compositions in Biomass gasification processes. Industrial & Engineering Chemistry Research, 45, 834–843.

Ju, F., Chen, H., Ding, X., Yang, H., Wang, X., Zhang, S., et al. (2009). Process simulation of single–step dimethyl ether production via biomass gasification. Biotechnology Advances, 27, 599–605.

Kaewluan, S., & Pipatmanomai, S. (2011). Gasification of high moisture rubber woodchip with rubber waste in a bubbling fluidized bed. Fuel Processing Technology, 92, 671–677.

Kaushal, P., Abedi, J., & Mahinpey, N. (2010). A comprehensive mathematical model for biomass gasification in a bubbling fluidized bed reactor. Fuel, 89, 3650–3661.

Keown, D. M., Li, X., Hayashi, J., & Li, C. (2008). Evolution of biomass char structure during oxidation in O2 as revealed with FT–Raman spectroscopy. Fuel Processing Technology, 89, 1429–1435.

Klose, W., & Wolki, M. (2005). On the intrinsic reaction rate of biomass char gasification with carbon dioxide and steam. Fuel, 84, 885–892.

Knoef, H., & Ahrenfeldt, J. (2005). Handbook biomass gasification, Enschede. The Netherlands: BTG biomass technology group. 272 Gasification for Synthetic Fuel Production Koppatz, S., Pfeifer, C., Rauch, R., Hofbauer, H., Marquard – Moellenstedt, T., &Specht, M. (2009).

H2 rich product gas by steam gasification of biomass with in situ CO_2 absorption in a dual fluidized bed system of 8 MW fuel input. Fuel Processing Technology, 90, 914–921.

Lee, D., Yang, H., Yan, R., & Liang, D. T. (2007). Prediction of gaseous products from biomass pyrolysis through combined kinetic and thermodynamic simulations. Fuel, 86, 410–417.

Li, B., Chen, H., Yang, H., Wang, X., Zhang, S., & Dai, Z. (2011). Modeling and simulation of calcium oxide enhanced H2 production from steam gasification of biomass. Journal of Biobased Materials and Bioenergy, 5, 378–384.

Li, X. T., Grace, J. R., Lim, C. J., Watkinson, A. P., Chen, H. P., & Kim, J. R.

(2004). Biomass gasification in a circulating fluidized bed. Biomass & Bioenergy, 26, 171–193.

Li, C., & Suzuki, K. (2009). Tar property, analysis, reforming mechanism and model for biomass gasification—An overview. Renewable and Sustainable Energy Reviews, 13, 594–604.

Lin, S. Y., Harada, M., Suzuki, Y., & Hatano, H. (2002). Hydrogen production from coal by separating carbon dioxide during gasification. Fuel, 81, 2079–2085.

Lin, S. Y., Suzuki, Y., Hatano, H., & Harada, M. (2001). Hydrogen production from hydrocarbon by integration of water–carbon reaction and carbon dioxide removal (HYPr–RING method). Energy & Fuels, 15, 339–343.

Lv, P., Xiong, Z., Chang, J., Wu, C., Chen, Y., & Zhu, J. (2004). An experimental study on biomass air–steam gasification in a fluidized bed. Bioresource Technology, 95, 95–101.

Lv, D. Z., Xu, M. H., Liu, X. W., Zhan, Z. H., Li, Z. Y., & Yao, H. (2010). Effect of cellulose, lignin, alkali and alkaline earth metallic species on biomass pyrolysis and gasification. Fuel Processing Technology, 91, 903–909.

Lv, P., Yuan, Z., Ma, L., Wu, C., Chen, Y., &Zhu, J. (2007). Hydrogen–rich gas production from biomass air and oxygen/steam gasification in a downdraft gasifier. Renewable Energy, 32, 2173–2185.

Mahishi, M. R., & Goswami, D. Y. (2007). Thermodynamic optimization of biomass gasifier for hydrogen production. International Journal of Hydrogen Energy, 32, 3831–3840.

Mansaray, K. G., Ghaly, A. E., Al–Tawell, A. M., Ugursal, V. I., & Hamdullahpur, F. (2000). Mathematical modeling of a fluidized bed rice husk gasifier: Part III—Model verification. Energy Sources, 22, 281–296.

Marquard–Mo¨llenstedt, T., Sichler, P., Specht, M., Michel, M., Berger, R., Hein, K. R. G., et al. (2004). New approach for biomass gasification to hydrogen. In 2nd World conference on biomass for energy, industry and climate protection. Rome, Italy.

Matsumura, Y., Minowa, T., Potic, B., Kersten, S. R., Prins, W., Van Swaaij, W. P., et al. (2005). Biomass gasification in near–and super–critical water: Status and prospects. Biomass and Bioenergy, 29, 269–292.

Mayerhofer, M., Mitsakis, P., Meng, X., De Jong, W., Spliethoff, H., & Gaderer, M. (2012). Influence of pressure, temperature and steam on tar and gas in allothermal fluidized bed gasification. Fuel, 99, 204–209.

Meng, X., De Jong, W., Fu, N., & Verkooijen, A. H. (2011). Biomass gasification in a 100 kWth steam–oxygen blown circulating fluidized bed gasifier: Effects of operational conditions on product gas distribution and tar formation. Biomass and Bioenergy, 35, 2910–2924.

Miao, Q., Zhu, J., Barghi, S., Wu, C. Z., Yin, X. L., & Zhou, Z. Q. (2013). Modeling biomass gasification in circulating fluidized beds. Renewable Energy, 50, 655–661.

Min, Z., Asadullah, M., Yimsiri, P., Zhang, S., Wu, H., & Li, C. –Z. (2011).

Catalytic reforming of tar during gasification. Part I. Steam reforming of biomass tar using ilmenite as a catalyst. Fuel, 90, 1847–1854.

Min, Z., Yimsiri, P., Asadullah, M., Zhang, S., & Li, C. – Z. (2011). Catalytic reforming of tar during gasification. Part II. Char as a catalyst or as a catalyst support for tar reforming. Fuel, 90, 2545–2552.

Minlne, T. A & Evans, R. J. (1998). Biomass gasifier tars: Their nature, formation, and conversion. In N. Abatzoglou (Ed). NREL/TP–570–25357 National Renewable Energy Laboratory: Golden, Colorado.

Mitsuoka, K., Hayashi, S., Amano, H., Kayahara, K., Sasaoaka, E., & Uddin, M. A. (2011). Gasification of woody biomass char with CO2: The catalytic effects of K and Ca species on char gasification reactivity. Fuel Processing Technology, 92, 26–31.

Miura, K., Hashimoto, K., & Silveston, P. L. (1989). Factors affecting the reactivity of coal chars during gasification, and indices representing reactivity. Fuel, 68, 1461–1475.

Mudge, L., Baker, E., Mitchell, D., & Brown, M. (1985). Catalytic steam gasification of biomass for methanol and methane production. Journal of Solar Energy Engineering, 107, 88–92.

Nahil, M. A., Wang, X., Wu, C., Yang, H., Chen, H., & Williams, P. T. (2013). Novel bifunctional Ni–Mg–Al–CaO catalyst for catalytic gasification of biomass for hydrogen production with in situ CO_2 adsorption. Royal Society of Chemistry Advances, 3, 5583–5590.

Narvaez, I., Orio, A., Aznar, M. P., & Corella, J. (1996). Biomass gasification with air in an atmospheric bubbling fluidized bed. Effect of six operational variables on the quality of the produced raw gas. Industrial & Engineering Chemistry Research, 35, 2110–2120.

Nilsson, S., Gomez–Barea, A., Fuentes Cano, D., & Ollero, P. (2012). Gasification of biomass and waste in a staged fluidized bed gasifier: Modeling and comparison with one–stage units. Fuel, 97, 730–740.

Orío, A., Corella, J., & Narváez, I. (1997). Characterization and activity of different dolomites for hot gas cleaning in biomass gasification. Developments in Thermochemical Biomass Conversion, 1144–1157.

Pan, Y., Roca, X., Velo, E., & Puigjaner, L. (1999). Removal of tar by secondary air in fluidised bed gasification of residual biomass and coal. Fuel, 78, 1703–1709.

Peter, M. (2002). Energy production from biomass (part 1): Overview of biomass. Bioresource Technology, 83, 37–46.

Pinto, F., Franco, C., Andre, R. N., Tavares, C., Dias, M., Gulyurtlu, I., et al. (2003). Effect of experimental conditions on co – gasification of coal, biomass and plastics wastes with air/steam mixtures in a fluidized bed system. Fuel, 82, 1967–1976.

Qin, Y. –H., Feng, J., & Li, W. –Y. (2010). Formation of tar and its characterization during air–steam gasification of sawdust in a fluidized bed reactor. Fuel, 89, 1344–1347.

Sharma, A., Saito, I., &Takanohashi, T. (2008). Catalytic steam gasification reactivity of hypercoals produced from different rank of coals at 600–775 C. Energy & Fuels, 22, 3561–3565.

Sridhar, G., Paul, P., & Mukunda, H. (2001). Biomass derived producer gas as a reciprocating engine fuel—an experimental analysis. Biomass and Bioenergy, 21, 61–72.

251

Sueyasu, T., Oike, T., Mori, A., Kudo, S., Norinaga, K., & Hayashi, J. -I. (2012). Simultaneous steam reforming of tar and steam gasification of char from the pyrolysis of potassiumloaded woody biomass. Energy & Fuels, 26, 199-208.

Šulc, J., Štojdl, J., Richter, M., Popelka, J., Svoboda, K., Smetana, J., et al. (2012). Biomass waste gasification—Can be the two stage process suitable for tar reduction and power generation? Waste Management, 32, 692-700.

Sutton, D., Kelleher, B., & Ross, J. R. H. (2001). Review of literature on catalysts for biomass gasification. Fuel Processing Technology, 73, 155-173.

274 Gasification for Synthetic Fuel ProductionVan Der Drift, A., Van Doorn, J., & Vermeulen, J. (2001). Ten residual biomass fuels for circulating fluidized-bed gasification. Biomass and Bioenergy, 20, 45-56.

Vassilatos, V., Taralas, G., Sjöström, K., & Björnbom, E. (1992). Catalytic cracking of tar in biomass pyrolysis gas in the presence of calcined dolomite. The Canadian Journal of Chemical Engineering, 70, 1008-1013.

Wang, L., Weller, C. L., Jones, D. D., & Hanna, M. A. (2008). Contemporary issues in thermal gasification of biomass and its application to electricity and fuel production. Biomass and Bioenergy, 32, 573-581.

Wolfesberger, U., Aigner, I., & Hofbauer, H. (2009). Tar content and composition in producer gas of fluidized bed gasification of wood—Influence of temperature and pressure. Environmental Progress & Sustainable Energy, 28, 372-379.

Wu, C. F., Wang, Z. C., Huang, J., & Williams, P. T. (2013). Pyrolysis/gasification of cellulose, hemicellulose and lignin for hydrogen production in the presence of various nickel-based catalysts. Fuel, 106, 697-706.

Wu, H., Yip, K., Tian, F., Xie, Z., & Li, C. (2009). Evolution of char structure during the steam gasification of biochars produced from the pyrolysis of various mallee biomass components. Industrial & Engineering Chemistry Research, 48, 10431-10438.

Wu, Y. S., Zhang, Q. L., Yang, W. H., & Blasiak, W. (2013). Two-dimensional computational fluid dynamics simulation of biomass gasification in a downdraft fixed-bed gasifier with highly preheated air and steam. Energy & Fuels, 27, 3274-3282.

Xiao, X., Meng, X., Le, D. D., & Takarada, T. (2011). Two-stage steam gasification of waste biomass in fluidized bed at low temperature: Parametric investigations and performance optimization. Bioresource Technology, 102, 1975-1981.

Xu, C., Donald, J., Byambajav, E., & Ohtsuka, Y. (2010). Recent advances in catalysts for hotgas removal of tar and NH3 from biomass gasification. Fuel, 89, 1784-1795.

Zhang, K., Chang, J., Guan, Y., Chen, H., Yang, Y., & Jiang, J. (2013). Lignocellulosic biomass gasification technology in China. Renewable Energy, 49, 175-184.

Zhang, L., Xu, C. C., & Champagne, P. (2010). Overview of recent advances in thermochemical conversion of biomass. Energy Conversion and Management, 51, 969-982.

Zheng, J. L., Zhu, X. F., Guo, Q. X., & Zhu, Q. S. (2006). Thermal conversion of rice husks and sawdust to liquid fuel. Waste Management, 26, 1430-1435.

252

第 12 章　用于合成液体燃料生产的废物气化

J. G. Speight

（CD&W Inc., Laramie, WY, USA）

12.1　前言

　　垃圾是人类活动的不可避免的副产品，生活水平的提高导致生成垃圾的数量和复杂性增加，而工业多样化和扩大的卫生保健设施增加了大量的工业和生物医学废物。垃圾处理（垃圾填埋）作业正在拉伸到极限，适当的处理区域供不应求。雨水和积雪融化将垃圾填埋场的化学成分带入地下水位，这成为一个很紧迫的问题因此，日益增多的废弃物的管理和安全处置非常重要。

　　气化是一个独特的过程，可将城市固体废物（城市生活垃圾）等碳基材料转化为能源，而不会将废物中的碳质成分转化为气体产品，包括合成气体。气化还可以去除污染物和杂质，从而产生可以转化为电力和有价值产品的清洁气体（第 1 章和第 6 章）。随着气化过程的发展，垃圾和其他类型的废物不再是环境威胁，而是成为气化炉的原料。这种废弃物现在可以作为气化过程的原料，减少处理成本和垃圾填埋空间，同时产生电力和燃料，而不会产生与处置和垃圾填埋管理相关的成本。

　　最初，气化过程是利用煤炭来生产燃料气体、化学制品和电力的手段，但现在，其他原料的利用以及气化技术已经有了相当大的发展。在焚化发展过程（E4Tech，2009；Malkow，2004；Orr&Maxwell，2000；Speight，2008，2011a，2011b，2013a，2013b，2014）中，气化技术已成为焚烧过程的重大进展。为了理解废物气化与焚烧相比的优点，人们必须了解这两个过程之间的差异。

　　在垃圾处理行业中，以垃圾作为燃料的焚化炉占有一席之地（Mastellone 等，2010）。废物在大量空气中燃烧形成二氧化碳，放出热量。在使用垃圾的焚烧发电厂中，热气体产物被用于产生蒸汽，蒸汽在汽轮机中用于发电。另一方面，通过气化将城市生活垃圾转化为可被利用的合成气，而该合成气的生产是气化不同于焚烧过程的一面。在气化过程中，城市生活垃圾不是燃料，而是用于高温化学转化过程的原料。与焚烧一样，只通过制热和供电，气化产生的合成气可以转化为高价值的商品，如运输燃料、化学制品、肥料和天然气替代品。

垃圾焚烧的一个特点是其能产生有毒的二噁英和呋喃，特别是 PVC 塑料（聚氯乙烯塑料）的形成。这些毒素通过三种途径进入废气流：①通过分解成低相对分子质量的挥发性成分；②通过低相对分子质量成分结合形成新产品的重整；③特殊情况下，有毒物质通过焚化炉而不会改变。焚烧并不总能适当控制这些过程。

在垃圾处理方面，气化明显比焚烧更清洁。在气化所需的高温环境下，高分子材料如塑料可有效地被分解成合成气，并且在使用前可对其进行清洗和处理。二噁英和呋喃需要足够的氧气才能形成，气化器中的缺氧气氛不能提供形成二噁英和呋喃所需的环境。当合成气主要用作加热燃料时，可以在燃烧之前根据需要进行清洁，这是焚化过程中不可能采取的措施。

因此，基于气化的垃圾焚烧发电厂是利用城市垃圾作为燃料的高效发电厂，而不使用像煤炭或石油这样的传统能源。而垃圾与生物质、煤炭、石油渣油和生物质的共同气化也是一种选择（Speight，2011a，2011b，2013a，2013b，2014）。在任何一种情况下，这种设备都可以回收高效锅炉中所含的热能，这些锅炉产生的蒸汽将被用来驱动涡轮发电。

本章介绍了各种类型的废弃物和从废弃物中回收的气化能量，阐明了这一过程的益处包括：①根据废弃物成分和所采用的气化技术，减少废弃物总量；②减少环境污染；③由于可转化为能源及相关产品的销售，废物处理的商业可行性提高。

12.2　废物类型

废物是选择处置的物质、物品或物品的集合，应按照地方、地区或国家法律的规定处理。废物也指副产物。初始使用者在生产、改造或消费的既定目标方面没有使用本产品，因此希望该产品得到处理。在原材料提取、原材料加工成中间产品和最终产品、最终产品消费，以及其他人类活动过程中都可能产生废物。

12.2.1 固体废物

固体废物是一个通称，包括：垃圾，来自废水处理厂、供水厂或空气污染控制设施的污泥，以及其他废弃物(包括来自工业、市政、商业、采矿和农业作业以及社区和机构活动的固体、液体、半固体或含有气体的物质)。对于目的是为了使土地适合于表面改良的施工的填土材料，不论是天然的还是人造的，石油、泥土、岩石、沙子和其他用来填埋土地的惰性固体材料都不应归类为废物。固体废物不包括与地方或政府规定的石油、天然气、地热资源或其他物质或材料的勘探、开发或生产有关的活动所产生的废物。

固体废物不包括在气化原料中的固体废物，如公用事业，建筑物和道路的建设、改造、修理和拆除，以及因清理土地造成的非污染的固体废物，包括砖、混凝土、其他砌体材料、土壤、岩石、木材(包括涂漆，处理和涂层的木材和木制品)，清理土地、墙壁、石膏、石膏板、水管其他屋顶覆盖物、沥青路面、玻璃、塑料等裸露物，废物空桶(10加仑或以下，并且底部留有不多于1in的残余物)，电线和零部件(不含有害液体，以及与上述任何一种有关的管道和金属)。

总之，"固体废物"是指各种来源的任何不想要的或丢弃的固体碳质或含烃材料。由于担心影响环境，近年来垃圾填埋场的传统处理方法已经不被接受，因此处理各种各样的废物已成为一个重要问题。对传统处置方法的更新和更严格的规定，使资源回收的废物处理方法在经济上更为有利。

在实施气化过程之前，有必要更详细地描述人类活动产生的废物类型，以更好地进行气化。

12.2.2 城市生活垃圾

城市生活垃圾是由市政、社区、商业、机构和娱乐活动引起或附带的固体废物，包括垃圾、灰烬、街道清洁、死亡动物、医疗废物以及所有其他非工业固体废物。

城市生活垃圾由家庭、办公室、酒店、商店、学校和其他机构生成。生活垃圾的主要成分是食物垃圾、纸张、塑料、碎布、金属和玻璃，而拆除和建筑垃圾也经常包含在其中，此外，城市生活垃圾也包括少量危险废物，如电灯泡、电池、汽车零部件、废弃药品和化学品。

生活垃圾来源丰富，没办法定价，大部分为可再生的原料。城市固体废弃物的组成(表12.1)因社区而异，但总体差异并不大。垃圾分类见表12.2。

表 12.1　城市固体废物的一般组成

成分	比例/%（质量分数）	成分	比例/%（质量分数）
纸	33.7	木材	7.2
纸板	5.5	园艺废物	14.0
塑料	9.1	食物垃圾	9.0
纺织品	3.6	玻璃和金属	13.1
橡胶、皮革、其他	2.0		

表 12.2　废物的来源和类型

来源	典型废物来源	固体废物类型
住宅	一户或多户居住者	食物垃圾，纸张，纸板，塑料，纺织品等废物，木材，玻璃，金属，灰烬，特殊废物（例如大体积物品，电子产品，白色家电，电池，机油，轮胎），和家庭危险废物
工业	轻重型制造业	制造，建筑工地，电力和化工厂家政废物，包装，食品垃圾，建设和拆除材料，危险废物，灰烬，特殊废物
商业	店铺，宾馆，饭店，市场，办公楼等	纸，纸板，塑料，木材，食物垃圾，玻璃，金属，特殊废物，有害废物
机构	学校，医院，监狱，政府	同商业
施工和拆迁	新建筑工地，道路修理，装修网站，建筑物的拆除	木材，钢材，混凝土，污垢等
市政服务	街道清洁，园林绿化，公园，海滩等休闲区，水和废水处理厂	街道垃圾，景观和修剪树木残渣，普通垃圾，公园，海滩等休闲区垃圾，污泥
制造业	重型和轻型制造业，炼油厂，化工厂，电厂，矿物开采和处理	工业过程废物，废料，不合格产品，尾气
农业	作物，果园，葡萄园，奶牛场，饲养场，农场	食品废弃物，农业废物，有害废物（如农药）

　　生城市生活垃圾的热含量取决于废物中可燃有机物质的浓度及其含水量。通常情况下，原始垃圾的热值约为烟煤的一半（Speight，2013a）。生城市生活垃圾的水分含量通常为20%（质量分数）。

12.2.3　工业固体废物

　　工业固体废物是工业、制造业、采矿业或农业经营过程中产生或附带的固体废物。工业固体废物分为有害的和无害的。有害工业废物是指工业固体废物或其组合确定或列为有害废物，无害工业废物是指未被识别或列为有害物质的工业固体废物。

工业固体废物包含各种各样的环境毒性的材料，通常包括：纸张，包装材料，食品加工废物，油类，溶剂，树脂，涂料和油泥，玻璃，陶瓷，石材，金属，塑料，橡胶，沥青，木材，布料，稻草和磨料。和城市生活垃圾一样，没有定期更新，也没系统数据库，使得固体废物产生率很大程度上是未知的。

工业固体废物可分为以下几类：

1 类废物：这类废物包括工业固体废物或其混合物，其浓度或物理化学特性使其具有毒性、腐蚀、易燃、强烈的致敏原或刺激物，或因为化学分解、加热或其他方式导致压力上升。当不正确地加工、储存、运输、处理或以其他方式使用时，这类废物也会对人体健康或环境构成明显的或潜在危险。

2 类废物：这类废物包括单独的工业固体废物或未被描述为有害的工业固体废物的组合。

3 类废物：该类废物由惰性和不溶的工业固体废物组成，通常包括（但不限于）岩石、砖块、玻璃、泥土以及不易分解的塑料和橡胶。

12.2.4 生物固体

生物固体包括家畜废物、农作物残留物和农业工业副产物。在大多数传统的定居型农业系统中，农民使用生成堆肥的农业废弃物的土地作为一种手段，将有价值的营养物和有机物还回土壤，而目前这种做法仍是最普遍的处理手段。同样，养鱼户通常将养鱼与畜牧业、蔬菜和水稻种植以及水果种植等农业活动结合起来。

许多以农业为基础的国家利用农业废弃物通过厌氧消化来生产沼气（Speight，2008，2011a）。沼气（大约含有60%的甲烷）主要直接用于做饭、加热和照明，而厌氧沼气池的浆液则用作为液体肥料、牛和猪的饲料添加剂以及浸种的介质。

12.2.5 生物医疗废物

生物医疗废物是指医院和医疗机构产生的废物，过去四十年来一直在增加，以满足不断增长的世界人口的医疗和保健要求。直到最近几年，人们对生物医学废物的关注也不大，但这些废物对人类健康和环境存在潜在的危害。由于临床和生物医疗废物的处理和管理不当，会引起病原体传播，以及造成环境污染。

受规管的医疗废物（RMW）是含有潜在传染性物质的废物流，也称为红袋废物或生物危害废物。RMW 是按照国家的规定进行管理的，但是它也属于美国安全与健康管理局规定的血源性病原体标准。处理这些废物必须遵守法律法规，它们不适合作为气化原料，因为它们要求更高的加工温度，以确保成分被完全处置。

12.3 原料性质和工厂安全

在垃圾焚烧发电厂处理上述废物时，必须考虑到饲料原料的不同成分以及使用此类原料可能产生的安全和健康问题。

实际上，饲料原料通常包括生物质废弃物（或生物质）、垃圾、垃圾衍生燃料（RDF）或固体回收燃料，这些废弃物的成分在气化过程中无法对原料反应过程机理进行预测（Speight，2011a）。

12.3.1 原料性质

对于每一种原料组分，其自身通常具有一定危害，包括火灾、粉尘爆炸和有毒气体形成，而当成分组合使用时，处理混合原料可能还需要额外的预防措施以确保安全。例如，如生物质木材等饲料原料储存在大堆中，那么自燃的可能性就会增加，这一直是煤炭储存需要解决的问题（Speight，2013a，2013b）。木材燃料是微生物的营养物质来源，在潮湿环境中，微生物活动会导致木材随着时间的推移而产生热量，从而导致自燃。其他饲料安全考虑因素包括与粉尘有关的危害，例如爆炸危险，需要通过热颗粒检测和引爆排放进行保护。

12.3.2 工厂安全

气化过程会产生高度易燃的气体混合物，包括氢气和一氧化碳。在有压力积聚的工厂中，存在气体泄漏到大气中的风险。因此，必须采取预防措施，防止有毒或破坏环境的气体逃逸。设备外的区域必须通风良好，防止爆炸性气体的积聚，并防止因一氧化碳堆积而引起的中毒。应提供一氧化碳检测设备来检测泄漏的可能性。

因此，废物的气化带来了一系列的安全问题，与化工厂的安全问题密切相关。这些危害在化学加工工业中得到了很好的解决，其中包括危害和可操作性、保护层分析以及安全完整性等级（SIL）在内的安全技术已经发展到能够确保设备的安全设计和运行。跨行业合作将使新技术更快、更安全地实施，大大降低灾难性事件的风险。

不同于传统的能源工厂，废气化工厂还没有统一遵循的设计标准，使得废气化工厂的建设和运营具有一定的风险。虽然现在已经有了指导意见，但在实践中，气化技术及其反应器配置往往不适用。化工行业要有丰富的技术经验，以确保员工的生命安全，同时也必须满足环保要求。

12.4 燃料生产

固体废物气化过程包括在高于 600℃时发生的许多物理和化学相互作用，确切的温度取决于反应器类型和废物特性，如灰分软化和融化温度（Arena，2012；Higman&van der Burgt，2003）。不同类型的废气气化过程在氧化介质的基础上进行分类，包括：空气部分氧化，富氧空气或纯氧蒸汽气化和等离子体气化。一些过程是用富氧空气来操作的。富氧空气是氧气含量高于 21%但低于 50%的氮气和氧气的混合物。由于氮含量降低，该过程会产生具有较高热值的气体，因此，富氧空气气化可以在较高温度下进行自热过程，而不需要昂贵的氧气消耗（Mastellone，Santoro，Zaccariello，&Arena，2010a）。使用纯氧的部分氧化过程产生的合成气不含或几乎不含氮气。蒸汽气化过程可以产生高浓度氢，以及具有中等热值的无氮合成气。在这种情况下，蒸汽是唯一的气化剂，该过程是放热反应。对于吸热气化反应，蒸汽气化过程还需要外部能量来源。

无论使用何种介质，都提出了城市生活垃圾热降解的两个主要步骤：①在280～350℃热降解，主要将废物生物质组分分解成低沸点碳氢化合物（甲烷、乙烷和丙烷）；②在 380～450℃热降解，加工聚合物组分如塑料和橡胶。聚合物组分还包括大量的苯衍生物，例如苯乙烯（Kwon，Westby，&Castaldi，2009）。然而，城市生活垃圾的复杂性应该比以上两个热分解方案更复杂。

在等离子体气化的情况下（Lemmens et al.，2007；Moustakas，Fatta，Malamis，Haralambous 和 Loizidou，2005），气化器的热源是一个或多个等离子弧炬，产生电弧并产生高温等离子气体（高达 15000℃）。这种气体允许温度独立控制，不受进料性质波动影响，也不受气化剂（空气、氧气或蒸汽）影响。因此，尽管进料速率、含水量和废物的元素组成不同，但气化炉仍可以连续地工作。因此，等离子气化炉可以接受含有粗块和细粉的可变粒度的原料，以及最小的原料备料（Gomez 等，2009）。

12.4.1 预处理

气化是产生富含气体的产品（第 1 章）的热化学过程，无论气化炉是如何设计的（第 2 章），都必须进行两个过程，以使气化炉产生可用的燃料气。第一阶段，热解在低于 600℃ 的温度下释放燃料的挥发性组分，未蒸发的热解副产物是焦炭，主要由固定碳和灰构成。第二阶段，气化阶段，热解后留下的焦炭要么与蒸汽或氢气反应，要么与空气或纯氧气一起燃烧。与空气气化产生富氮的低热值燃料气。用纯氧气化产生更高质量的一氧化碳和氢气混合物，不含氮气。用蒸汽气化（蒸汽重整）（第 6 章）也会产生富含氢气和二氧化碳且仅含少量杂质的合成气（Richardson，Rogers，Thorsness，Wallman，&Leininger，1995）。通常，原料碳和氧气发生的放热反应提供了驱动热解和焦炭气化反应所需的热能。

城市固体废物不是一个同质的废物流。鉴于无机材料（金属、玻璃、混凝土和岩石）不会进入热转化反应，利用能量可将无机材料加热到热裂解反应温度。在清理过程中，无机物质被冷却，热能损失，降低了系统的整体效率。为了使工艺更高效，通常需要对废物进行预处理，包括分离不可热降解的材料，如金属、玻璃和混凝土碎片。预处理包括分选、分离、尺寸减小和破碎（用于减少进料到气化器中的原料总体积）。这种预处理技术在垃圾回收行业中普遍用于回收城市生活垃圾流中的纸、玻璃和金属。

因此，预处理系统的第一功能是直接收集固体废物，并将固体废物分成可燃废物和不可燃废物两部分，分拣出可用于气化过程的原料。

为了加强预处理工艺，原料预处理系统可以提取金属、玻璃和无机材料，从而提高材料的回收利用率。另外，塑料不能作为气化原料被回收利用。因此，城市生活垃圾预处理的主要步骤类似于煤炭的预处理（Speight，2013a，2013b）或生物质预处理（Speight，2008，2011a），步骤包括：①手工或机械分选；②粉碎；③研磨；④与其他材料混合；⑤干燥；⑥造粒。预处理的目的是生产物理特性和化学特性相近的物料，即在气化过程之前可以安全地处理、运输和储存的材料。此外，颗粒度或球径会影响产品分布（Luo et al.，2010）。

如果城市生活垃圾含水量较高，则可在预处理阶段添加一台干燥器，将废水中的水分含量降至 25%（质量分数）或更低（CH2MHill，2009）。降低原料的水分含量会增加其热值，使系统变得更加高效。系统产生的废热或燃料可用于干燥城市生活垃圾原料。

在某些情况下，预处理操作可以用于从城市生活垃圾和混合垃圾生产可燃组分（固体燃料），其热转化需要两个不同的子系统，即前端和后端。从混合城市生活垃圾中回收的可燃组分被称为 RDF。从回收的可燃组分是由高浓度可燃材料组成的混合物，如纸和塑料。

前端子系统的主要单元操作通常是减小尺寸、筛选、磁性分离和密度分离（例如空气分类），需要选择何种单元操作取决于将要回收的二次材料的类型以及回收的燃料馏分的期望质量。热转换系统的设计者或供应商必须指定燃料质量。

从混合城市生活垃圾中回收可燃组分的单元操作一般是粉碎、筛选和磁分离。首先是用一些设施进行筛选，其次是粉碎，粉碎过程在滚筒筛里进行，垃圾滚筒筛是一种鼓状筛子，这是垃圾处理系统的基础设计顺序，这两个操作的顺序可以颠倒。确定和选择筛选和粉碎的最佳顺序涉及许多因素，包括废物的组成。如需要回收其他材料(如铝)，或者为了达到回收所需的特殊固体燃料产品的目的(Diaz&Savage，1996)，预处理系统还可以包括其他单元操作，例如手动分选、磁分离、空气分级和造粒(即致密化)。

12.4.2　气化炉类型

气化器是气化系统的核心，是高温下原料与氧气(或空气)反应的容器(第1章和第10章)(E4Tech，2009)。为了适应不同的原料和工艺要求，气化器有不同的型式(第2章)，其特点是：①使用湿或干原料；②使用空气或氧气；③气化器中的流动方向(上流，下流或循环流动)；④合成气和其他气态产物的冷却过程。

12.4.2.1　逆流固定床气化炉

在逆流固定床气化炉(上吸式气化炉)中，气化剂(蒸汽、氧气和/或空气)以逆流形式流过固定的废物床。在干燥条件下炉渣除去灰。造渣气化器具有较低的蒸汽/碳比例，高于灰熔融温度的温度。气化器的类型意味着燃料必须具有高的机械强度，并且不结块，以便形成可渗透的床，最近的技术发展已经在一定程度上减少了这些限制。这种类型的气化器的生产能力相对较低，这是由于出口气体温度较低，热效率高。焦油可以再循环到气化炉中，在典型操作温度下，主要产品是甲烷。产品气体在使用前必须进行彻底清洗。

在固定床或移动床气化炉中，反应器内存在一个深度的废物床，可区分不同的区域，其顺序取决于废物和气化介质的流向。这些区域在操作条件下不是固定的，因此它们可以在一定程度上重叠。在上风口反应器中，废气被送入气化器的顶部，并且氧化剂入口在底部，使得废物逆向运动到气体，依次通过不同的区域(干燥、热裂解、还原和氧化)。燃料在气化器中被干燥，从而可以使用高含水量的废物进料。产生的焦炭掉下来并燃烧以提供热量。在气化炉顶部留下了富含焦油的气体，灰渣从炉篦落下，收集在底部。

12.4.2.2　并流固定床气化炉

并流固定床气化炉(下吸式气化炉)类似于逆流固定床气化炉类型，只是气化剂与下降的废料并流配置。需要通过燃烧少量燃料或来自外部热源来将热量添加到床的上部。所产生的气体在高温下离开气化炉，大部分热量转移到床层顶部加入的气化剂中，使得能效与逆流式效率相当。下吸式气化器构型使得焦油产物必须通过焦炭热床，结果是焦油产率远低于逆流式固定床气化器中的焦油产率。

在下吸式气化炉中，废气从气化炉顶部进入，氧化剂从顶部或侧面进入，使废气和气体向同一方向运动。也分为与上行气化器相同的区域，但顺序不同。一些废物被燃烧，通过气化器喉部下落，形成气体通过的热焦炭床。这种构造确保了具有较低焦油含量的高质量合成气，其在气化器的底部留下灰烬，收集在箅下。

12.4.2.3　流化床气化炉

在流化床气化器中，废料原料在氧气和蒸汽或空气中流化。灰分被干燥除去或作为不再能够流化的重团块。干灰分气化炉的温度相对较低，所以燃料必须具有较高的反应活性，特别适合低品位的煤；凝聚型气化炉的温度稍高，适合较高等级的煤。流化床气化炉中的燃料通过量高于固定床单元，但不如夹带气化炉的通过量高。

流化床气化器分为鼓泡床和循环流化床。通常用于增加湍流量，使低质量、低反应活性原料气化。流化床气化器在低温低压下运行，使用空气代替氧气，并具有较长的原料停留时间，以及相对低的生产能力。

在流化床气化炉中，气体氧化剂(空气，氧气或富氧空气)通过分配塔盘向上引导，使其渗透到位于气化器底部的惰性材料床层。气体表观气速是床中颗粒的最小流化速度的好几倍，使其度颗粒的拖拽力大于颗粒自重，给气体一个流化行为。

由于含碳材料的淘析(较轻粒子与较重粒子的分离)，固定床单元中的转化效率较低。可以使用固体的再循环或随后的燃烧来增加转化率。流化床气化器对于形成高度腐蚀性灰分的燃料是最有用的，这将会损坏结渣气化器的内壁。某些废物和生物质燃料通常含有高含量的腐蚀性灰分，流化床气化炉也适合于这些原料的共同气化。

12.4.2.4　夹带式气化炉

在夹带式气化器中，干粉碎的固体，例如经过预处理的城市生活垃圾或废浆料与氧气并流气化，也可使用空气，但很少用(Suzuki、Nagayama，2011)。当用于淤浆进料气化器时，高水分原料导致气化效率低和碳转化率差。原料变化时，可使用小型或短期测试来优化气化炉的运行。由于城市生活垃圾含水量高，因此不推荐采用泥浆进料气化器；干进料气化器更适用于城市生活垃圾(CH2MHill，2009)。

夹带式气化炉中的气化反应发生在密集的非常细的颗粒云中。由于运行温度高，大部分煤都适合这种类型的气化炉，因此煤与颗粒状固体废物可以共气化。但是，废物原料颗粒必须比其他类型的气化器小得多。换句话说，废物必须粉碎，这就要求比其他类型的气化器需要更多的能量。但到目前为止，夹带式气化炉的能源消耗最多的不是燃料的磨碎，而是用于气化的氧气的生产。

在这个过程中的高温和高压使其生产量比用其他气化器所能达到的更高，但是热效率稍低，因为气体在用现有技术清洗之前必须冷却。由于高温，焦油和甲烷在产品气中很大程度上不存在（如果有的话），但是氧的需求比其他类型的气化器单元要高。所有气流床气化炉都将炉灰的主要部分作为炉渣除去，因为其操作温度远高于炉灰的熔点温度。

灰分的一小部分为非常细的干粉煤灰或黑粉煤灰浆。一些燃料，特别是某些类型的废物和生物质能够形成炉渣，对用于保护气化器外壁的陶瓷内壁具有腐蚀性。然而一些气流床气化器不具有陶瓷内壁，而是具有覆盖的内部水或蒸汽冷却壁，并且在一定程度上由部分凝固的炉渣保护。因此，这种类型的气化炉不会受到腐蚀性炉渣的不利影响。

如果废物很容易产生熔融温度非常高的灰分，那么在气化之前可以将石灰石或白云石与废物混合（He et al.，2009），混合足以降低灰的熔融温度。

大多数现代大型气化系统利用气化床流化炉。然而，由于城市固体废弃物的低反应活性、高含水量和高矿物质含量（高灰分倾向），固体床和流化床设计仍占主导地位（CH2MHill，2009）。

12.4.2.5 其他类型

回转窑气化炉在工业废弃物处理和水泥生产中广泛应用，反应器同时完成了两个目标：①将固体送入和送出高温反应区；②确保彻底在反应过程中混合固体。

回转窑由圆柱形钢壳体构成，壳体内衬耐磨耐火材料，以防止金属过热，并且通常朝向排放口略微倾斜。被处理的固体的运动由旋转速度（~1.5r/min）控制。

移动炉排是基于废物转化为燃烧能的系统。恒流炉排将废料连续地输送到焚烧炉中，并使废床和灰渣向炉排的排出端运动。在操作过程中，燃烧材料的焚烧和混合使得气化器的燃料成分具有一定的灵活性。热转化分为两个阶段：①一段炉膛一般是废物气化（典型比例为0.5）；②二段炉膛反应是一段炉膛产生气体的高温氧化。

该装置配备了一个水平油冷炉排，该炉排分成几个独立的部分，每个部分都有一个单独的一次空气供应装置和一个安装在气化装置入口处的水冷式铡刀式控制器，以控制燃料床的厚度。通过多次注入空气和再循环烟气促进次级室的氧化（Grimshaw&Lago，2010）。与流化床气化炉一样，移动炉排气化炉的一个显著优点是可以适应湿原料（Hankalin，Helanti，&Isaksson，2011）。

12.4.3　工艺设计

经过预处理，以合适的颗粒尺寸或直接进料（如果是气体或液体）之后，将废物与适量的空气或氧气一起注入气化炉中。在气化器中的高温条件下分解原料，最终形成合成气（主要为氢、一氧化碳），并且特定的气化技术生产出甲烷、二氧化碳、硫化氢和水蒸气。通常，原料中 70%~85%（质量分数）的碳转化成合成气。

一氧化碳与氢的比例部分取决于原料的氢和碳含量以及所使用的气化器的类型，但是可以通过使用催化剂来调整或移动气化器下游的比例。这个比例在确定要生产的产品类型（电力、化学制品、燃料、氢）方面非常重要（第 1章和第 6 章）。例如，炼油厂将使用主要由氢气组成的合成气，这对于生产运输燃料非常重要（Speight，2011b，2014）。相反，一个化工厂将需要大约相等比例的氢气和一氧化碳的合成气，这两者都是目标产品（包括消费品和农产品，如肥料，塑料和精细化学品）的基本组成部分（复杂的、单一的或纯化合物）。因此，气化过程适应原料需求的固有灵活性可导致来自相同过程的一种或多种产品的生产。

由于选择气化炉和使用选定反应器的先决条件，预处理系统的正确设计显然是利用废物发电设施成功运行的必要条件。预处理系统的关键功能是将可燃成分从不可燃成分中分离出来。在生产 RDF 时，必须特别注意燃料的燃烧装置。例如，为了便于处理，储存和运输，可能需要生产满足必要规格的致密燃料（即粒状燃料）（Pellet Fuels Institute，2011）。

处理垃圾用于生产燃料一个看似简单的过程。处理系统的性能和操作由原料、所选设备的类型以及设备在整个处理配置中的位置确定。尽管可用于废物处理应用的一些设备可能非常适合其他行业（如采矿），但废物与用作其他行业的原料大不相同。

未能识别和解决原料差异会导致废物处理设施出现操作问题，例如，使用不适当的设备，使用设计不当的设备，或使用不正确的设备。工厂操作人员和设计人员现在必须全面了解每一件设备的操作参数，因为这些参数对于废物预处理和气化过程非常重要，甚至需要延伸到对废物原料的物理和化学特性进行详细了解（Savage，1996）。

综上所述，气化技术的选取主要取决于原料的性质和质量、气化炉的运行情况、所需的产品质量。城市生活垃圾气化反应器主要有固定床和流化床装置，也可选用更大容量的气化器，因为大容量气化器允许使用可变燃料进料，可以高度湍流通过床层，具有均匀的工艺温度，气体和固体之间具有良好的相互作用以及高转化率(第2章)。

12.4.4 等离子气化

尽管多种类型的气化器(第2章)可以适用于各种废物原料，但是等离子体气化技术是城市生活垃圾处理的重要方法。

等离子体是能够传导电流的高温高电离(带电)气体（Ducharme，2010；E4Tech，2009；Fabry，Rehmet，Rohani，&Fulcheri，2013；Gomez 等，2009；Heberlein&Murphy，2008；Kalinenko 等 1993；Leal−Quiro's，2004；Lemmens等，2007；Messerle&Ustimenko，2007；Moustakas 等，2005）。等离子体技术已经发展成为有价值的加工选择，等离子体是使电流通过诸如空气或氧气而形成，利用气体与电弧的相互作用将气体分解成电子和离子，导致温度显著增加。理论上，等离子体温度经常超过6000℃，但实际温度测量并不总是可能的，一般为推测性值。

有两种基本类型的等离子炬，转移炬和非转移炬。转移的焊炬在焊炬的尖端和金属浴或反应器壁的导电衬里之间产生电弧。在未转移的火炬中，火炬自身产生电弧。等离子气体被送入火炬并被加热，通过火炬的尖端排出。

等离子体气化过程中，气化器由位于反应堆容器底部附近的等离子炬系统加热。在气化器中，将原料在大气压力下装入立式反应器容器(耐火衬里或水冷却)中。以气化所需的化学计量的量向气化器的底部提供可能富含氧气的超热空气。控制引入的空气量以保持向上流动的气体保持低速，并且将粉碎的(小颗粒)原料直接输送到反应器中。额外的空气和/或蒸汽可以在气化器的不同层面提供，以进行热裂解和气化。离开气化器顶部的合成气的温度保持在1000℃以上，在此温度下，焦油被消除。

在等离子气化器中，在较高操作温度下分解原料(以及所有危险和有毒成分)，发生各种化学反应，将所有有机材料转化为氢气和一氧化碳。无机成分和重金属残留物质都将被熔化并生成玻璃化矿渣，有很强的高抗过滤性。熔化或玻璃化是等离子体和无机材料之间相互作用的结果：在冲天炉或反应器中存在焦炭床或类似焦炭的产品时，产生可用于制造建筑瓷砖和建筑的玻璃化材料(LealQuiro's，2004)。

等离子体气化越来越多地被用于将废物(包括垃圾和危险废物)转化为电

力和其他有价值的产品。该过程利用废物资源产生最大量的能量，并且可以利用不同类型的混合原料（如城市生活垃圾和危险废物），避免了在将原料送入气化器之前按类型对原料进行分类的耗时且昂贵的步骤，使得等离子体气化技术成为处理不同类型废物流的有效方法。

等离子体气化技术所面临的主要挑战是，有些人对该技术可充分转化生活垃圾的能力持怀疑态度。合成气净化工艺和氧气分离方法可以提高经济性竞争力，但公众的认知是技术市场渗透的关键。美国等国家运用这一技术，特别是利用这一技术处理城市生活垃圾，将有助于使人们认识到等离子体气化是废物处理的可行性方案的一部分。

12.5 过程产物

气化过程的目标是产生气态产物，特别是可以根据需要从中分离氢的合成气（第6章）。由于原料组成和气化过程的不同，废气产生的产物气一般含有二氧化碳、焦油、颗粒物质、卤素或酸性气体、重金属和碱性化合物，下游发电和气体清洁工艺需要清除这些污染物。

12.5.1 合成气

气化过程是为了产生一种气体，这种气体可以被用作辅助气体或用于生产碳氢化合物。这种气体即合成气，是一氧化碳和氢的混合物，气体和相关副产物的产率和组成取决于原料性质、气化炉类型和气化炉条件（第1章和第2章）（Orr&Maxwell，2000）。

在气化器中产生的粗制合成气含有痕量杂质，在最终使用之前必须将其除去。气体冷却后，几乎所有的微量矿物质、颗粒物、硫、汞和未转化的碳都可以使用化学和精炼工业常用的清洗工艺加以去除（Gary，Handwerk，&Kaiser，2007；Hsu &Robinson，2006；Mokhatab，Poe&Speight，2006；Speight，2007，2014）。对于含有汞的原料，使用相对较小的市售活性炭床，可以从合成气中除去超过90%（质量分数）的汞。

12.5.2 二氧化碳

二氧化碳也可以在合成气净化阶段使用成熟的技术方法去除（Mokhatab等，2006；Speight，2007）。气化技术中的氨气、氢气和化学制造工厂中，二氧化碳通常会被去除。生产氨的气化厂一般配有分离和捕捉90%（体积分数）二氧化碳的设备，而生产甲醇的气化厂会分离并捕捉70%（体积分数）的二氧化碳。在能源生产过程中，气化技术是一种成本效益低的捕集二氧化碳的手段。

12.5.3 焦油

就本文而言，焦油是产品中的任何可冷凝或不可冷凝的有机物质，主要由芳族化合物组成，很难处理。

当进行城市生活垃圾气化时，会产生大量的焦油，如果焦油可以冷凝（冷凝温度为200~600℃），则会导致：燃料重整催化剂上形成焦炭；脱硫系统停用；腐蚀压缩机、热交换器和陶瓷过滤器，并损坏燃气轮机和发动机。不凝结的焦油也可能导致先进的功率转换装置（例如燃料电池催化剂）出现问题，并使环境排放不符合标准。

焦油的数量和组成取决于燃料、操作条件和二次气相反应，焦油可根据其形成的反应温度分为三类（表12.3），这个分类对于评估气化过程很重要，因为转化率和去除率在很大程度上取决于焦油组成和燃料气中焦油的浓度。

表 12.3　焦油的一般分类

类　别	成分温度	组　成
第一级焦油	400~600℃ 750~1110℉	混合氧化物 酚醚
第二级焦油	600~800℃ 1110~1470℉	烷基酚 杂环醚
第三级焦油	800~1000℃ 1470~1830℉	多环芳烃 酚醚

第一级焦油是混合的含氧化合物，是热裂解产物。随着气化在较高温度下进行，初级产物热分解成二级和三级产物的数量较少，并且产生较大量的轻质气体。第三级产物最稳定和难以催化裂化。如果有足够的气体混合，一级和三级产物焦油在产品气中是不同时存在的。燃料中的木质素和纤维素都会形成叔芳族焦油化合物，然而，木质素会更快地形成更重的叔芳族化合物。

物理和化学处理过程都可以减少产品气中焦油的存在。根据是否使用水，物理过程分为湿式和干式技术。各种形式的湿式或湿式/干式洗涤技术均有商业化成熟的技术，而这些都是实践中除去焦油的最常用技术。

湿物理过程包括焦油冷凝、液滴过滤和气体/液体混合物分离。主要设备包括：旋风分离器，冷却塔，文丘里洗涤器，袋式除尘器，静电除尘器和湿式/干式洗涤器。使用湿物理过程的主要缺点是，焦油被转移到废水中，因此失去了热值，必须以环保可接受的方式处理水。含有焦油的废水是危险废物，废水的处理和处置会大大增加气化厂的整体成本。

使用陶瓷、金属或织物过滤器的干焦油去除是湿焦油去除过程的替代方案。然而，在150℃以上时，焦油可能会变成半固体和黏合剂，从而导致操作复杂。因此，很少采用干焦油去除方法。将活性炭注入产物气流或颗粒床中，通过吸附和收集袋滤室来减少焦油。包含焦油的含碳材料可以再循环回到气化器中，以促进热分解和/或催化分解，做到焦油完全回收去除。

焦油化学处理工艺是气化工业中应用最广泛的工艺，分为四类：热解，用蒸汽处理，部分氧化和催化过程。芳香族化合物在高于1000℃时发生热分解，然而，由于气化容器中的灰烬烧结，高温会对换热器和耐火表面产生不利影响。蒸汽的引入促进了一级和二级氧化焦油化合物的转化，但是对许多含氮有机化合物的影响较小。

气化过程中氧气的存在加速了焦油主要产物的破坏，当氧含量低（小于10%，体积分数）时，由苯酚裂化形成的芳族化合物增加；当氧含量大于10%时，三焦油量减少。焦油氧化裂解的产物，一氧化碳也呈净增长。苯的含量不受氧气的影响。

最广泛使用和研究的焦油裂解催化剂是白云石，它是碳酸钙和碳酸镁的混合物。白云石当被放置在气化器下游的容器中时，催化效率更高，在低一氧化碳环境也如此。当置于气化器中时，催化剂上会积累一层焦炭，导致催化效率的快速降低。

选择何种焦油转化和去除方式，取决于焦油的性质和组成以及设备。再生焦油产品的优点有：增加废物的能源利用率，降低排放和降低污水处理成本。目前，在减少焦油形成和提高焦油去除方面取得了技术进展，但仍缺乏可行性的，有效的焦油去除工艺，可以使利用城市生活垃圾的整体煤气化联合循环发电技术商业化畅通无阻。

12.5.4　颗粒物

几十年来，颗粒物对大气的不利影响一直备受关注。化学颗粒进入到大气中，对动植物尤其有害，像化石燃料燃烧产生的颗粒，如汞、硒和钒。在使用中有许多类型的颗粒收集装置，并且它们涉及从气化产物流中去除颗粒的不同机理（Speight，2013a，2013b）。选择适当的颗粒去除装置必须基于在工艺条件下预期或预测的设备性能。微粒去除装置超出了本文的范围，但是读者应该知道可用于去除微粒的设备和实现这些设备的方式：①旋风分离器，它们是在煤气化系统中具有许多潜在应用的颗粒收集器；②静电预沉降器，是细颗粒物质的高效捕收剂，能够将亚微米颗粒量减少90%以上，同时还能收集液体雾和尘埃；③颗粒床过滤器，其包括一类过滤设备，其特征在于分离的、紧密包装的颗粒床，其用作在高温和高压下收集颗粒的过滤介质；④湿式洗涤器，这是一种简单的方法来清洁废气或废气，通过与气流并流或逆流流动的细水滴紧密接触，去除有毒或有味的化合物。

12.5.5　卤素/酸性气体

含卤有机废物的燃烧产物主要是卤化氢(如氯化氢或溴化氢)或金属卤化物[如氯化汞($HgCl_2$)或氯化亚汞($HgCl$)]。这类物质与其他气体一起挥发离开反应器。在不含煤、生物质或任何其他原料的纯城市生活垃圾的气化过程中，氯化氢是主要的含氯产物。溴一般在底灰中可以累积到很高含量，但是在氢的存在下，溴通过洗涤系统转化为溴化氢，溴化氢与氯化氢一起被容易地除去，因此不会产生排放问题。

气化的一个显著优点是它发生在还原气氛中，防止硫和氮化合物氧化。结果，废物流中的大部分元素氮或硫以硫化氢(H_2S)、硫化羰(COS)、氮(N_2)或氨(NH_3)形式存在，而不是硫氧化物(SO_x)或氮氧化物(NO_x)。还原的硫物质作为元素硫回收，或转化为硫酸副产物转化率为95%~99%(质量分数)(Mokhatab 等，2006；Speight，2007)。

用于处理粗制合成气的典型除硫和回收工艺也可用于其他工业应用[例如炼油和天然气回收(Speight，2007，2008，2014)]。一种仅用于除去硫化合物的方法是选择性胺(乙醇胺)技术，其在吸收塔中使用胺基溶剂或相关试剂从合成气中提取硫物质。在硫磺回收工艺如 Selectox / Claus 工艺中，将在溶剂汽提器中除去的还原硫物质转化成元素硫。

当城市生活垃圾气化时，燃料中的氮主要转化为氨，当在涡轮机或其他内燃机中燃烧时，形成氮氧化物。在燃烧之前去除产物气体中的氨和其他氮化合物可以用湿式洗涤器或催化破坏完成。已有人用白云石和铁基催化剂研究了氨的催化破坏，该技术可将焦油分解(裂化)为较轻的气态化合物，氨的却除率达到99%。

将气体先冷却，再用石灰湿法洗涤也是一种有效的氨去除技术。使用纯氧气、蒸汽或氢气的气化工艺将仅在燃料气化过程中产生氮，典型的城市生活垃圾气化工艺气体氮含量不到1%(质量分数)。

12.5.6　重金属

城市生活垃圾中也存在微量的金属和其他挥发性物质。其通常是有毒物质，当释放到环境中时，会造成生态和人类健康风险。

在飞灰和烟气中发现的汞以元素形式存在，但是当气化炉中普遍存在氧化条件时，氯化氢和氯气的存在会使单质汞形成氯化汞：

$$Hg+4HCl+O_2 \longrightarrow 2HgCl_2+2H_2O$$

$$Hg+Cl_2 \longrightarrow HgCl$$

挥发的重金属(或由于高气体速度而夹带在气流中的重金属)不能被收集在气体净化系统中，它们在环境中进行生物累积，可致癌并损害人类的神经系统(Speight&Arjoon，2012)。因此，在燃烧或使用之前，必须将汞从产品气中除去。采用活性炭、袋式除尘器、过滤器和静电预处理器去除重金属的技术已经非常成功(Mokhatab 等，2006；Speight，2007，2013a)。

12.5.7 碱

导致碱渣结渣的主要因素是钾、钠、氯和二氧化硅。原料中足够的挥发性碱含量导致灰熔融温度降低并促进结渣和/或结垢。城市固体废弃物气化灰渣中的碱化合物会导致锅炉或气化炉严重结渣。烧结或熔化的沉积物可以在流化床和格栅上形成附聚物。已发现硫酸钾和氯化钾与烟尘混合并在气化器的上壁沉积或冷凝。

碱沉积物的形成是颗粒撞击、凝结和化学反应的结果。大多数沉积物是在气化之后形成的，并且不能利用原料分析进行预测。碱金属排放有两个特征温度区间：碱含量的一小部分在500℃以下释放，这是由于有机结构的分解；另一部分碱性化合物在高于500℃的温度下从炭渣中释放出来。

气化过程中碱金属的存在会引起若干操作问题。在飞灰颗粒表面或流化床材料上形成由碱金属盐组成的共晶体系。共晶体系是具有单一化学组成的化合物或元素的混合物，它会在比其他组合物更低的温度下固化。半固体或黏合剂颗粒表面会形成床料结块，使其必须由新鲜床料重新置换。飞灰颗粒的沉积和气相碱化合物在热交换表面上的冷凝降低了热传导率，导致工厂临时停车以去除沉积物。

由于碱金属化合物在新颗粒的形成以及在一些热气体清洁系统中使用的陶瓷过滤器的化学降解中起着重要作用，所以除去碱蒸气和颗粒物质的难易程度密不可分。最简便的方法是使气体冷却、冷凝除去碱性化合物。

12.5.8 炉渣

大多数固体和液体进料气化器产生的炉渣主要由沙子、岩石以及气化器原料中的矿物质(或其热衍生物)组成的硬玻璃状副产物(矿渣，也称为玻璃体、玻璃料)。矿渣是气化炉在高于矿物质熔融温度下运行的结果。在这些条件下,非挥发性金属以熔融态形式结合在一起,直到其在淬火气化器底部的水池中冷却或者在夹带床气化器底部发生自然热损失。如果原料中存在挥发性金属(如汞),通常不会在炉渣中回收,而是在清理过程中从粗合成气中除去。根据原料中的矿物质类型,矿渣通常是无害的,可用于路基施工、水泥制造或屋面材料。

炉渣的产量是气化炉原料中矿物质含量的函数,城市生活垃圾原材料以及煤和生物质产生的渣比石油渣更多。不管原料的性质如何,由于操作温度高于灰分的熔化温度(如在讨论的现代气化技术中),都会产生炉渣。除了受废物原料的影响之外,渣的物理结构对操作温度和压力的变化敏感,并且在某些情况下,对渣的外观进行物理检查可以直观地显示碳在气化炉中的转化。

由于炉渣处于熔融玻璃化状态,所以很少有失败的金属毒性特征浸出程序(Speight&Arjoon,2012)。矿渣不是结合有机化合物的良好底物,因此通常被认为是无害的,不具有危险废物的特性。因此,可以将其作为无害垃圾进行填埋处理,或作为矿石出售,以回收其组分中浓缩的金属。矿渣的硬度也使其适合作为磨料或路基材料,以及混凝土配方中的骨料(Speight,2013a,2014)。

12.6 优点和局限

与通过传统燃烧方法处理垃圾和其他废物相比,气化技术具有以下优点:该过程发生在低氧环境下,限制二噁英和大量硫氧化物(SO_x)和氮氧化物(NO_x)的形成。

进一步说来,该方法仅需要燃烧所需的化学计量量的氧气的一小部分。因此,工艺气体的体积很小,需要更小和更便宜的气体净化设备。较低的气体体积说明在废气中污染物占有较高分压,因此根据化学热力学有利于更完全的吸附和颗粒捕集:

$$\Delta G = -RT\ln(P_1/P_2)$$

式中:ΔG 是系统的吉布斯自由能;T 是温度;P_1 是初始压力;P_2 是最终压力。

较低的气体量也意味着废气中污染物的较高分压,这有利于更完全的吸附和颗粒捕获。

实际上,气化技术的重要优点之一是可以在使用之前将污染物从合成气中去除,从而省略了焚化厂所需的许多类型的后处理(后燃烧)排放控制系统。

无论采用常规气化还是等离子气化，合成气都可用于往复式发动机或涡轮机发电，也可用于天然气、化工、肥料、乙醇等运输燃料的生产。总之，废弃物气化产生的气体产品可以与联合循环涡轮机、往复式发动机以及燃料电池相结合，这些燃料电池可以将燃料能量转换成电力，比传统的蒸汽锅炉高2倍。

由气化过程产生的灰分更易于使用，因为它以熔化的形式从气化器中排出，以便在骤冷后形成玻璃状，不可滤出的渣可用于水泥、屋顶瓦、沥青填料或喷砂。一些气化器可从单股物料中回收有价值的熔融金属，提高回收利用率。

在气化过程中，焦油、重金属、卤素和碱性化合物释放到产品尾气中，会导致环境和操作问题。焦油气是破坏重整催化剂、脱硫系统和陶瓷过滤器的高相对分子质量的有机气体，同时焦油会增加锅炉和其他金属和耐火表面的结渣的发生。碱可以增加气化系统中使用的流化床层的集聚，并且在燃烧期间破坏燃气轮机。如果释放到环境中，重金属是有毒的和可生物累积的。卤素具有腐蚀性，如果排放到环境中，会形成酸雨。从城市固体废弃物气化中获得成本效益和清洁能源的关键，是要克服与这些污染物的释放和形成有关的问题。

在发电方面，生物质和/或煤炭的进行废物利用可以产生经济效益，有助于以可负担的成本实现上述政策目标。在一些国家，政府提出，合成气化工艺适合于社区规模的发展，这表明废物应该在服务于城镇的小型工厂中处理，而不是转移到大型的中央工厂进行处理，应符合就近原则。

参 考 文 献

Arena, U. (2012). Process and technological aspects of municipal solid waste gasification. A review. Waste Management, 32, 625–639.

CH2MHill, Waste-to-energy review of alternatives. Report Prepared for Regional District ofNorth Okanagan, by CH2MHill, Burnaby, British Columbia, Canada. (2009).

Diaz, L. F., & Savage, G. M. (1996). Pretreatment options for waste-to-energy facilities. In Solid waste management: Thermal treatment and waste-to-energy technologies, VIP-53. Proceedings of the International technologies conference, Washington, DC: Air and Waste Management Association.

Ducharme, C. Technical and economic analysis of plasma-assisted waste-to-energy processes. Thesis submitted in partial fulfillment of requirements for M. S. Degree in Earth Resources Engineering. Department of Earth and Environmental Engineering, Fu Foundation of Engineering and Applied Science, Columbia University. September, (2010).

E4Tech. (2009). Review of technologies for gasification of biomass and wastes. NNFCC project

09/008, York, United Kingdom: NNFCC Biocenter.

Fabry, F., Rehmet, C., Rohani, V., & Fulcheri, L. (2013). Waste gasification by thermal plasma: A review. Waste and Biomass Valorization, 4, 421–439.

Gary, J. H., Handwerk, G. E., & Kaiser, M. J. (2007). Petroleum refining: Technology and economics(5th). Boca Raton, Florida: CRC Press, Taylor & Francis Group.

Gomez, E., Amutha Rani, D., Cheeseman, C. R., Deegan, D., Wisec, M., & Boccaccini, A. R. (2009). Thermal plasma technology for the treatment of wastes: A critical review. Journal of Hazardous Materials, 161, 614–626.

Grimshaw, A. J., & Lago, A. (2010). Small scale energos gasification technology. In: Proceedings of the third international symposium on energy from biomass and waste. Venice, Italy. November 8–11, 2010 . Padova, Italy: CISA Publishers.

Hankalin, V., Helanti, V., & Isaksson, J. (2011). High efficiency power production by gasification. In: Proceedings of the 13th International Waste Management and Landfill Symposium. October 3–7, 2011, S. Margherita di Pula, Cagliari, Italy . Padova, Italy: CISA Publishers.

He, M., Hu, Z., Xiao, B., Li, J., Guo, A., Luo, S., et al. (2009). Hydrogen-rich gas from catalytic steam gasification of municipal solid waste(MSW): Influence of catalyst and temperature on yield and product composition. International Journal of Hydrogen Energy, 34(1), 195–203.

Heberlein, J., & Murphy, A. B. (2008). Thermal plasma waste treatment. Journal of Physics D: Applied Physics, 41, 053001.

Higman, C., & van der Burgt, M. (2003). Gasification. Amsterdam, The Netherlands: Gulf Professional Publishing/Elsevier.

Hsu, C. S., & Robinson, P. R. (2006). In Practical advances in petroleum processing(Vols. 1and 2). New York: Springer.

Kalinenko, R. A., Kuznetsov, A. P., Levitsky, A. A., Messerle, V. E., Mirokhin, Yu. A., Polak, L. S., et al. (1993). Pulverized coal plasma gasification. Plasma Chemistry andPlasma Processing, 3(1), 141–167.

Kwon, E., Westby, K. J., & Castaldi, M. J. (2009). An investigation into syngas production from municipal solid waste(MSW) gasification under various pressures and CO2 concentration atmospheres. Paper No. NAWTEC17 – 2351, In Proceedings of the 17th Annual North American Waste-to-Energy Conference(NAWTEC17). Chantilly, Virginia. May 18–20 .

Leal-Quiro's, E. (2004). Plasma processing of municipal solid waste. Brazilian Journal of Physics, 34(4b), 1587–1593.

Lemmens, B., Elslander, H., Vanderreydt, I., Peys, K., Diels, L., Osterlinck, M., et al. (2007). Assessment of plasma gasification of high caloric waste streams. Waste Management, 27, 1562–1569.

Luo, S., Xiao, B., Hu, Z., Liu, S., Guan, Y., & Cai, L. (2010). Influence of particle size on pyrolysis and gasification performance of municipal solid waste in a fixed bed reactor. Bioresource Technology, 101(16), 6517–6520.

Malkow, T. (2004). Novel and innovative pyrolysis and gasification technologies for energy efficient and environmentally sound MSW disposal. Waste Management, 24, 53–79.

Mastellone, M. L., Santoro, D., Zaccariello, L., & Arena, U. (2010). The effect of oxygenenriched air on the fluidized bed co-gasification of coal, plastics and wood. In Proceedings of the third international symposium on energy from biomass and waste. Venice, Italy. November 8–11, 2010. Padova, Italy: CISA Publishers.

Mastellone, M. L., Zaccariello, L., & Arena, U. (2010). Co-gasification of coal, plastic waste and wood in a bubbling fluidized bed reactor. Fuel, 89(10), 2991–3000.

Messerle, V. E., & Ustimenko, A. B. (2007). Solid fuel plasma gasification. In Advanced combustion and aerothermal technologies. NATO science for peace and security series C. Environmental security. (pp. 141–1256).

Mokhatab, S., Poe, W. A., & Speight, J. G. (2006). Handbook of natural gas transmission and processing. Amsterdam, The Netherlands: Elsevier.

Moustakas, K., Fatta, D., Malamis, S., Haralambous, K., &Loizidou, M. (2005). Demonstration plasma gasification/vitrification system for effective hazardous waste treatment. Journal of Hazardous Materials, 123, 120–126.

Orr, D., & Maxwell, D. 2000. A Comparison of gasification and Incineration of hazardous wastes. Report No. DCN 99. 803931. 02. United States Department of Energy, Morgantown, West Virginia. March 30.

Pellet Fuels Institute. (2011). Pellet fuels institute standard specification for residential/commercial densified fuel. Arlington, Virginia: Pellet Fuels Institute.

Richardson, J. H., Rogers, R. S., Thorsness, C. B., Wallman, P. H., Leininger, T. F., et al. (1995). Conversion of municipal solid waste to hydrogen. Report No. UCRL–JC–120142, In Proceedings of the DOE hydrogen program review, in Coral Gables, Florida. April 19–21. Washington, DC: United States Department of Energy.

Savage, G. M. (1996). The history and utility of waste characterization studies. In: Proceedings of the 86th Annual Meeting and Exhibition. Colorado: Air and Waste Management Association Denver.

Speight, J. G. (2007). Natural gas: A basic handbook. Houston, Texas: GPC Books/Gulf Publishing Company.

Speight, J. G. (2008). Synthetic fuels handbook: Properties, processes, and performance. New York: McGraw-Hill.

Speight, J. G. (Ed.), (2011a). The biofuels handbook. London, United Kingdom: Royal Society of Chemistry.

Speight, J. G. (2011b). The refinery of the future. Oxford, United Kingdom: Gulf Professional Publishing/Elsevier.

274

Speight, J. G. (2013a). The chemistry and technology of coal (3rd). Boca Raton, Florida: CRC Press, Taylor & Francis Group.

Speight, J. G. (2013b). Coal - fired power generation handbook. Salem, Massachusetts: Scrivener Publishing.

Speight, J. G. (2014). The chemistry and technology of petroleum(5th). Boca Raton, Florida: CRC Press, Taylor & Francis Group.

Speight, J. G., & Arjoon, K. K. (2012). Bioremediation of petroleum and petroleum products. Salem, Massachusetts: Scrivener Publishing.

Suzuki, A., & Nagayama, S. (2011). High efficiency WtE power plant using high temperature gasifying and direct melting furnace. In Proceedings of the 13th International Waste Management and Landfill Symposium. October 3 - 7, 2011, S. Margherita di Pula, Cagliari, Italy. Padova, Italy: CISA Publishers.

第13章 气化过程在合成液体燃料生产上的应用：过去，现在与未来

R. Luque[1]，J. G. Speight[2]

（1. University of Córdoba，Córdoba，Spain；

2. CD&W Inc.，Laramie，WY，USA）

13.1 前言

据预测，在生物质能和其他形式的能源替代之前，煤炭和石油等化石燃料将继续主导能源市场至少50年（Speight，2011a，2011b，2013a，2013b）。不仅如此，有关部门估计，当累积产量达到初始总储量的85%时，化石燃料时代即将结束（Hubbert，1962）。这些说法可能属实，也可能有些夸张了。事实上，与几十年前相比，石油的确相对来说稀缺了一些，但剩余的储量在几十年内仍将继续为全球提供充足的能源供应（Banks，1992；Krey et al，2009；MacDonald，1990；Martin，1985；Speight，2011c，2013a，2013b，2014）。然而，化石燃料使用导致的环境问题是不可否认的，它们需要我们认真和持续的关注。

我们必须大力推广相关技术，以减轻化石燃料燃烧对酸雨沉积、城市空气污染和全球变暖的影响（Bending 等，1987；Vallero，2008）。这是一个不容忽视的问题，因为酸雨对土壤和水的影响巨大，必须从源头加以控制（Mohnen，1988）。实际上，最近出现的新能源战略和研发计划表明，社会已经开始认识到解决化石燃料的使用及其对环境的影响的必要性（Stigliani&Shaw，1990；美国能源部，1990；美国总局会计办公室，1990）。

有关温室气体(如二氧化碳)的法规限制了煤电厂的发展，但近来，气化厂已能够很好地处理二氧化碳。由于二氧化碳监管的持续不确定性，人们不愿意对二氧化碳排放量高的项目进行大规模投资，因为目前还没有降低此类排放的成本效益型解决方案。尽管如此，由于减少温室气体排放的需要，可以鼓励长期使用气化技术处理方式，因为气化厂的二氧化碳更容易被吸收

处理。

随着新技术的开发，通过重新供电可以减少排放，这是一个更先进且高效的替代物取代老化设备的过程。这种重新供电涉及更新用于较新燃烧室的老化单元，例如常压流化床燃烧器或加压流化床燃烧器。

事实上，许多国家已经认识到使用化石燃料产生大气污染问题，并且已经开始制定工业排放标准。对于诸如二氧化硫等物质，各种标准不仅非常具体，而且将变得更加严格。任何试图顶风违法的企业和个人都将受到法律的制裁（Vallero，2008）。但增加全球化石燃料的使用还需要实施更加严格的环保措施，保护环境刻不容缓。

13.2 应用和产品

合成气体的主要组分是氢气和一氧化碳，同时也是许多其他产品的基本组成部分，包括燃料、化学制品和肥料。此外，气化工厂可以设计为一次生产多种产品（联合生产或多联产），如电力和化学品（如甲醇或氨）。

13.2.1 化学品和肥料

通过气化产生能量的过程已经使用了100多年。气化工艺最初是在19世纪开发的，用于生产照明和采暖用的城镇煤气，然后被电力和天然气所取代。但煤气仍继续用于鼓风炉。煤炭的气化在合成化学品的生产中更为重要，自20世纪20年代以来，一直发挥着重要作用。目前，这一技术作为生产急需的化学品的一种手段，其优点是低价值含碳和含烃原料也可在大型化学反应器中气化。产生的合成气被净化，然后转化成高价值的产品，如合成燃料、化学品和肥料。

通常情况下，化学工业使用气化技术生产甲醇以及各种其他化学品，如氨和尿素，这些化学品构成了氮肥和各种塑料的基础。世界上大部分的运行气化设备都是为了生产化学品和肥料而设计的。

13.2.2 代用天然气

气化过程也可用于通过使用甲烷化反应将煤转化成代用天然气（SNG），其中大部分一氧化碳和氢气的煤基合成气可转化为甲烷。

SNG是一种人工生产的天然气，也称为合成天然气，可以从煤、生物质、石油焦炭或固体废物中获得。含碳物质可以气化，且其所产生的合成气可以转化为甲烷（天然气的主要组分）。生产SNG有几个优点：在天然气供应短缺的时期，以煤炭为原料生产的 SNG 成为能源安全的主要推动力，通过多样化的能源选择和减少天然气的进口，从而有助于稳定燃料价格。

生物质和其他低成本原料，如城市垃圾，也可以与煤一起用于生产 SNG。生物质的使用将减少温室气体排放，因为生物质是一种碳中和燃料。此外，SNG 技术的发展还将推动其他基于气化的技术，包括制氢和整体煤气化联合循环技术(IGCC)。

由于它与常规天然气(甲烷)相同，SNG 可以在现有的天然气管道网络中运输，用于发电、生产化学品和肥料，或为家庭及企业单位供暖。对于许多缺乏天然气资源的国家，SNG 通过取代进口天然气在一定程度上可以加强国内燃料安全。

13.2.3　石油精炼用氢气

氢气在热工艺中的应用是 20 世纪炼油技术的重大进步，目前氢气在大多数炼油厂都有应用。实际上，现在到将来，炼油厂必须应对日益变化的原油原料供应和将这些原料转化为精炼的运输燃料，同时遵守日益严格的清洁燃料法规。炼油厂还必须适应重油燃料需求的下降和重硫、高硫原油供应的增加。氢网络优化可以使炼油厂解决清洁燃料趋势，满足日益增长的运输燃料需求，并从原油中获利(Long，Picioccio，&Zagoria，2011)。炼油厂氢气网络的一个关键要素是以扩大其灵活性和加工选择的方式捕获其燃料流中的氢气。因此，创新的氢气网络优化将成为影响炼油厂未来在原油供应和超低硫汽油和柴油燃料转移领域的运营灵活性和盈利能力的关键因素。

改质重油、渣油和相关原料的过程从加氢脱硫过程演变而来(Ancheyta&Speight，2007；Rana，Saʹmano，Ancheyta，&Diaz，2007；Speight，2014)。早期的目标是脱硫，但后来的工艺适应 10% ~ 30% 的部分转化操作。该新工艺旨在通过提高操作条件下的苛刻度来实现脱硫，并同时获得低沸点馏分。然而，随着炼油厂的发展和原料的改变，炼油重质原料已成为炼油厂的主要问题，出现了几种工艺配置以适应重质原料(Khan&Patmore，1997；Speight，2011a，2014；Speight&Ozum，2002)。

作为合成气体的两个主要组分之一，氢气用于生产高质量的汽油、柴油燃料和喷气燃料，满足州和联邦清洁空气法规对清洁燃料的要求。氢气也用于升级重质原油和焦油砂沥青。炼油厂可以对炼油过程中的低价值残余物(如石油焦炭、沥青、焦油和一些油性废物)进行气化，以产生所需的氢气以及运行炼油厂所需的动力和蒸汽。

因此，石油渣油、石油焦和其他原料(如生物质)(Speight，2008，2011a，

278

2011b，2014）的气化生产氢气和电力成为炼油厂的一种有吸引力的选择。炼油厂采用气化工艺，把渣油、高硫焦炭和其他炼油废物进行处理非常值得考虑。其他工艺如氨解离、蒸汽-甲醇相互作用或电解也可用于制氢，但经济因素和原料可用性会影响这些加工方式的选择。

13.2.4 运输燃料

气化是将煤炭和其他固体原料和天然气转化为运输燃料如汽油、超洁净柴油燃料、喷气燃料、石脑油和合成油的基础。通过气化将碳质原料转化成汽车燃料有两种选择。

第一种选择，合成气经费托反应（FT），将其转化为液体石油产品。以煤炭为原料的费托工艺是在 20 世纪 20 年代发明的，德国在第二次世界大战期间使用费托技术，南非已经使用了数十年。目前，马来西亚和中东也使用天然气作为原料开展费托工艺技术。第二种选择，甲醇制汽油工艺，合成气首先通过成熟的技术转化成甲醇，然后通过催化反应将甲醇转化为汽油。

费托合成从氢和一氧化碳的气体混合物产生不同链长度的烃。较高相对分子质量的烃可以被加氢裂化以形成质量优异的柴油以及其他产品。短链烃的馏分与合成气的其余部分一起用于联合循环装置。因此，运输部门将越来越依赖通过生物质气化和将气体产物转化为费托燃料的燃料生产。然而，需要大规模的加压生物质气化系统，特别要注意系统的气体净化部分。

13.2.5 焦油砂沥青在运输燃料生产中的作用

全球许多国家都可以找到焦油砂矿床（或油砂矿床），这些原料可能占世界石油总储量的 65% 以上。其中两个最大的矿藏位于加拿大和委内瑞拉。加拿大沥青砂分布在三个主要存储区中，这三个存储区被认为覆盖了超过 14 万平方公里，阿尔伯塔省能源和公用事业委员会估计，加拿大焦油砂矿床约含原油 16 亿桶（$1.6×10^{12}$ 桶）。其中，超过 1700 亿桶存在回收的可能，但这个数量取决于当前的油价。

气化是一种商业上可行的技术，可用于将石油焦转化为合成气，同时也被认为是为加拿大阿尔伯塔省东北部沥青砂经营者提供经济氢气、动力和蒸汽的一种手段。

据估计，加拿大亚伯塔省焦油砂矿床含有与沙特阿拉伯广阔油田可获得的石油一样多的可回收沥青。然而，将粗沥青转化为可销售的产品，需要从砂中提取沥青并将分离出的沥青精炼成运输燃料。采矿过程需要大量的蒸汽将沥青从砂中分离出来，而精炼过程需要大量的氢来将粗蒸馏物升级为可出售的产品。沥青改质工艺所产生的残留物质包括石油焦、脱沥青渣油、减压渣油，所有这些都含有未使用的能量，这些能量可以通过气化来释放和吸收。

传统上，沥青砂经营者利用天然气生产采矿、产品提质升级和精炼工艺所需的蒸汽和氢气。而将焦炭气化，可以提供必要的蒸汽和氢气。气化工艺所产生的气体能够替代昂贵的天然气作为原料，还能够从非常低价值的产品中提取可用能源。传统的油砂作业需要消耗大量的水，但在气化过程中，采矿和精炼过程中的黑水可以使用湿式进料系统循环回气化器，从而减少淡水用量和废水管理成本。

13.2.6　气化在发电上的应用

通过气化技术将煤炭转化为电力，可以继续使用国内煤炭供应，而不会产生与传统燃煤技术相关的高水平的空气排放。煤气化技术的优势之一在于它提供了多联产技术——联合生产电力、液体燃料和氢气化学品以及气化产生的合成气。

整体煤气化联合循环发电厂(IGCC 发电厂)将气化过程与由一个或多个燃气轮机和蒸汽轮机组成的联合循环发电机组结合起来。清洁的合成气在高效燃气轮机中燃烧以产生电力。然后吸收来自燃气轮机和气化反应的多余热量，转化成蒸汽，并送到蒸汽轮机以产生额外的电力。

在专注于发电的 IGCC 发电厂中，清洁的合成气在高效燃气轮机中燃烧，以非常低的排放量发电。在这些工厂中使用的燃气轮机对经过验证的天然气联合循环(NGCC)燃气轮机进行了轻微的修改，这些燃气轮机特别适用于合成气。对于包含二氧化碳捕集的 IGCC 发电厂，这些燃气轮机适用于对氢含量较高的合成气。目前最先进的燃气轮机可以用于高氢合成气的生产，并进行商业化准备；正在开发下一代更高效的燃气轮机，以准备用于基于二氧化碳捕集的 IGCC 发电厂。

热回收蒸汽发生器(HRSG)捕获来自燃气轮机的热排气中的热量，并用它来产生额外的蒸汽，用于在联合循环装置的蒸汽轮机中产生更多的功率。在大多数 IGCC 发电厂设计中，从气化过程中回收的蒸汽在 HRSG 中被过热以提高蒸汽涡轮机的整体效率输出。因此，气化厂使用的两种涡轮发电机(气体和蒸汽)和 HRSG 及 IGCC 组合是清洁且高效的。

生物质燃料生产商、煤炭生产商以及较小的废弃物公司都对共气化电厂很感兴趣，并且这些生产商意识到用替代燃料共气化的好处。共气化技术可以利用可靠的煤炭供应和废弃物以及生物质，从而比仅由废物和生物质作为原料的来源更丰富。此外，该技术为炼油厂的氢气生产和燃料开发提供了很好的发展前景。当氢气价格高时，炼油厂和石油化工厂为气化炉的应用提供了机会(Speight，2011a)。

13.2.7　废物能源气化

市政府每年花费数百万美元处理固体废物，而实际上，这些固体废物含有宝贵的未使用能源。除了收集这些废物的费用之外，还必须应对日益有限的垃圾填埋空间、填土造成的环境影响以及严格禁止使用焚化炉。由于面临这些挑战，市政当局正在越来越多地将气化工艺作为解决方案，将废物转化为能源而不是掩埋。

传统的垃圾焚烧发电厂基于在倾斜炉排上进行大规模燃烧，尽管过去十年使用现代烟气净化设备达到了非常低的排放量，但其公众接受度很低。由于缺少对大规模燃烧方式的普遍支持，导致企业难以获得规划许可来构建所需的新型垃圾焚烧发电厂。经过多次磋商之后，各国政府允许采用先进垃圾转化技术(气化、热解和厌氧消化)，只赞同非化石废物发电技术。

气化技术可以将城市垃圾、建筑垃圾和拆除废物转化为电力或其他有价值的产品，如化学品、肥料和 SNG。与其焚烧处置这些废物花费大量费用，市政当局不如通过将废物作为气化炉的贵重原料来创造收入。对市政废物和其他废物进行气化减少了对垃圾填埋空间的需求，减少了随着垃圾填埋场成熟而由细菌作用产生的甲烷(强效的温室气体)的产生，并减少了垃圾填埋场地下水污染的可能性。

13.2.8　生物质的气化

生物质材料广泛，包括：能源作物，如柳枝稷和芒草；农业来源，如玉米皮；木屑；木屑和木材废料；庭院垃圾；建筑和拆除废物以及生物固体(经处理的污水污泥等)。气化技术可以使这些材料中的能量释放出来，将生物质转化为电力和产品，如乙醇、甲醇、燃料、肥料和化学品。因此，除了使用传统的煤炭、石油焦炭和其他传统原料之外，还可以进行生物质的气化。

生物质通常具有高水分含量(以及碳水化合物和糖)。生物质中高水分的存在降低了气化器内部的温度，从而降低了气化器的效率。因此，许多生物质气化技术要求生物质在送入气化炉之前先进行干燥以降低其含水量。

与许多固体原料一样，生物质可以有多种尺寸。在许多生物质气化系统中，生物质必须加工成均匀的大小或形状，以便可以一致的速率将其送入气化炉，确保尽可能多的生物质被气化。然而，除了生物质可用性问题(包括与许多生物质原料有关的季节性因素)之外，另一个主要问题是与收集和制备生物质相比，通过实际气化产生的能源消耗更多，并且仍然存在技术障碍。总的来说，许多国家似乎越来越多地使用生物质原料来应对环境和监管因素，而不是自由的市场力量。没有税收抵免或类似的激励措施，生物质的利用效益不佳。作为基础原料，市场上可能涉及的工艺是共气化或其他原料的混合使用（Clayton，Stiegel，&Wimer，2002）。

大多数生物质气化系统使用空气作为气化剂，而不使用氧气，其通常用于大型工业和电力气化厂。使用氧气的气化器需要空气分离装置来提供气态或液态氧气，而空气分离在生物质气化装置上不具有成本效益。而气吹式气化器利用空气中的氧气进行气化反应。

一般而言，生物质气化装置比用于电力、化学、化肥和精炼工业的典型煤或石油焦气化装置小得多。因此，它们的制造成本更低，设备占地面积更小。虽然大型工业气化厂可能占用 150 英亩土地，每天处理 2500 ~ 15000t 原料，如煤炭或石油焦炭，但较小的生物质工厂通常每天处理 25 ~ 200t 原料，并占用小于 $4×10^4 m^2$ 土地。

目前，美国的大多数乙醇是由玉米发酵生产的。生产乙醇需要大量的玉米，以及种植它所需的土地、水和肥料。随着越来越多的玉米被使用，一些观察人士对食用玉米供应量下降表示担忧。而对如玉米秸秆、外壳和玉米棒以及其他农业废弃物等生物质进行气化，制造乙醇和合成燃料（如柴油和喷气燃料）可帮助打破这种能源食品竞争。

木屑、庭院垃圾和农作物废物等生物质，以及柳枝稷、果壳和造纸厂废弃物等能源作物可用于生产乙醇和合成柴油。生物质首先被气化以产生合成气，然后通过催化过程转化成下游产物。

每年市政府花费数百万美元收集和处理废物，如庭院废物（草屑和树叶）以及建筑和拆除垃圾。虽然一些城市堆废物垃圾肥场，但堆肥需要由城市单独收集，这是很多城市无法承受的费用。场地垃圾和建筑和拆除垃圾也会占用宝贵的垃圾填埋空间，缩短垃圾填埋场的使用寿命。然而，随着气化技术的应用，垃圾不再是废物，而是成为生物质气化炉的原料。将垃圾作为原料可降低处理成本和垃圾填埋空间，并将垃圾转化为电力和燃料。

生物质气化的好处包括：①将废物转化为高价值产品；②减少垃圾填埋场处置固体废物的空间；③减少垃圾填埋场的甲烷排放；④降低垃圾填埋场地下水污染的风险；⑤从非食物来源生产乙醇。因此，建议市政当局以及造纸和农业、工业使用气化技术来减少垃圾处理成本，并从这些废物中产生电力和其他有价值的产品。气化的关键优势在于它可以将非食物生物质材料（如玉米秸秆和木屑）转化为醇类。与传统的制造醇的方法不同，从经济性考虑，生物质气化工艺不会用基于食物的生物质作为原料，例如玉米。

13.3 气化系统的环境效益

化石燃料的不完全燃烧是大气中的硫氧化物和氮氧化物的形成原因。如果一项技术能够成功地减少这些气体在大气中的含量，那么它也应该能够成功地减少城市烟雾的数量，这些烟雾通常可以在城市上空看到，并导致酸雨的沉积：

$$SO_2+H_2O \longrightarrow H_2SO_4$$
$$2SO_2+O_2 \longrightarrow 2SO_3$$
$$SO_3+H_2O \longrightarrow H_2SO_4$$
$$2NO+H_2O \longrightarrow HNO_2+HNO_3$$
$$2NO+O_2 \longrightarrow 2NO_2$$
$$NO_2+H_2O \longrightarrow HNO_3$$

在美国，人们越来越意识到化石使用对环境的影响，因此政府采用清洁化石燃料计划来促进污染减排。这种对污染的新关注也导致了政府与工业之间的成功合作关系(美国能源部，1993年)。美国1990年《清洁空气法案修正案》等新法律鼓励控制化石燃料的清洁使用(Stensvaag，1991；美国国会，1990)。清洁使用将会产生成本，但工业上支持这种追求并期待目标能够实现。

除了燃料和产品的灵活性之外，气化技术与竞争技术相比具有显著的环境优势，特别是煤/电力燃烧系统。气化厂可以很容易地捕获温室气体的主要组分二氧化碳，远比燃煤电厂更容易和有效。在许多情况下，这种二氧化碳可以出售，从气化过程中创造额外的价值。

在气化过程中捕获的二氧化碳可以用来帮助从其他枯竭的油田中回收石油。位于北达科他州 Beulah 地区的达科他气化厂捕获其二氧化碳，同时制造 SNG，然后出售二氧化碳以提高石油采收率。自2000年以来，该工厂通过管道将捕获的二氧化碳输送到加拿大萨斯喀彻温省 EnCana 地区的 Weyburn 油田，用于提高原油采收率。使得500多万吨的二氧化碳被有效地吸收。

13.3.1 二氧化碳捕获

在气化系统中，可采用已有工业化技术如水气转换反应在二氧化碳排放入大气前进行捕获。将一氧化碳在燃烧前转化为二氧化碳然后捕获，比在燃烧后再脱除二氧化碳、高效脱碳、或减少合成气中的碳从经济上更为有利。

生产氨、氢气、燃料或化工产品的气化装置定期捕获二氧化碳是其生产工艺的一部分。根据美国环境保护署（Environmental Protection Agency）数据，与其他技术的排放相比，IGCC 工艺具有更高的热力学效率，可大幅降低二氧化碳排放。IGCC 装置用于对煤基能源装置进行二氧化碳捕获的成本最低。此外，如果需要进行二氧化碳捕获，使用 IGCC 技术的工业设施的额外能耗比采用其他技术的要低。二氧化碳捕获和分离将提高所有发电方式的成本费用，IGCC 装置捕获和压缩二氧化碳的成本是传统粉煤装置的一半。其他用于生产包括发动机燃料、化学品、肥料以及氢气的气化工艺，二氧化碳捕获和压缩的成本更低，将带来显著经济和环境效益。

13.3.2　减少空气污染物排放

与其他煤基发电技术如超临界粉煤相比，采用气化技术可大幅减少空气污染物排放，同时降低排放成本。在所有煤基发电技术中，采用煤基 IGCC 技术的二氧化硫、氮氧化物和颗粒物的排放量最低。实际上，一座煤基 IGCC 装置的空气污染物排放速度之低已接近 NGCC 发电装置。此外，IGCC 装置的脱汞排放成本是煤燃烧装置脱汞成本的十分之一。在煤基气化装置中采用现有技术可脱除合成气中超过 90%（质量分数）的挥发性汞。

13.3.3　固体生成

在气化过程中，原料中几乎所有的碳都转化到合成气中。原料中的矿物质从气体产物中分离出来，灰分和其他惰性物质熔融然后落入气化炉底部，形成不可过滤的玻璃状固体或其他产品销售。这种物质可被用于作为施工和建筑材料。此外，采用现有工业化技术可脱除超过 99%（质量分数）的硫，用于转化生产单质硫或硫酸销售。

13.3.4　降低水的使用量

与其他煤基技术相比，采用煤气化技术发电的用水量要减少 14%～24%（体积分数），在操作过程中的水耗要比其他煤基技术的水耗低 32%～36%（体积分数）。在很多国家包括美国，水都是很主要的因素，在其中一些地区供水量已经接近临界水平。

13.4　气化工艺发展方向

气化工艺与其他传统发电工艺不同之处在于，它不是燃烧过程，而是转化过程。含碳原料不是全部在空气中燃烧产生热量发汽驱动汽轮机，而是与蒸汽以及一定量的氧气在加热加压容器中进行气化。容器内为贫氧氛围，会导致原料发生一系列复杂反应生成合成气。合成气可采用现有技术进行净化，其指标高于现在和提案中的环境法规要求，可满足工业化化工生产装置超清洁合成气的要求，以保护高成本催化剂的完整性。与传统燃烧含碳燃料的蒸汽循环相比，清洁合成气可在汽轮机或发动机内进行更为高效的高温循环燃烧，因此，使用清洁合成气可提高效率。合成气还可用于燃料电池和燃料电池基循环，效率更高，污染物排放极低。

21世纪面临的一个主要挑战是要找到一条能满足国内和全球能源需求的道路，同时尽量减少对环境的影响。围绕这一问题引发广泛讨论，焦点领域逐渐浮现：①从传统燃料资源和替代技术生产更为清洁的能源；②能源资源的使用环保、经济可行；③对各种清洁能源技术和资源进行投资，以满足能源需求。气化技术的发展将有助于回应这些挑战。

13.4.1 气化工艺

作为一种经过时间检验的可靠灵活的技术，气化工艺将日益成为这一新的能源方程的重要组成部分，随着有越来越多气化装置进入炼油厂，气化工艺甚至将引领炼油企业的演化（Speight，2011a）。对气化工艺的投资未来将会产生有价值的回报，将各种原料转化为清洁、丰富和廉价的能源（Speight，2008，2011b）。

气化技术是一种相当环保的技术，可通过生成合成气然后用于发电和生产运输燃料、肥料、合成天然气或化学品等有价值产品，将所有含碳材料如煤、炼油副产物、生物质甚至废弃物转化为能源（Chadeesingh，2011；Speight，2013a）。

气化工艺已投入工业化生产100余年，应用于煤、炼油、化工、照明企业。目前气化工艺在许多国家在满足能源需求方面扮演重要角色，而且将继续发挥更为重要的作用，可作为一种经济可行的生产技术生产清洁丰富能源。同时，尽管气化技术已经投入工业生产，该技术正更多地投入小规模应用，将生物质和废弃物转化为能源和产品。

气化工艺在化石燃料以及各种其他含碳或烃类原料利用方法中最为清洁、灵活多样和可靠。气化工艺可将低价值的材料转化为化学品和肥料、合成天然气、运输燃料、电力、蒸汽、氢气等高价值产品。该工艺还可以被用于将生物质、城市固体废弃物以及其他物质（通常燃烧作为燃料）转化为清洁气体。此外，在捕获使用化石燃料做原料发电时产生的温室气体二氧化碳时，气化工艺是成本效率最高的方法。现在许多国家还需要从政局不稳的地区进口高成本的石油和天然气,气化工艺则使得这些国家可以使用国内的资源生产能源。

气化炉可使用单一原料或以下类型原料的混合:①固体,如煤、石油焦、生物质、木材废弃物、农业废弃物、生活垃圾以及危险废物;②液体,如石油渣油(包括使用或回收的道路沥青)、油砂沥青以及从化工装置和其他处理装置产生的液体废物;③气体,如天然气或炼厂和化工处理尾气。

采用适当气化技术可控制最受欢迎产品的产量,同时还生成了合成气和氢气、少量甲烷、二氧化碳、硫化氢、水蒸气,一般原料中有70%~85%的碳转化为合成气。一氧化碳/氢气比值部分取决于氢气和原料中的碳含量以及所用的气化炉类型,但还可通过使用催化剂在气化炉下游对这一比值进行调整。气化工艺的这一内在灵活性意味着在同一工艺中可生产一种或多种产品。

气化工艺的另一优点是在合成气清洁阶段可使用多种工业化技术脱除二氧化碳(Mokhatab, Poe, &Speight, 2006;Speight, 2007)。在采用气化工艺生产氨、氢气和化学品装置中需要定期进行脱除二氧化碳。气化法制氨装置已经可分离和捕获90%(体积分数)左右的二氧化碳,气化法制甲醇装置可捕获约70%(体积分数)的二氧化碳。因此,气化工艺在能源生产过程中是高效的二氧化碳捕获方法。

气化工艺的其他副产物包括熔渣(一种玻璃状产物),主要由气化炉原料中包含的砂、岩石、矿物质等组成。熔渣为无害物质,可被用于路基修建、水泥制造以及屋面材料的制造。同时,在大多数气化装置中,超过99%的原料硫被脱除和回收作为单质硫或硫酸。

目前,等离子气化工艺的使用日益增长,可将各类废弃物包括城市固体废弃物和危险废物转化为电力和其他有价值产物。等离子是当电荷穿过气体时所形成的一种电离气体。等离子体焰炬可产生超高温,引发加剧气化反应,提高反应速度,使得气化反应效率更高。等离子系统还可用于转化不同类型的混合原料,如城市固体废弃物和危险废物,减去了进入气化炉前对原料进行分选的高成本步骤。以上这些优点使得等离子气化工艺成为处理不同废弃物时的较好选择。

13.4.2 未来的炼厂

进入21世纪后,随着重质油供应的增加,其品质越来越差。对清洁和超清洁汽车燃油和石化原材料需求的快速增长,驱动石油炼制行业进行有史以来最大的创新过程。由于进入炼厂的原料发生变化,炼厂采用的技术也必须有相应的改变。这一变化需要从炼制重质原料所使用的传统的生焦技术方法转变为包括加氢处理在内更加创新的工艺，使燃油的生产量达到最大，同时维持符合环保要求的排放（Davis & Patel，2004；Lerner，2002；Penning，2001；Speight，2008，2011a）。

将多年来单一粗放的产品构成以及严苛的蒸馏操作进行重构，形成符合具备环保法规复杂性的各种规范，为应对这一挑战，石油炼制行业在将原油转化为各种期货时，将会变得更加灵活，炼制产品的规格将满足新加工方案、用户要求的创新。

在今后20到30年间，石油炼制和炼厂的发展将很可能集中体现在使用一些新出现的创新技术对工艺进行升级（Speight，2014），即转向对重质原料的深度转化、加氢裂解和加氢处理能力的提高以及更加高效的工艺。

拥有高转化率的炼厂将开始使用气化工艺生产替代燃料，同时提高设备使用率。当使用传统技术生产超清洁运输燃料的成本过高时，炼厂也会转向气化技术，以满足从单一基本反应物（如合成气）合成燃料日益增长的需求。费托装置和IGCC系统也会在炼厂一体化使用，生产高品质产品（Stanislaus et al.，2000）。南非的萨索尔炼厂已在一个装置上集中采用气化技术（Couvaras，1997），该炼厂采用费托工艺生产合成气用于制造液体燃料。

气化工艺可采用包括生物质在内的任意一种含碳原料生产合成气。原料中的无机组分如金属和矿物质，以惰性环保的炭形式聚集，可作为化肥使用，因此生物质气化成为在技术上和经济上最有说服力的能源生产形式。

蒸汽重整的一种改进版本，即自动热重整，结合了反应器进口附近的部分氧化和反应器内传统的蒸汽重整，提高了整个反应器的效率以及工艺的灵活性。部分氧化工艺使用氧气而不是蒸汽，具有可使用石油渣等低价原料的优点，也扩大了在合成气生产方面的应用。近年来，采用反应时间极短（ms）的高温（850~1000℃）催化部分氧化提供了另一种合成气生产的途径（Hickman &Schmidt，1993）。

随着石油供应的减少，从其他含碳原料生产气体的需求相应增长，尤其是在天然气短缺的地区更是如此。天然气成本增加时，煤气化具备经济上可行的竞争力。目前在实验室和中试研究中都应该针对新的煤气化工艺技术的研发，从而加快该类技术的工业化使用。

气化工艺生产气体产物在净化后仍需要额外步骤才能转化为合成气，但该过程产生的气体如一氧化碳、二氧化碳、氢气、甲烷和氮气，可用作燃料或作为化学品或化肥生产的原料。

13.4.3 经济角度

与生产装置类似，气化装置属于资本密集型，但其操作成本要低于其他许多生产工艺或燃煤装置。气化装置可使用低成本原料如石油焦或高硫煤，将这些原料转化为高价值产品，因此提高了原料中能源的使用率，同时减少了处置费用。目前的研究、开发和展示投资显示，气化工艺成本还可以降得更低，从而提高了气化工艺的经济吸引力。

气化工艺在经济上还有许多优点：①气化工艺的主要副产物（硫、硫酸和熔渣）均可出售；②气化工艺可同时生产多种高价值产品（联产或多联产），有助于企业抵消其资本和操作成本，同时分化其风险；③气化工艺提供了多样的原料选择性，因为气化装置的设计可在需要的情况下改变固体原料混合物或使用天然气或液体原料；④因为气化单元产生的排放较少，因此需要的排放控制设备较少，进一步减少了装置的操作成本。

对气化工艺的投资还包括大型装置的施工、运行和维护，因此增加了国内外供应商的业务，同时创造了无法外包给国外工人的施工和机器操作部门的国内就业岗位。

13.4.4 市场展望

对气化工艺生产能力增长的预测集中在两个领域：大规模工业和发电企业以及小型生物质和废弃物发电企业。

在全球范围内，到2015年用于工业和发电的气化工艺的生产能力预计增长70%，在发展中国家的增长率达到81%。这一预期增长背后的主要推手来自中国的化工、化肥和煤制油工业、加拿大的油砂、美国的多联产（氢气和电力或化学品）以及欧洲的炼油企业。实际上，中国已经把气化工艺作为其整个能源战略的一部分。但在美国，工业和发电领域的气化工艺还面临很多挑战，包括增加的施工成本和基于政策的推动力和法规的不确定性。尽管面临这些挑战，美国工业和发电领域的气化生产能力有望继续增长。

许多因素对气化生产能力的发展产生影响。挥发性油和天然气价格将使得采用低成本、来源丰富、价格稳定的国内资源做原料更具吸引力，而气化工艺由于其排放量低于大多数传统技术，因此可以适用更为严格的环保法规。

不断增长的共识认为，在发电和能源生产中需要对二氧化碳进行管理。假设气化工艺可以高成本效率和有效捕获二氧化碳，那么气化工艺将成为化石燃料得以继续使用的有效选择。就美国的气化装置数量而言，在生物质和废弃物发电领域最有可能得到快速发展。因为这几类装置的规模较小，因此更加容易得到融资、许可，施工时间也较短。另外，各个城市和州对垃圾填埋场和焚烧的限制以及对这些物质含有有价值的能源资源的认知不断提高，都推动了对这类装置的需求增加。

最后，有许多因素增加了人们对废弃物和生物质气化的兴趣：①对垃圾填埋场空间的限制；②降低废弃物管理的相关费用；③废弃物和生物质含有未利用能源可被捕获和转化成为能源和有价值产品的认识不断提高；④非粮食类生物质的获取，可用于转化为有价值能源产品。

13.5　结论

化石燃料的使用所带来的最明显的问题是其对环境的影响。随着技术的进步，减少化石燃料使用所造成的危害的方法也在发展，全球正处在采用替代能源的重要节点。而气化工艺提供了可满足未来能源需求的方法，同时减少可能的有害排放。

最近有关处理气候变化以及资源保护的政策如京都议定书、2009 年哥本哈根世界气候大会以及欧盟的垃圾填埋指令 (the Landfill Directiveof the European Union)，都刺激了可再生能源以及垃圾填埋转移技术的发展，为发展气化技术提供了新动力。然而，即使可再生能源资源是发展最快的能源，到 2035 年将仍只占全球能源需求的 15% (目前的估测值为 10%)，不使用化石能源并不意味着对环境排放的终结。石油、油砂沥青、煤、天然气以及页岩油仍旧是主要的能源，其使用在至少今后 20 年内仍将相当快速的增长。这些预测为那些希望采用清洁技术的人员提供了现实的参考，如果他们希望减少温室气体的排放，同时满足未来的能源需求，那么他们应向这一方向进行努力 (EIA，2013)。

气化技术现在还可作为一种废弃物处理能源回收的可行替代解决方法。但气化工艺还面临一些技术和经济问题，主要与城市固体废弃物的高度异质性特点、相关原料以及全球在工业化条件下使用该技术持续运行经验的装置数量相对较少(约 100 座) 有关。在城市废弃物管理的严峻工作环境中，气化工艺拥有对合理成本的不懈追求、高可靠性以及操作灵活性，可以预计，气化工艺将成为未来的热处理战略，至少在废弃物发电装置中成为燃烧系统的强有力竞争者。

任何一种先进热技术的成功都要取决于其技术可靠性、环境可持续性以及经济便利性。目前约有 100 家气化废弃物发电装置，主要位于日本，韩国和欧洲现在也有建立，并已经有多年持续运行的经验，显示出了技术的可靠性。环境表现也是气化技术的一个最大优势之一，经常被视为是对全球应用的法规严苛度不断增加的有利回应，而且独立验证的排放测试显示，气化技术可以满足目前的排放限制，并可以对减少垃圾填埋场的使用产生巨大影响。

经济问题可能是气化技术进入市场的最大阻碍，因为采用气化法的废弃物能源转化技术的操作和投资成本要高于传统燃烧法废弃物能源转化技术（约为10%），主要是来自灰分熔融系统或技术的复杂性。

过去十年来的经验表明，建立加工能力小于 $12\times10^4 t/a$ 的气化装置不难做到。为了获得更广泛的市场，先进气化技术必须可以提供成本更低的合成和气体清洁途径，同时还要满足规范，获得更高电力转化效率。尽管如此，工业化废弃物气化炉的运行性能和操作经验表明，气化工艺的确可与传统的活动炉排或流化床燃烧系统一较高下。

参 考 文 献

Ancheyta, J., & Speight, J. G. (2007). Hydroprocessing of heavy oils and residua. Boca Raton, Florida: CRC Press, Taylor & Francis Group.

Banks, F. E. (1992). Some aspects of natural gas and economic development—A short note. OPEC Bulletin, 16(2), 235-240.

Bending, R. C., Cattell, R. K., & Eden, R. J. (1987). Energy and structural change in the United Kingdom and Western Europe. Annual Review of Energy, 12, 185-222.

Chadeesingh, R. (2011). The Fischer-Tropsch process. In J. G. Speight (Ed.), The biofuels handbook (pp. 476-517). London, United Kingdom: The Royal Society of Chemistry (part 3, chapter 5).

Clayton, S. J., Stiegel, G. J., & Wimer, J. G. (2002). Gasification technologies: Gasification markets and technologies—Present and future, an industry perspective. Report No. DOE/FE-0447, Washington, DC: Office of Fossil Energy, United States Department of Energy.

Couvaras, G. (1997). Sasol's slurry phase distillate process and future applications. In Proceedings. Monetizing stranded gas reserves conference, Houston, December 1997.

Davis, R. A., & Patel, N. M. (2004). Refinery hydrogen management. Petroleum Technology Quarterly, Spring, 29-35.

EIA. (2013). International energy outlook 2013: World Energy demand and economic outlook. Paris, France: International Energy Agency. http://www.eia.gov/forecasts/ieo/world.cfm, Accessed 13.09.13.

Hickman, D. A., & Schmidt, L. D. (1993). Production of syngas by direct catalytic oxidation of methane. Science, 259, 343.

Hubbert, M. K. (1962). Energy resources. Report to the committee on natural resources. Washington, DC: National Academy of Sciences.

Khan, M. R., & Patmore, D. J. (1997). Heavy oil upgrading processes. In J. G. Speight

(Ed.), Petroleum chemistry and refining. Washington, DC: Taylor & Francis (chapter 6).

Krey, V., Canadell, J. G., Nakicenovic, N., Abe, Y., Andruleit, H., Archer, D., et al. (2009). Gas hydrates: Entrance to a methane age or climate threat? Environmental Research Letters, 4(3), 034007.

Lerner, B. (2002). The future of refining. Hydrocarbon Engineering, 7, 51.

Long, R., Picioccio, K., & Zagoria, A. (2011). Optimizing hydrogen production and use. PetroleumTechnology Quarterly, Autumn, 1–12.

MacDonald, G. J. (1990). The future of methane as an energy resource. Annual Review of Energy, 15, 53–83.

Martin, A. J. (1985). The prediction of strategic reserves. In T. Niblock, & R. Lawless (Eds.), Prospects for the world oil industry. Beckenham, Kent: Croom Helm Publishers (chapter 1). Mohnen, V. A. (1988). The challenge of acid rain. Scientific American, 259 (2), 30–38.

Mokhatab, S., Poe, W. A., & Speight, J. G. (2006). Handbook of natural gas transmission and processing. Amsterdam, Netherlands: Elsevier.

Penning, R. T. (2001). Petroleum refining: A look at the future. Hydrocarbon Processing, 80 (2), 45–46.

Rana, M. S., Sa'mano, V., Ancheyta, J., & Diaz, J. A. I. (2007). A review of recent advances on process technologies for upgrading of heavy oils and residua. Fuel, 86, 1216–1231.

Speight, J. G. (2007). Natural gas: A basic handbook. Houston, Texas: GPC Books, Gulf Publishing Company. Speight, J. G. (2008). Synthetic fuels handbook: Properties, processes, and performance. New York: McGraw-Hill.

Speight, J. G. (2011a). The refinery of the future. Oxford, United Kingdom: Gulf Professional Publishing, Elsevier.

Speight, J. G. (2011b). The biofuels handbook. London, United Kingdom: Royal Society of Chemistry.

Speight, J. G. (2011c). An introduction to petroleum technology, economics, and politics. Salem, Massachusetts: Scrivener Publishing.

Speight, J. G. (2013a). The chemistry and technology of coal (3rd ed.). Boca Raton, Florida: CRC Press, Taylor & Francis Group.

Speight, J. G. (2013b). Coal – fired power generation handbook. Salem, Massachusetts: Scrivener Publishing.

Speight, J. G. (2014). The chemistry and technology of petroleum (5th ed.). Boca Raton, Florida: CRC Press, Taylor & Francis Group.

Speight, J. G., & Ozum, B. (2002). Petroleum refining processes. New York: Marcel Dekker Inc.

Stanislaus, A., Qabazard, H., & Absi–Halabi, M. (2000). Refinery of the future. In Proceedings of the 16th world petroleum congress, Calgary, Alberta, Canada. June 11–15.

291

Stensvaag, J. - M. (1991). Clean air act amendments: Law and practice. New York: John Wiley and Sons Inc.

Stigliani, W. M., &Shaw, R. W. (1990). Energy use and acid deposition: The view from Europe. Annual Review of Energy, 15, 201-216.

United States Congress, (1990). Public law 101-549. An act to amend the clean air act to provide for attainment and maintenance of health protective national ambient air quality standards, and for other purposes. Library of Congress. November 15.

United States Department of Energy. (1990). Gas research program implementation plan. DOE/ FE-0187P. Washington, DC: United States Department of Energy, April.

United States Department of Energy. (1993). Clean fossil fuels technology demonstration program. DOE/FE-0272. Washington, DC: United States Department of Energy, February.

United States General Accounting Office, (1990). Energy policy: Developing strategies for energy policies in the 1990s. Report to congressional committees. GAO/RCED-90-85,

Washington, DC: United States General Accounting Office, June. Vallero, D. (2008). Fundamentals of air pollution (4th ed.). London, United Kingdom: Elsevier.